高等职业教育“十二五”规划教材
国家示范性骨干院校建设项目成果

电子工艺与检测

王月爱　冯向莉　主　编
潘晓绒　侯艳红
马艳阳　张玲娜　副主编
全卫强　雒宏忠　主　审

科学出版社
北　京

内 容 简 介

本书是职业院校应用电子技术专业及相关专业的教学及技能训练用书，采用项目教学、任务驱动的方式编写而成。全书共有6项内容，即电子工艺预备知识和5个操作项目，包括安全文明生产教育、8路智力抢答器的制作与调试、调频贴片收音机的制作与调试、数字万年历的制作与调试、生产工艺文件编制、R-202T收音机的制作与调试。

本书既可作为职业院校电子技术应用专业、电子信息专业、电子工艺与管理专业、通信技术专业的教学用书，也可作为国家电子技术职业技能认证的岗位培训教材，还可作为电子产品制作爱好者的自学用书。

图书在版编目(CIP)数据

电子工艺与检测/王月爱，冯向莉主编. —北京：科学出版社，2014
（高等职业教育“十二五”规划教材·国家示范性骨干院校建设项目成果）
ISBN 978-7-03-036961-1

Ⅰ. ①电… Ⅱ. ①王… ②冯… Ⅲ. ①电子技术-高等职业教育-教材
Ⅳ. ①TN

中国版本图书馆CIP数据核字（2013）第043494号

责任编辑：艾冬冬 张振华 / 责任校对：柏连海
责任印制：吕春珉 / 封面设计：东方人华

科学出版社 出版
北京东黄城根北街16号
邮政编码：100717
http://www.sciencep.com
北京中科印刷有限公司 印刷
科学出版社发行 各地新华书店经销
*
2014年1月第 一 版 开本：787×1092 1/16
2021年1月第二次印刷 印张：16
字数：367 000

定价：39.00元

（如有印装质量问题，我社负责调换〈中科〉）
销售部电话 010-62136230 编辑部电话 010-62135120-2005

前　　言

职业教育发展至今，我国传统的灌输式教学方法的弊端日趋显现，这也是从事职业教育的广大教师在工作实践中的共识。为此，“以行动为导向”、“任务驱动式”、“项目导向式”等教学方法应运而生，并在广大教师的积极探索和实践中得到不断丰富和完善，目前已成为现代职业教育的主流发展趋势而被职业院校所推广。因此，针对职业院校的迫切需要，编者编写了与此相适应并具有创新特色的项目化教材。

本书内容涵盖了国家相关职业技能标准的各项操作及技能要求，即逐步提高自身的电子工艺与检测的实际应用能力和计算机设计自动化软件的应用技能。全书共有 6 项内容，即由电子工艺预备知识和 5 个教学项目构成。

“项目”是本书的结构单元和教学单元，每个项目通过两节内容来具体阐释，学生在完成每个项目时，通过针对性的学习来指导其完成技能训练，也能通过技能训练中的实际感受和体会加深对知识的理解，以达到理论学习和技能实践的有机结合。

本书配有电子教学网站（网址为 http://zyk.gfxy.com:8001/dzgyyjc/），包括课程资源、电子教案及课后思考题答案等，供读者参考。

在使用本书过程中，教师可用 40～60 学时讲解本书的内容，再配以 50～70 学时的实训，即可较好地完成整个教学任务。总课时大约为 120 学时，教师也可根据实际需要进行调整。

本书由陕西国防工业职业技术学院王月爱（项目 1、项目 3 和项目 4.1）、冯向莉（项目 5）担任主编，陕西国防工业职业技术学院潘晓绒（项目 2）、侯艳红（项目 4.2）、马艳阳（电子工艺预备知识）、张玲娜（思考练习题）担任副主编，王月爱、冯向莉对全书内容进行了审阅、修改、统编和定稿。陕西国防工业职业技术学院教务处长全卫强、兵器工业第二〇二研究所生产部处长雒宏忠担任本书主审，兵器工业第二〇二研究所研究员级高级工程师李少纯、陕西国防工业职业技术学院高敏给本书提出许多宝贵的意见，在这里一并表示感谢。

由于编者水平有限，不足之处在所难免，恳切希望读者提出宝贵意见和建议，以便修订再版时做更好的修改。

目　　录

电子工艺预备知识
——安全文明生产教育

知识目标

1. 了解安全生产与文明生产理论知识。
2. 掌握静电的产生、释放途径，了解静电对电子产品的危害。
3. 了解静电防护措施和意义。
4. 掌握车间静电防护措施。
5. 熟悉 ISO 9000 质量管理体系与 6S 生产管理。

能力目标

1. 会安排生产现场的布局。
2. 能制订安全文明生产规范、制度。
3. 会根据生产现场考评标准进行车间管理。
4. 能识别和使用静电防护工具、服装、包装材料。

电子产品在国民经济各个领域中的应用越来越广泛。一个企业在生产电子产品时，其基本任务就是把原料、材料经过各种变形和工艺操作，制成合格的产品。

生产工艺是组织生产、指导生产的重要手段，也是降低成本、减轻劳动强度和提高电子产品质量的重要环节。

0.1 安全用电知识

安全是人类工作、学习和娱乐的基本保障。随着电子产品的高速发展，现代人的生活几乎离不开用电，人类也更加重视用电安全。在长期生活实践中，人类总结了安全用电的经验，积累了丰富的安全用电知识和数据，以便后人掌握这些知识，防患于未然。

1. 触电的危害

人体是能够导电的，只要有足够（大于 3mA）的电流流经人体，就会对人造成伤害，这就是我们通常所说的触电。触电无法预测，一旦发生触电，后果十分严重。影响触电伤害的主要因素有下列几个。

1）电流大小

电流流经人体的大小直接关系到生命的安全，当电流小于 3mA 时不会对人体造成伤害，人类利用安全电流的刺激作用制造医疗仪器就是最好的证明。电流大小对人体的作用见表 0-1。

表 0-1　电流大小对人体的作用

电流/mA	人的感觉或对人体的危害
＜0.7	无感觉
1	有轻微感觉
1～3	有刺激感，一般电疗仪器取此电流
3～10	有痛苦感，可自行摆脱
10～30	引起肌肉痉挛，短时间无危险，长时间有危险
30～50	强烈痉挛，时间超过 60s 即有生命危险
50～250	产生心脏室性纤颤，丧失知觉，严重危害生命
＞250	短时间内（1s 以上）造成心脏骤停、体内电灼伤

2）人体电阻

人体电阻是一个不确定的电阻，它随皮肤的干燥程度的不同而不同，皮肤干燥时电阻可达 100kΩ以上，而一旦潮湿，电阻可降到 1kΩ以下。人体电阻还是一个非线性电阻，它随人体间的电压变化而变化。从表 0-2 中可以看出，人体电阻的阻值随电压的升高而减小。

表 0-2　人体电阻与电压、电流的关系

电压/V	12	31	62	125	220	380	1000
电阻/kΩ	16.5	11	6.24	3.5	2.2	1.47	0.64
电流/mA	0.8	2.8	10	35	100	268	1560

3）电流种类

电流种类不同对人体造成的损伤也不同。交流电会使电伤和电击同时发生，而直流电一般只引起电伤。频率在 40～100Hz 的交流电对人体最危险，我们日常使用的市电工频为 50Hz，就在这个危险频率范围内，因此要特别注意用电安全。当交流电频率为 20 000Hz 时对人体危害很小，一般的医疗仪器采用的就是接近 20 000Hz、而偏离 100Hz 较远的频率。

4）电流作用时间

电流对人体的伤害程度同其作用时间的长短密切相关。我们知道电流与时间的乘积也称为电击强度，用来表示电流对人体的危害。触电保护器的一个重要技术参数就是额定断开时间与漏电电流的乘积应小于 30mA·s，实际使用的产品可以达到小于 3mA·s，因此能有效防止发生触电事故。

触电对人体的危害主要有电击和电伤两种。电击是指电流通过人体内部，影响呼吸、心脏和神经系统，造成人体内部组织的损坏乃至死亡，即其对人体的危害是体内的、致命的。它对人体的伤害程度与通过人体的电流大小、通电时间、电流途径及电流性质有关。电伤是指由于电流的热效应、化学效应或机械效应对人体所造成的危害，包括烧伤、电烙伤、皮肤金属化等，它对人体的危害一般是体表的、非致命的。

提示

安全电压是指在一定的皮肤电阻下人体不会受到电击时的最大电压，我国规定的安全电压有 42V、36V、24V、12V、6V等几种。安全电压并不是在所有条件下均对人体不构成危害，它与人体电阻和环境因素有关。人体电阻一般分为体内电阻和皮肤电阻。体内电阻基本上不受外界条件的影响，其值为 5000Ω左右。皮肤电阻因人因条件而异，干燥皮肤的电阻大约为 100kΩ，但随着皮肤的潮湿度增加，电阻值逐渐减小，可小到 1kΩ以下。42V、36V是就人体的干燥皮肤而言的。在潮湿条件下，安全电压应为 24V 或 12V，甚至 6V。

2. 触电的原因

电击对人的危害最大。电击主要是由以下几种原因导致触电而引起的。

1）直接触及电源

（1）电源线损坏。电源线大多数采用塑料电源线，而塑料导线极容易被划伤或电烙铁烫伤，使得绝缘塑料损坏，导致金属导线裸露。同时，随着使用时间的增加，塑料导线的老化较为严重，使得绝缘塑料开裂，手碰该处即会引起触电。

（2）插头安装不合规格。塑料电源线一般采用多股导线，在连接插头时，如果多股导线未绞合而外露，手抓插头容易引起触电。

2）错误使用设备

在仪器的调试或电路实验中，往往需要使用多种仪器组成所需电路。若不了解各种设备的电路接线情况，有可能将220V电源线引入表面上认为安全的地方，造成触电的危险。

3）设备金属外壳带电

金属外壳带电的主要原因有以下几种：

（1）电源线虚焊。电源线在焊接时造成虚焊，使得在运输、使用过程中开焊脱落，搭接在金属件上同外壳连通。

（2）工艺不良。由于在制造时电子设备或产品工艺不过关，产品本身带有隐患，如当用金属压片固定电源线时压片存在尖棱或毛刺，容易在压紧或振动时损坏电源线的绝缘层。

（3）接线螺钉松动造成电源线脱落。

（4）设备长期使用不检修，导线绝缘层老化开裂，碰到外壳尖角处形成通路。

（5）错误接线。三芯接头中工作零线与保护零线短接。当工作零线与电源相线相接时，造成外壳直接接到电源相线上。

4）电容器放电

电容器是存储电荷的容器，由于其绝缘电阻很大，即漏电流很小，电源断开后，电能可能会存储相当长的时间。因此，在维修或使用旧电容器时，一定要注意防止触电。尤其是电压超过千伏或电压虽低、但容量为微法拉以上的电容器时要特别小心，使用或维修前一定要进行放电。

作为电子产品装配工人，需要掌握安全用电知识，以便在工作中采取各种安全保护措施。

3. 触电救护

发现有人触电，应尽快断开与触电人接触的导体，使触电人脱离电源；施行人工呼吸或心脏挤压法急救；迅速拨打120，联系专业医护人员来现场抢救。

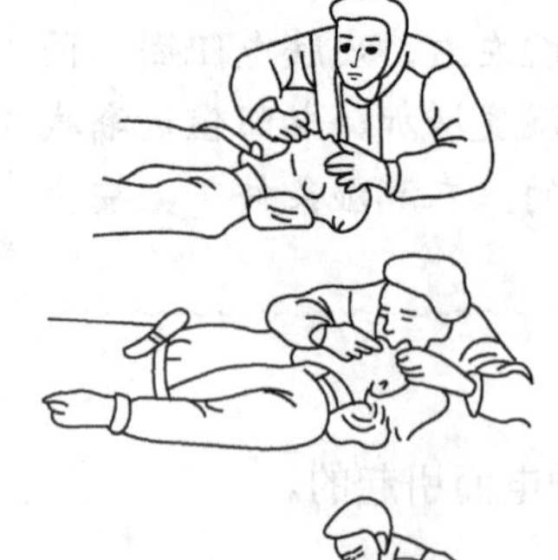

图0-1 人工呼吸法

1）口对口（或鼻）人工呼吸法

操作要点：

（1）使被救人仰卧，宽松衣服，颈部伸直，头部尽量后仰，然后撬开其口腔，如图0-1所示。

（2）施救者位于触电者头部一侧，用靠近头部的一只手捏住触电者的鼻子，并用这只手的外缘压住触电者额部，将颈上抬，使其头部自然后仰。

（3）施救者深呼吸以后，用嘴紧贴触电者的嘴（中间可用医用纱布隔开）吹气。

（4）吹气至触电者要换气时，应迅速离开触电者的嘴，同时放开捏紧的鼻子，让其自动向外呼气。

（5）按上述步骤反复进行，对触电者每分钟吹气 15 次左右。注意训练时应规范操作，听从教师的现场指导，以防操作不当损坏模拟复苏人。

2）人工胸外心脏挤压法

操作要点：

急救者跪跨在触电者臀部位置，右手掌照图 0-2 所示位置放在触电者的胸上，左手掌压在右手掌上，向下挤压，使胸廓下陷 3～4cm 后，突然放松。挤压和放松动作要有节奏，每秒 1 次（儿童 2 秒 3 次）为宜，挤压用力要适当，用力过猛会造成触电者内伤，用力过小则无效，必须连续进行到触电者苏醒为止。

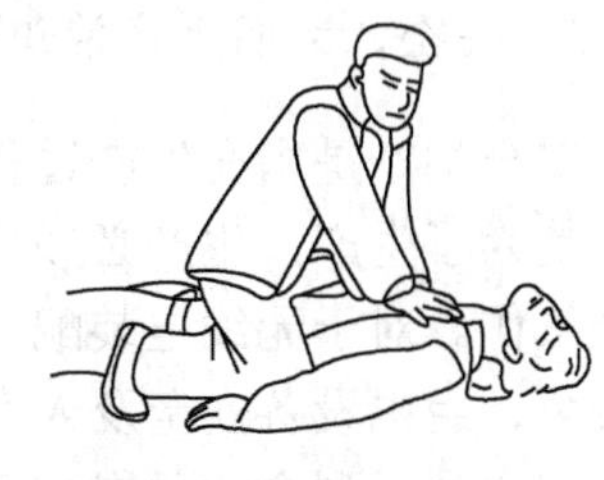

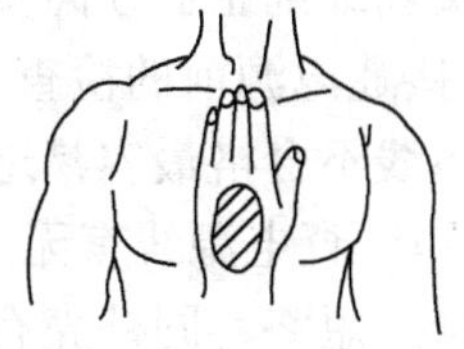

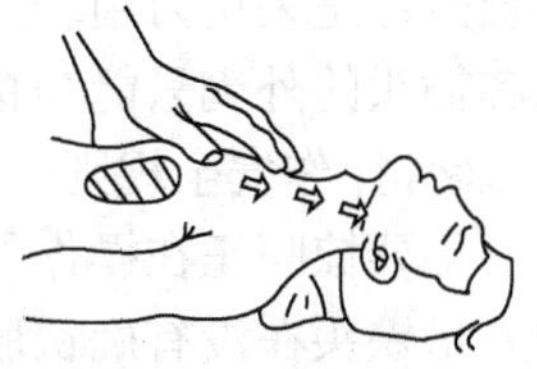

图 0-2　人工胸外心脏挤压法

提示

对心跳与呼吸都停止的触电者进行急救时，要同时采取“口对口人工呼吸法”和“胸外心脏挤压法”。如急救者只有一人，应先对触电者吹气 3 或 4 次，然后再挤压 7 或 8 次，如此交替重复进行至触电者苏醒为止。

如果是两人合作抢救，一人吹气，一人挤压，吹气时应保持触电者胸部放松，只可在换气时进行挤压。

4. 预防触电

在电的安全使用中任何一种措施或保护器都不是万无一失的。要想预防触电，最好的方法莫过于提高安全知识和警惕性。

1）安全制度

在各种用电场所都制定有各种各样的安全使用电器的制度，这些制度是在工作实践中不断积累出来的，千万不可麻痹大意。

2）安全措施

（1）在所有使用市电场所装设漏电保护器。

（2）所有带金属外壳的电器及配电装置都应该装设保护接地或保护接零。

（3）对正常情况下的带电部分，一定要加绝缘保护，并置于人不容易碰到的地方，如输电线、电源板等。

（4）随时检查所用电器插头、电线有无破损老化并及时更换。

（5）手持电动工具应尽量使用安全电压工作，常用安全电压为 36V 或 24V，特别危险的场所应使用 12V。

3）安全操作

（1）在任何情况下检修电路和电器都要确保断开电源，并将电源插头拔下。

（2）遇到不明情况的电线，应认为它是带电的。

（3）不要用湿手开关或插拔电器。

（4）尽量养成单手进行电工作业的习惯。

（5）遇到大容量的电容器要先放电，方可进行检修。

（6）不在带病或疲倦的状态下从事电工作业。

5. 安全、文明生产常识

安全生产是指在生产过程中确保生产的产品、使用的工具、仪器设备和人身的安全。安全是为了生产，生产必须安全，必须树立质量第一、安全第一的观点，切实做好生产安全工作。对于无线电装配工来说，经常遇到的是用电安全问题。安全用电包括供电系统安全、用电设备安全及人身安全 3 个方面，它们是密切相关的。为做到安全用电，在实训室实训或到企业顶岗实习时应注意以下几点。

1）接通电源前的检查

电源线不合格最容易造成触电，因此在接通电源前一定要认真检查，做到“四查而后插”，即一查电源线有无损坏，二查插头有无外露金属或内部松动，三查电源线插头的两极间有无短路、同外壳有无通路，四查设备所需电压值与供电电压是否相符。

检查方法是采用万用表进行测量。两芯插头的两个电极及其之间的电阻均应为无穷大。三芯插头的外壳只能与接地极相接，其余均不通。

2）装焊操作安全规则

（1）不要惊吓正在操作的人员，不要在实训室争吵打闹。

（2）烙铁头在没有确认脱离电源时不能用手摸。

（3）电烙铁应远离易燃品。

（4）拆焊有弹性的元器件时不要离焊点太近，并使可能弹出焊锡的方向向外。

（5）插拔电烙铁等电器的电源插头时要手拿插头，不要抓电源线。

（6）用一字或十字旋具拧紧螺钉时另一只手不要握在一字或十字旋具刀口方向上。

（7）用剪线钳剪断短小导线时，要让导线飞出方向朝着工作台或空地，决不可朝向人或设备。

（8）各种工具、设备要摆放合理、整齐，不要乱摆、乱放，以免发生事故。

（9）要注意文明实验、文明操作，不乱动仪器设备。

3）安全用电操作

首先要制订安全操作规程，做到“四查而后插”。设备外壳应该接保护地，最好与电网的保护地接到一起，而不能只接在电网零线上。检修、调试电子产品的安全问题应注意以下几点：

（1）要了解工作对象的电气原理，特别注意它的电源系统。

（2）不得随便改动仪器设备的电源接线。

（3）不得随意触碰电气设备，触及电路中的任何金属部分之前都应进行安全测试。

（4）未经专业训练的人不许带电操作。

安全用电基本措施如下：

① 工作室内的电源应符合国家电气安全标准。

② 工作室内的总电源应装有漏电保护开关。

③ 工作室或工作台上应有便于操作的电源开关。

④ 从事电力电子技术工作时应设置隔离变压器。

⑤ 调试、检测较大功率电子装置时，工作人员不应少于 2 人。

⑥ 测试、装接电子线路应采用单手操作。

4）预防烫伤

烫伤在电子装配操作中发生较为频繁，这种烫伤一般不会造成严重后果，但会给操作者带来痛苦和伤害，所以要注意以下几点操作规范：

（1）工作中应将电烙铁放置在烙铁架上，并将烙铁架置于工作台右前方。

（2）观察电烙铁的温度，应用电烙铁头去熔化松香，千万不要用手触摸电烙铁头。

（3）在焊接工作中要注意被加热熔化的松香及焊锡溅落到皮肤上造成的伤害。

（4）通电调试、维修电子产品时，要注意电路中发热电子元器件（散热片、功率器件、功耗电阻）可能造成的烫伤。

5）预防机械损伤

机械损伤在电子装配操作中发生较为少见，但违反安全操作规定仍会造成严重伤害的事故，例如：

（1）在钻床上给印制电路板钻孔，留长发或戴手套操作严重违反钻床操作规程。

（2）使用一字或十字旋具紧固螺钉时，可能打滑伤及自己的手。

（3）剪断印制电路板上元器件引线时，可能被剪断的线段飞射溅伤眼睛。

这些事故只要严格遵守安全操作规定，是完全可以避免的。

6）文明生产

广义的文明生产是指企业要根据现代化大生产的客观规律来组织生产；狭义的文明生产是指在生产现场管理中，要按现代工业生产的客观要求，为生产现场保持良好的生产环境和生产秩序。

文明生产的目的在于为班组成员营造一个良好而愉快的组织环境和一个合适而整洁的生产环境。文明生产的内容如下：

（1）严格执行各项规章制度，认真贯彻工艺操作规程。

（2）环境整洁优美，讲究个人卫生。

（3）工艺操作标准化，班组生产有秩序。

（4）工位器具齐全，物品堆放整齐。

（5）保证工具、量具、设备的整洁。

（6）工作场地整洁，生产环境协调。

（7）服务好下一班、下一工序。

0.2 静电防护

1. 静电的产生

什么是静电？它是怎样产生的呢？

静电是物体表面过剩或不足的静止电荷，静电现象是电荷在产生和消失的过程中所发生的电现象的总称。当两个不同的物体相互接触时就会使得一个物体失去一些电荷而

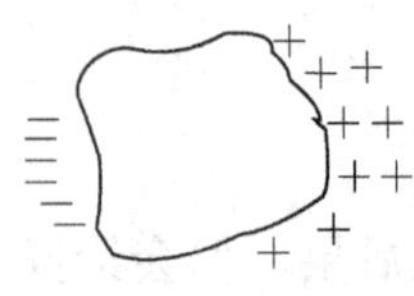

图 0-3　静电现象

转移到另一个物体，因此使其带正电，而另一个物体得到电子而带负电，如图 0-3 所示。若在分离的过程中电荷难以中和，电荷就会积累，使物体带静电，所以物体与其他物体接触后分离就会带静电。在日常生活中，脱衣服产生的静电就是“接触分离”起电。任何两个不同材质的物体接触后再分离，即可产生静电。静电是一种客观的自然现象，产生的方式有多种，如接触、摩擦等，具有高电压、低电量、小电流和作用时间短的特点。人体自身的动作或与其他物体的接触、分离、摩擦或感应等因素，可以产生几千伏甚至上万伏的静电。静电放电用 ESD 表示。

2. 静电对电子产品损害的形式

静电的基本物理特性为：吸引或排斥，与大地有电位差，会产生放电电流。这 3 种特性对电子元器件的 4 种影响如下：

（1）元器件吸附灰尘，改变线路间的电阻，影响元器件的功率和寿命。

（2）由于电场或电流的作用，可能因破坏元器件的绝缘性或导电性而使元器件不能工作（全部破坏）。

（3）由于瞬间电场或电流产生的热量，造成元器件损伤，尽管仍能工作，但寿命受到影响。如果元器件完全被破坏，能够在生产及检验过程中被检查出来，影响相对较小；如果元器件轻微受损，在正常测试条件下不易发现，在这种情况下常会因经过多次使用而迅速损坏。这种情况在生产过程中不易被检查出来，但对以后的损失将是难以预测的。

（4）由于静电放电所造成的元器件残次，也许在部件测试时并没有发现，而一旦元器件在工作现场失效，其费用将比制造阶段发现并解决问题所需的费用多很多。

静电放电引起的元器件损伤如图 0-4 和图 0-5 所示。

图 0-4　集成块静电放电（ESD）损伤

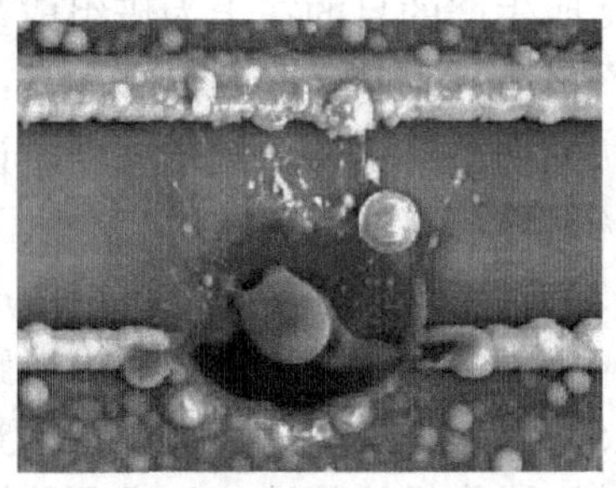

图 0-5　两金属连线间因静电放电造成的金属搭线细节

摩擦起电和人体静电是电子工业中的两大危害。静电的危害是由于静电放电和静电场力而引起的。静电放电的能量对于传统元器件的影响不易被人们察觉，但对于因线路间距短、线路面积小而导致耐压降低、耐流容量减小的高密度元器件来讲，静电放电往往会成为其致命的“杀手”。据 1986 年《北京电子报》介绍，美国当年内因静电所造成电子产品损坏的经济损失高达 5 亿美元。目前，静电放电给世界电子工业造成的损失已经达到几十亿、甚至上百亿美元。

想一想：电子元器件在什么情况下会遭受静电的破坏？

可以这样说，从一个元器件产生以后，一直到它损坏之前，所有的过程都受到静电的威胁。

① 元器件制造：在这个过程包含制造、切割、接线、检验、交货。

② 印制电路板：包括收货、验收、储存、插件、焊接、品管、包装、出货。

③ 设备制造：包括电路板验收、储存、装配、品管、出货。

④ 设备使用：包括收货、安装、验收、试验、使用及保养。

在整个过程中，每一阶段中的每一个小步骤，元器件都有可能遭受静电的影响，而实际上，最主要而又容易忽略的一点却是在元器件的传送与运输的过程中。在这个过程中，不但包装因移动而容易产生静电，包装也可能因暴露在外界电场（如经过高压设备附近、工人移动频繁、车辆迅速移动等）而受到破坏，所以传送与运输过程需要特别注意减少损失，避免无谓纠纷。

3. 静电的防护及其措施

1）预防静电的基本原则

（1）抑制或减少厂房内静电荷的产生，严格控制静电源。

（2）及时消除厂房内产生的静电荷，避免静电荷积累。

（3）定期（如一周）对防静电设施进行维护和检验。

2）静电的防护措施

（1）接地，即直接将静电通过一条线的连接泄放到大地。这是防静电措施中最直接最有效的措施。接地通过以下方法实施：

① 人体通过手腕带接地。

② 人体通过防静电鞋（或鞋带）和防静电地板接地。

③ 工作台面接地。

④ 测试仪器、工具夹、烙铁接地。

⑤ 防静电地板、地垫接地。

⑥ 防静电转运车、箱、架尽可能接地。

⑦ 防静电椅接地。

（2）静电屏蔽。静电敏感元器件在储存或运输过程中会暴露于有静电的区域中，用静电屏蔽的方法可削弱外界静电对电子元器件的影响，最常用的方法是用静电屏蔽袋和防静电周转箱作为保护。另外，防静电衣对人体的衣服具有一定的屏蔽作用。

① 防静电手腕带：广泛用于各种操作工位，手腕带种类很多，建议一般采用配有1MΩ的手腕带，线长应留有一定余量。

② 防静电手环：需要其他防静电措施的补救（如增设离子风机，戴防静电脚跟带等）才能取得较好的防静电效果。建议不要大量采用佩戴防静电手环的方式。

③ 防静电脚带/防静电鞋：厂房使用防静电地面后，应使用防静电脚带或穿防静电鞋，建议车间以穿防静电鞋为主，可降低灰尘的引入。操作人员再结合佩戴防静电手腕带效果会更佳。

④ 防静电台垫：用于各工作台表面的铺设，各台垫串联上 1MΩ电阻后与防静电地

可靠连接。

⑤ 防静电地板：分为PVC地板、聚氨酯地板、活动地板。

⑥ 防静电蜡和防静电油漆：防静电蜡可用于各种地板表面，增加防静电功能及使地板更加明亮干净；防静电油漆可用于各种地板表面，也可涂于各种货架、周转箱等容器上。

图0-6所示即为各种静电的防护措施。

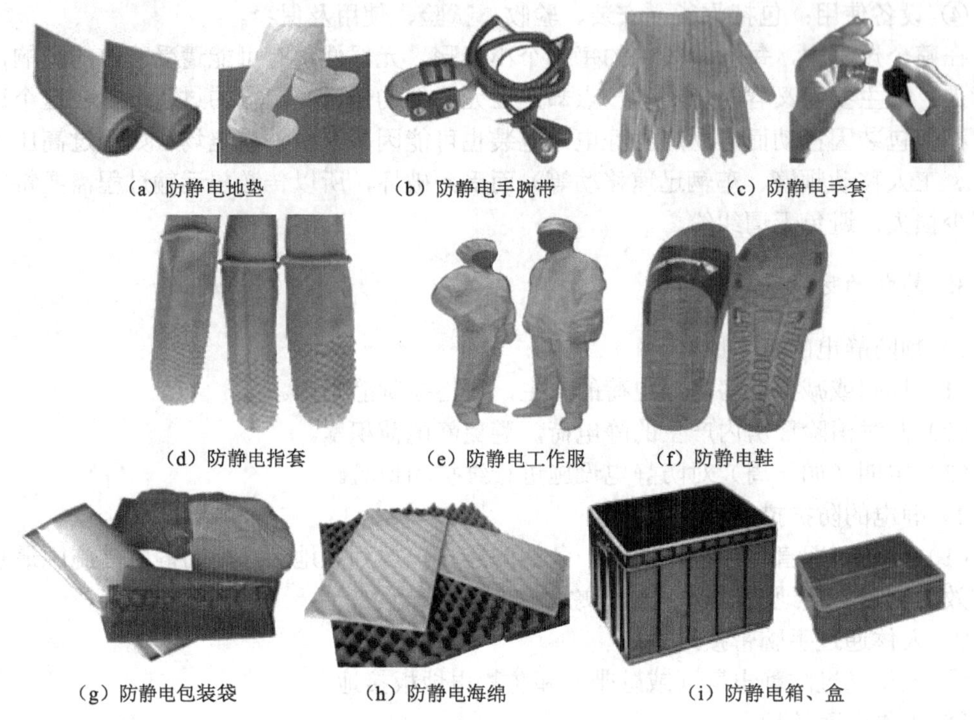

（a）防静电地垫　（b）防静电手腕带　（c）防静电手套

（d）防静电指套　（e）防静电工作服　（f）防静电鞋

（g）防静电包装袋　（h）防静电海绵　（i）防静电箱、盒

图0-6　静电的防护措施

0.3　生产企业的6S现场管理

1. 5S活动

5S活动起源于日本，并在日本企业中广泛推行，它相当于我国企业开展的文明生产活动。5S是整理（Seiri）、整顿（Seiton）、清扫（Seiso）、清洁（Seikedsu）和素养（Shisuke）这5个英文单词的缩写。因为这5个词的第一个字母都是S，所以简称为5S。开展以整理、整顿、清扫、清洁和素养为内容的活动称为5S活动。

2. 6S管理的内容

5S活动被引入我国后，海尔等公司引进“安全（Security）”一词，发展成为6S管理。6S管理是现代工厂行之有效的现场管理理念和方法，其作用是提高效率，保证质量，使工作环境整洁有序，预防为主，保证安全。6S管理内容如下。

（1）整理：将工作场所的所有物品区分为要与不要两类，留下必需品，其他的都归于不要类。整理的目的是腾出空间，防止误用，营造清爽的工作场所。

实施的要点：首先对生产现场摆放的各种物品进行分类，区分什么是现场需要的，什么是现场不需要的；其次，对于现场不需要的物品，诸如用剩的材料、多余的半成品、切下的料头、切屑、垃圾、废品、多余的工具、报废的设备、工人的个人生活用品等，要坚决清理出生产现场，这项工作的重点在于坚决把现场不需要的东西清理掉。对于车间里各个工位或设备的前后、通道左右、厂房上下、工具箱内外以及车间的各个死角，都要彻底搜寻和清理，达到现场无不用之物。

（2）整顿：把留下来的必需品依规定位置整齐摆放，并加以标示。整顿的目的是使工作场所一目了然，减少寻找物品的时间，创造井井有条的工作秩序。

实施的要点：物品摆放要有固定的地点和区域，以便于寻找，消除因混放而造成的差错；物品摆放地点要科学合理。例如，根据物品使用的频率，经常使用的东西应放得近些（如放在作业区内），偶尔使用或不常使用的东西则应放得远些（如集中放在车间某处）；物品摆放目视化，使定量装载的物品做到过目知数；摆放不同物品的区域采用不同的色彩和标记加以区别。

（3）清扫：将工作场所内看得见与看不见的地方清扫干净，保持工作场所干净、亮丽。清扫的目的是稳定品质，减少工业伤害。

实施的要点：自己使用的物品，如设备、工具等，要自己清扫，而不要依赖他人，不增加专门的清扫工；对设备的清扫是着眼于对设备的维护保养。清扫设备要同设备的点检结合起来，清扫即点检；清扫设备要同时进行设备的润滑工作，清扫也是保养；清扫也是为了改善。当清扫地面发现有飞屑和油水泄漏时，要查明原因，并采取措施加以改进。

（4）清洁：清洁也称规范，整理、整顿、清扫之后要认真维护，使现场保持最佳状态。清洁是对前 3 项活动的坚持与深入，并且规范化、制度化，从而消除发生安全事故的根源。创造一个良好的工作环境，使职工能愉快地工作。其目的是形成制度和惯例，维持前 3 个“S”的成果。

实施的要点：车间环境不仅要整齐，还要做到清洁卫生，保证工人身体健康，提高工人劳动热情；不仅物品要清洁，工人本身也要做到清洁，如工作服要清洁，仪表要整洁，及时理发、刮须、修指甲、洗澡等；工人不仅要做到形体上的清洁，还要做到精神上的“清洁”，待人要讲礼貌、要尊重别人；要使环境不受污染，进一步消除混浊的空气、粉尘、噪声和污染源，消灭职业病。

（5）素养：素养即教养，努力提高员工的素养，养成严格遵守规章制度的习惯和作风，培养全体员工良好的工作习惯、组织纪律和敬业精神。素养的目的是培养有好习惯、遵守规则的员工，提升员工修养，培养良好素质，提升团队精神，实现员工的自我规范。它是 6S 活动的核心。

实施的要点：服装、仪容、识别证标准；共同遵守的有关规则、规定；员工文明礼仪守则；强化 6S 教育、实践；良好的工作习惯和团队精神；各种精神提升活动（晨会、礼貌运动等）。

（6）安全：人人有安全意识，人人按安全操作规程作业，创造一个零故障、无意外事故发生的工作场所。安全的目的是凸显安全隐患，减少人身伤害和经济损失。

实施的要点：应建立、健全各项安全管理制度；对操作人员的操作技能进行训练；全员参与，排除隐患，重视预防。

案例

海尔集团推行6S现场管理案例介绍

海尔集团作为中国电子产品生产企业的领军企业，将在日常生产中推行6S管理作为产品质量保证的基础，以下内容是海尔企业推行的现场管理。

（1）整理。通过反思为什么会采购这么多不需要的东西，为什么会产生这么多库存，采购周期是否合理，采购和生产部门之间的沟通是否顺畅，可以看出因计划采购不当而产生的浪费；把必需品与非必需品明确区分开，然后把非必需品移走。其判别标准要参考表0-3。

表0-3　要与不要的判别标准

真正需要	位置	确实不要
1．正常的机器设备、电气装置	地板上	1．废纸、杂物、油污、灰尘、烟蒂
2．工作台、板凳、材料		2．不能或不再使用的机器设备、工装夹具
3．台车、推车、拖车、堆高机		3．不再使用的办公用品
4．正常使用的工装夹具		4．破烂的图框、塑料箱、纸箱、垃圾箱
5．尚有使用价值的消耗用品		5．呆料、滞料、过期物品
1．原材料、半成品、成品和样本	工作台上	1．过时的文件资料、表单记录、书报杂志
2．图框、防尘用具		2．多余的材料、损坏的工具、样品
3．办公用品、文具		3．私人的用品、破压台玻璃、破椅垫
1．使用中的清洁工具、用品	墙壁及天花板上	1．蜘蛛网、过时挂历、已坏闹钟、无用挂钉
2．各种使用中的海报、看板		2．过期海报、看板、破烂信箱、指示牌
3．有用的文件资料、表单、记录、书报杂志		3．不再使用的各种管线、吊扇、挂具
4．劳保用品		4．老旧无效的指导书、工装图
5．其他必要的私人用品		5．久挂墙上破旧不用的劳保用品

因为不整洁而发生的浪费如下：

① 空间的浪费。

② 使用棚架或橱柜的浪费。

③ 零件或产品变旧而不能使用的浪费。

④ 放置处变得窄小，造成物品移动的浪费。

⑤ 管理不需要的物品的浪费。

⑥ 库存管理或盘点的浪费。

（2）整顿。将必需品合理放置，加以标示，以便任何人取放。合理放置原则：缩短距离，两手可同时使用，减少多余的动作。

整顿活动推行办法见表0-4。

表 0-4　整顿活动推行办法

<table>
<tr><th>对象</th><th>标示</th><th>定位</th></tr>
<tr><td rowspan="3">1. 通道</td><td rowspan="3"></td><td>尽量避免弯角，采用最短距离搬运方式</td></tr>
<tr><td>通路的交叉处尽量使其成直角</td></tr>
<tr><td>左右视线不佳的通路交叉处尽量避免</td></tr>
<tr><td rowspan="2">2. 设备</td><td>设备名称及使用的说明应标示</td><td>不移动的设备不要画线</td></tr>
<tr><td>危险处所应标示“危险”</td><td>移动的设备要画线</td></tr>
<tr><td rowspan="4">3. 成品、在制品、半成品、零件</td><td>防治物、数量、累积数等应标示</td><td rowspan="4">所定的放置方法（搬运台）、台车等每一区域应予画线</td></tr>
<tr><td>固定位置的品名、编号应标示</td></tr>
<tr><td>自由位置的位置号应标示</td></tr>
<tr><td>设立位置管理看板应标示</td></tr>
</table>

因为不整顿而发生的浪费如下:

① 寻找时间的浪费。

② 工程停顿的浪费。

③ 以为没有而多采购的浪费。

④ 发生计划变更的浪费。

（3）清扫。经常打扫，保持工作环境清洁。清扫的重点在于研究“产生源的控制”。清扫的原则如下:

① 先进行一次彻底清扫，使物品恢复原状。

② 坚持打扫和检查，目标是通过有效的扫除和检查实现无故障、无操作失误、无间歇停工。

③ 工作场所所有能看到的地方清扫干净，无非必需物品，无乱堆乱放，无尘土。

常见清扫事项有如下几个:

① 维修或更换难以读数的仪表装置。

② 添置必要的个人安全防护装置。

③ 要及时更换绝缘层已老化或损坏的导线。

④ 对需要防锈保护或需要润滑的部位，要按照规定及时加油保养。

⑤ 清理堵塞的管道。

⑥ 调查跑、冒、漏、滴的原因，并及时加以处理。

（4）清洁。它是用来维持整理、整顿、清扫前 3S 成果的方法。领导要经常过问，并到现场检查实际效果。清洁的原则如下:

① 标准明确，漆见本色铁见光。

② 建立领导检查实际效果的制度，每周评估。

③ 所有区域员工的检查表应是可见、可跟踪的。

（5）素养。养成经常能够正确遵守公司规定的习惯，久而久之会形成企业特有的文化。

素养的原则如下:

① 参观通道，让员工自己感受到压力。

② 横向比对，全员参与形成文化。

（6）安全。在确认安全的前提下工作，消灭一切安全隐患，让员工放松心情愉快地工作。

安全的原则如下:

① 持证上岗，按规章操作。

② 思想不放松。

0.4　全面质量管理与 ISO 9000 质量管理和质量标准

1. 电子产品质量

电子产品质量由以下 3 方面体现。

1）功能

功能包括性能指标（指电子产品实际具备的物理性能和化学性能，以及相应的电气参数）、操作功能（指产品在操作时的方便程度和使用安全程度）、结构功能（指产品整体结构的轻巧性，维修互换的方便性）、外观性能（指整机的外观造型、色泽及外包装等）、经济特性（指产品的工作效率、制作成本、使用费用、原料消耗等）。

2）可靠性

可靠性包括固有可靠性（指由产品设计方案、选用材料及元器件、产品制作工艺过程所决定的可靠性因素，固有可靠性在使用之前就已经决定了）、使用可靠性（指使用、操作、保养、维护等因素对其寿命的影响，使用可靠性会因使用时间的增加而逐渐下降）、环境适应性（指产品对各种温度、湿度、酸碱度、振动、灰尘等环境因素的适应能力）。

3）有效度

有效度指电子产品实际工作时间与产品使用寿命（工作和不工作的时间之和）的比值，反映了电子产品有效的工作效率。

2. 影响电子产品质量的因素

影响产品质量的因素主要有 5 个方面，即操作者、机器与机器能力、原材料、工艺方法与工艺管理和环境条件。

（1）操作者。为了保证工序质量，操作人员要有强烈的质量意识、高度的责任心和自我约束能力，不断提高技术熟练程度，严格按照操作规程进行生产。

（2）机器与机器能力。机器设备是保证制造质量的重要物质条件，必须加强设备管理，搞好设备的维护、保养、检修。机器能力是指机器本身所具有的加工能力。机器能力指数的计算可以由工序能力指数得出。若工序能力指数≥1，可以判定机器能力充足。

（3）原材料。原材料的规格、型号、化学成分和物理性能对产品制造质量起着主导作用，应加强原材料及外协件的进厂检验，加强厂内自制零部件的工序和成品检验，同时合理地选择原材料与外协件的供应厂家。

（4）工艺方法与工艺管理。工艺方法对制造质量的影响主要体现在加工方法、工艺参数和工艺装备是否正确、合理。工艺管理是制造质量的重要保证，它是指在生产现场是否严肃认真地贯彻执行已制订的工艺方法，计量器具本身的精度及能否正确使用等内容。

（5）环境条件：环境条件主要是指生产现场的温度、湿度、噪声干扰、振动、照明、室内净化和污染程度等。为了提高制造质量，应做好生产现场的整顿、整理、清扫工作，搞好文明生产，创造良好的生产环境。

3. 质量认证体系

1）产品质量认证

产品质量认证是依据产品标准和相应的技术要求，经认证机构确认并通过颁发认证证书和认证标志来证明某一产品符合相应的标准和相应的技术要求的活动。认证的对象是产品或服务。产品的概念是广义的，除一般产品概念外，还包括工艺加工技术，如某项电镀技术、热处理技术等。服务是指服务性行业，如旅游、餐饮等。认证的依据是被认证对象的质量标准，达到标准为合格，所以质量认证也称为合格认证。

2）质量管理体系认证

质量管理体系认证亦称质量管理体系注册，是指由公正的第三方体系认证机构，依据正式发布的质量管理体系标准，对组织的质量管理体系实施评定，并颁发体系认证证书和发布注册名录，向公众证明组织的质量管理体系符合质量管理体系标准，有能力按规定的质量要求提供产品，可以相信组织在产品质量方面能够说到做到。

3）3C 认证

3C 认证是“中国强制认证（China Compulsory Certification）”的简称。强制性产品认证是国际上通行的做法，主要是对涉及人类健康和安全、动植物生命安全和健康，以及环境保护与公共安全的产品实施强制性认证，确定统一适用的国家标准、技术规则和实施程序，制定和发布统一的标志，规定统一的收费标准。主要内容概括起来有以下几个方面：

（1）按照世界贸易组织（以下简称世贸组织）有关协议和国际通行规则，国家依法对涉及人类健康安全、动植物生命安全和健康，以及环境保护和公共安全的产品实行统一的强制性产品认证制度。国家认证认可监督管理委员会统一负责国家强制性产品认证制度的管理和组织实施工作。

（2）国家强制性产品认证制度的主要特点是：国家公布统一的目录，确定统一适用的国家标准、技术规则和实施程序，制定统一的标志标识，规定统一的收费标准。凡列入强制性产品认证目录内的产品，必须经国家指定的认证机构认证合格，取得相关证书并加施认证标志后方能出厂、进口、销售和在经营服务场所使用。

（3）根据中国加入世贸的承诺和体现国民待遇的原则，原来两种制度覆盖的产品有 138 种，而现在删去了原来列入强制性认证管理的医用超声诊断和治疗设备等 16 种产品，增加了建筑用安全玻璃等 10 种产品，实际的强制性认证产品共有 132 种。

（4）国家对强制性产品认证使用统一的标志。新的国家强制性认证标志名称为“中国强制认证”，英文名称为“China Compulsory Certification”，英文缩写可简称为“3C”标志。中国强制认证标志实施以后，将取代原实行的“长城”标志和“CCIB”标志。

（5）国家统一确定强制性产品认证收费项目及标准。新的收费项目和收费标准的制定，将根据不以营利为目的和体现国民待遇的原则，综合考虑现行收费情况，并参照境外同类认证收费项目和收费标准。

（6）强制性产品认证制度于 2002 年 8 月 1 日起实施，有关认证机构正式开始受理申请。原有的产品安全认证制度和进口安全质量许可制度自 2003 年 8 月 1 日起废止。

4. 全面质量管理和 ISO 9000 族标准

1）全面质量管理

全面质量管理是企业单位开展以质量为中心，全员参与为基础的一种管理途径。

全面质量管理的目标：通过使顾客满意、本单位成员和社会受益而达到长期成功。

全面质量管理的特征："四全"，即全过程的质量管理、全企业的质量管理、全指标的质量管理、全员的质量管理。

2）ISO 9000 族标准

ISO 标准是指"由国际标准化组织质量管理和质量保证技术委员会（ISO/TC176）制定的所有国际标准"。ISO 9000 族标准是 ISO 于 1987 年制订，后经不断修改完善而成的系列标准。现已有 150 多个国家和地区将此标准等同转化为国家标准。该标准族可帮助组织实施并有效运行质量管理体系，是质量管理体系通用的要求或指南。它不受具体的行业或经济部门限制，可广泛适用于各种类型和规模的组织，在国内和国际贸易中促进相互理解。

（1）2008 版 ISO 9000 族核心标准。

GB/T 19000—2008 idt ISO 9000：2005《质量管理体系—基础和术语》。

GB/T 19001—2008 idt ISO 9001：2008《质量管理体系—要求》。

GB/T 19004—2000 idt ISO 9004《质量管理体系—绩效改进指南》。

GB/T 19011—2003 idt ISO 9011：2002《质量和（或）环境体系审核指南》。

2000 版 GB/T 19000 族标准强调了顾客满意及监视和测量的重要性，增强了标准的通用性和广泛的适用性，促进质量管理原则在各类组织中的应用，满足了使用者对标准应更通俗易懂的要求，强调了质量管理体系要求标准（ISO 9001）和指南标准（ISO 9004）的一致性。2000 版 ISO 9000 族标准对提高组织的运作能力、增强国际贸易、保护顾客利益、提高质量认证的有效性等方面产生了积极而深远的影响。

而 2008 版标准在内容方面表达更加明确，适用于所有的产品类别、不同规模和各种类型的组织，并可根据实际需要删减某些质量管理体系要求；采用以过程为基础的质量管理体系模式，强调过程的联系和相互作用，逻辑性更强、相关性更好；强调质量管理体系是组织管理体系的一个组成部分，便于与其他管理体系相容，更注重质量管理体系的有效性和持续改进，减少了对形成文件的程序的强制性要求；将《质量管理体系 要求》（ISO 9001：2008）和《质量管理体系绩效改进指南》（ISO 9004）两个标准作为协调一致的标准使用。

（2）实施 GB/T 19000—2008 族标准的意义。

① 有利于提高组织的质量管理体系运作能力。

② 有利于提高产品质量，增强竞争能力，提高经济效益。

③ 有利于组织持续地满足顾客的需求和期望，增强顾客满意程度。

④ 有利于组织持续改进质量管理体系绩效。

⑤ 有利于提高组织的信誉和形象。

为了保证产品质量，在产品设计、生产上自始至终都应贯彻、执行全面质量管理和ISO 9000族质量标准，增强企业的市场竞争力。而产品要占领市场，最终还要通过检验把关，生产出高质量的产品。

（3）TQM与ISO 9000族标准的关系：

共同点：都体现预防为主，对质量全过程控制；都强调最高管理者负责；全员参与；都重视不断改进质量；都要使顾客满意，本组织受益。

区别：全面质量管理只是企业内部加强质量管理的方法；而ISO 9000族标准对内、外都可向顾客提供信任，因为各企业都用相同的标准建立质量管理体系，以达到持续地增强顾客满意。全面质量管理没有一套对质量管理体系的标准，而ISO 9000族标准完善了质量管理体系，有一套评价标准。全面质量管理没有严谨的术语标准，而ISO 9000族标准有ISO 9000：2005《质量管理体系—基本原则和术语》。

案例

海尔推行全面质量管理案例介绍

海尔集团推行全面质量管理经历了5个阶段。

（1）第一阶段：狭义质量管理概念的建立。1985年，海尔生产的76台“瑞雪”牌冰箱经检验不合格，企业要求责任者当众砸毁这些不合格冰箱。这一锤，砸醒了职工的质量意识，更加坚定了海尔以质量为本的发展道路。

“砸冰箱事件”是海尔进入狭义质量管理阶段的里程碑，砸冰箱砸出的就是必须符合检验标准。1984~1989年，5年的时间里，海尔的产品均达到了质量检验的标准，1988年在全国冰箱评比中，海尔冰箱以最高分获得中国电冰箱史上的第一枚金牌。

（2）第二阶段：以质量为中心——从狭义到广义的质量管理阶段。在这一阶段，海尔开发生产出了大冷冻力冰箱、小神童洗衣机等。

1989年以后，国内市场对于家用电器已是供过于求，一些企业因为不重视产品质量而被淘汰，而海尔在保证质量的基础上不断关注用户的需求，以创造出满足用户个性化需求的产品为创新点，将质量管理由狭义的满足标准上升到了广义的满足用户需求阶段。例如，在国内，一开始海尔的冰箱进入上海时，销售非常不理想，为此企业组织力量到上海进行市场调查，对不同阶层的1000多户家庭进行了调研。调研的结果表明，大多数上海家庭住房比较紧张（1993年），他们不愿要占地面积太大的冰箱，而需要正面面积小、纵向可以长一些的冰箱，另外要求冰箱外观漂亮，不愿买比较古板的产品。根据目标市场消费者的要求，企业生产设计人员进行综合分析，设计生产出了小神童冰箱。这种冰箱比较瘦长，有点像日本冰箱的造型，内部比较可靠。这种产品投放上海市场马上受到欢迎。

（3）第三阶段：以体系为中心——从产品质量到体系质量的过程。海尔公司通过ISO 9001质量体系认证，成为世界级的合格供货商。随着海尔集团的不断发展，海尔公司的质量管理核心由产品的零缺陷管理发展到整个体系上的质量管理过程。在企业发展初期，为使产品质量从体系上得到保障，海尔建立了全面质量管理体系，引进了ISO管理标准。1992年4月，海尔在国内家电企业中首家通过ISO 9001质量体系认证，成为世界级的合格供货商；1997年，海尔通过ISO 14001环境管理体系认证，成为国内家电企业中首家通过该认证的企业。海尔认为，只有持续推出亲情化的、能够满足用户潜在需求的服务新举措，才能提升海尔服务形象，最终感动用户，实现与用户的零距离接触。在这种理念指导下，海尔公司服务的每次升级和创新都走在了同行业的前列。

（4）第四阶段：以市场与用户为中心——从体系质量到市场链质量的管理阶段。质量是企业的生命。海尔集团在"海尔创世界名牌，第一是质量，第二是质量，第三还是质量"的理念指导下，从一开始就抓全员的质量意识，并注重提高员工的技能水平，靠员工强烈的质量意识和高超的技能水平来保证产品的质量。优秀的产品是优秀的人做出来的。如果把企业比喻成一条大河，每一个员工都应是这条大河的源头，员工的积极性应该向喷泉一样喷涌而出，成为企业发展的源头，所以要把每个员工的积极性调动起来，员工有活力，必然会生产出高质量的产品。海尔产品的高质量，正是靠每个员工的努力来实现的。从2001年起，在源头论的基础上，海尔集团开始了全员战略事业单位（Strategical Business Chit，SBU）建设。

SBU在海尔引申为不但每个事业部、而且每个员工都是一个SBU，那么集团总的战略就可以落实到每个员工，而每个员工的战略创新又会保证集团战略的实现。也就是说，海尔集团充分给员工提供个性化创新空间，将每一个终端都营造成SBU，以便获取核心竞争力，保证集团发展战略的顺利进行。

（5）第五阶段：产品质量标准——零缺陷。海尔指出：速度、差错率、用户满意率之间的矛盾意味着我们必须一次做对。海尔生产的电子产品质量标准是零缺陷。企业的质量零缺陷循环图如图0-7所示。

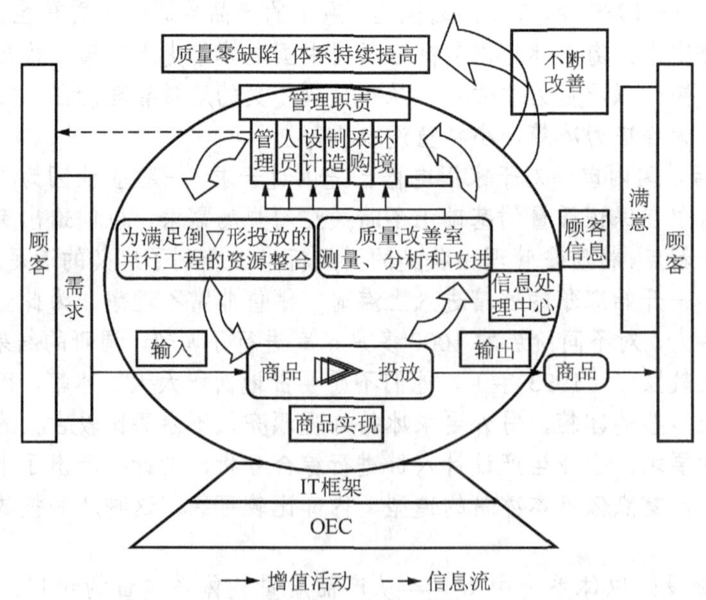

图0-7 企业的质量零缺陷循环图

0.5 电子产品生产工艺入门

1. 电子产品生产工艺及其研究范围

我们日常生活中经常接触到电视、电话、手机、计算机等，这些产品是如何生产的呢？这就涉及电子产品的制造工艺（即电子产品生产工艺，以下简称电子工艺）。

电子工艺是生产者利用设备和生产工具，对各种原料、半成品进行加工或处理，使之最后成为符合技术要求的电子产品的“艺术”（工序、方法或技术）。它是人类在生产劳动中不断积累起来并经过总结而形成的操作经验和技术能力。例如，电子产品生产制造企业的工人在生产线上将电路板、元器件、显示部分和机械部分等装配成万用表；将半成品显示器、主机、键盘和鼠标组装成计算机，在这些过程中，都要利用生产工具和设备，都要采用一定的工序、方法或技术（即工艺技术），这就是电子工艺。

电子工艺学的研究范围就电子整机产品的生产过程而言，主要涉及两个方面：一方面指制造工艺的技术手段和操作技能，另一方面指产品在生产过程中的质量控制和生产管理。

2. 电子产品制造过程的基本要素

研究电子整机产品的制造过程时，材料、设备、方法、操作者这几个要素是电子产品生产工艺技术的基本重点，通常用“4M＋M”来简化电子产品制造过程的基本要素。

材料（Material）：包括电子元器件、导线、集成电路、开关、接插件等。整机产品和技术的水平，主要取决于元器件制造工业和材料科学的发展水平。

设备（Machine）：各种工具、仪器、仪表、机器等。电子产品制造工艺技术的提高，产品质量和生产效率的提高，主要依赖于生产设备技术水平和生产手段的提高。

方法（Method）：对材料的利用、对工具设备的操作、对生产的安排、对生产过程的管理、对电子材料的利用、对工具设备的操作、对制造过程的安排、对生产现场的管理——在所有这些与生产制造有关的活动中，“方法”都是至关重要的。

人力（Man-power）：决定因素是人，经过培训的具备高素质的人（高级管理人员、高级工程技术人员、高等级技术工人）是电子工业发展、进步的关键。

管理（Management）：管理出效益——在所有这些与生产制造有关的活动中，“方法”都是至关重要的。与以上制造过程的 4 个要素比较，管理可以算是“软件”，但确实又是连接这 4 个要素的纽带。

3. 电子产品生产工艺技术的培养目标

为我国电子制造业培养具有职业素质与职业技能的应用型人才，培养有技术、会操作，掌握电子产品生产工艺技能和工艺技术管理知识，能在生产现场指导生产、解决实际问题的工艺工程师和高级技师。

4. 电子产品生产工艺技术人员的工作范围

其工作范围包括以下几个方面：

（1）根据产品设计文件要求编制产品生产工艺流程、工时定额和工位作业指导书，指导现场生产人员完成工艺工作和产品质量控制工作。

（2）指导和调试 ICT（在线检测）等测试设备的测试程序和波峰机、SMT 等生产设备的操作方法和规程，设计和制作测试检验用工装。

（3）负责新产品研发中的工艺评审，主要对新产品元器件的选用、PCB 设计和产品生产的工艺性进行评定并提出改进意见，对新产品的试产负责技术上的准备和协调。

（4）进行生产现场工艺规范和工艺纪律管理，培训和指导员工的生产操作，现场组织解决有关技术和工艺的问题，提出改进意见。

（5）控制和改进生产过程中的产品质量，协同研发、检验、采购等相关部门进行生产过程质量分析，改进提高产品质量。

（6）研讨、分析和引进新工艺、新设备，参与重大工艺问题和质量问题的处理，不断提高企业的工艺技术水平、生产效率和产品质量。

思考练习题

1. 安全生产的概念是什么？安全用电包括哪些方面？

2. 在严格遵守操作规程的前提下，对从事电工、电子产品装配和调试的人员，为做到安全用电，还应注意哪几点？

3. 什么是文明生产？文明生产的内容包括哪些方面？

4. 什么是静电？它是怎样产生的？静电的危害通常表现在哪些方面？

5. 静电危害半导体的途径通常有哪几种？预防静电的基本原则是什么？

6. 静电的防护措施有哪些？最直接、最有效的方法是什么？一个完整的静电防护工作应具备哪些要素？

7. 6S 管理的内容有哪些？

8. 电子产品质量主要体现在哪些方面？影响电子产品质量的主要因素有哪些？

9. 什么是全面质量管理？什么叫 ISO 900 系列国际质量标准？ISO 9000 族标准的组成是什么？

10. 比较 TQM 和 ISO 9000 族标准的关系。

11. 什么是工艺？电子工艺学的研究领域有哪些？

12. 电子产品制造过程的基本要素是什么？

13. 电子工艺技术培养目标是什么？

14. 电子工艺技术人员的工作范围有哪些？

项目 1

8 路智力抢答器的制作与调试

知识目标 ☞

1. 掌握万用表的组成与工作原理。
2. 熟悉电子元器件的种类、用途与识别方法，以及元器件测量与性能评价方法。
3. 熟悉焊接材料、焊接工具的分类、性能、使用方法、工具保养等知识。
4. 熟悉焊接机理与 3 步、5 步的焊接方法。
5. 了解电烙铁分类、结构、工作原理。
6. 了解分立元件的整形与插装方法。

能力目标 ☞

1. 会电子元器件的识别、筛选与检测。
2. 会元器件整形与手工插件。
3. 具有一定的手工焊接与拆焊能力。
4. 具有一定的电烙铁使用与保养能力。
5. 能完成 8 路智力抢答器的制作与调试。

1.1 抢答器制作步骤

1.1.1 电路原理分析

电路完成了基本的抢答功能后，即开始抢答后，当选手按抢答键时，能显示选手的编号，同时能封锁输入电路，禁止其他选手抢答，而报警电路则起到提示作用。

本系统工作原理：接通电源后，当主持人按下复位键，宣布“开始”时抢答器工作，选手即可开始抢答。当选手按抢答键后，抢答器完成编码、优先锁存、译码、数码显示。当一轮抢答之后，只有主持人按复位键后才能进行下一轮抢答，否则抢答无效，其电路原理图如图 1-1 所示。

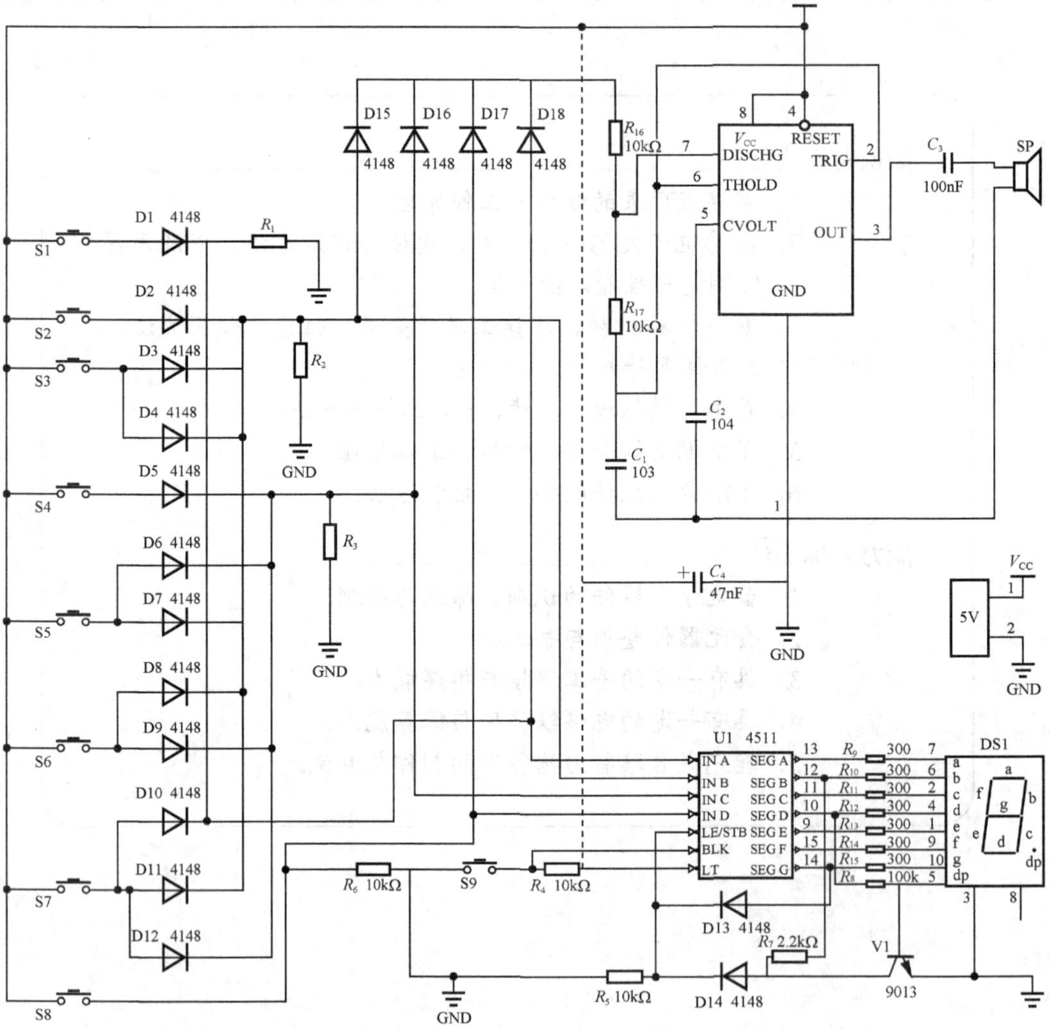

图 1-1　8 路智力抢答器电路原理图

1.1.2　抢答器的安装与调试

1. 插装元器件的识别与检测

按照表 1-1 材料清单一一对应，记清每个元器件的名称与外形，用万用表检测、筛选元器件，以保证装配质量。图 1-2 所示为 8 路智力抢答器元器件的识别与检测。

表 1-1　8 路智力抢答器的材料清单

序号	名称	型号	代号	数量
1	电阻	100kΩ	R_8	1
2	电阻	10kΩ	R_1～R_6/R_{16}/R_{17}	8
3	电阻	2.2kΩ	R_7	1
4	电阻	300Ω	R_9～R_{15}	7
5	电解电容	100nF/16V	C_3	1
6	电解电容	47nF/16V	C_4	1
7	瓷片电容	103nF	C_1	1
8	瓷片电容	104nF	C_2	1
9	IC 座	8P		1
10	IC 座	16P		1
11	二极管	IN4148	D1～D18	18
12	IC	CD4511	U1	1
13	IC	NE555	U2	1
14	晶体管	9013	V1	1
15	蜂鸣器	9×12	BUZI	1
16	数码管	共阴		1
17	PCB	8×12.2		1
18	按键	按键	S1～S9	9

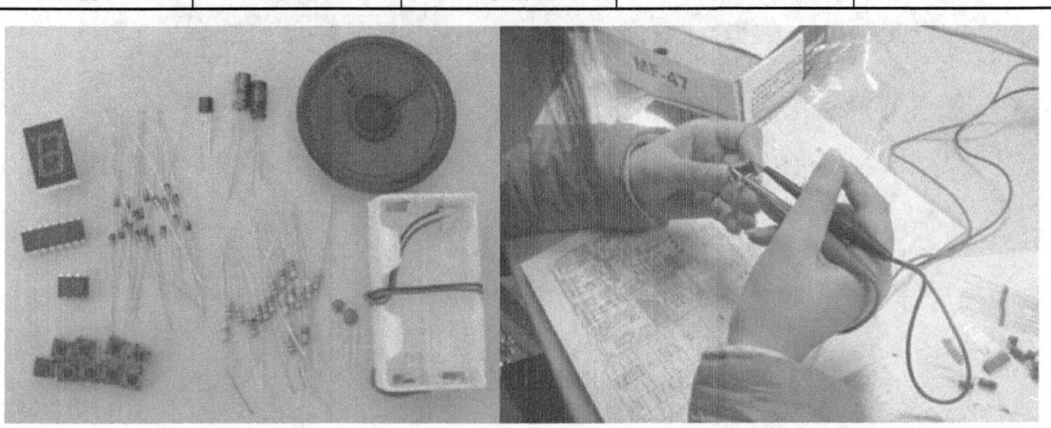

（a）8 路智力抢答器元器件　　（b）电子元器件的检测

图 1-2　电子元器件的识别与检测

2. 印制电路板的设计与制作

利用 Protel99SE 绘图软件绘制电子线路原理图，设置元器件封装，创建网表，完成 8 路智力抢答器 PCB 的设计，制作 PBC，如图 1-3 所示。

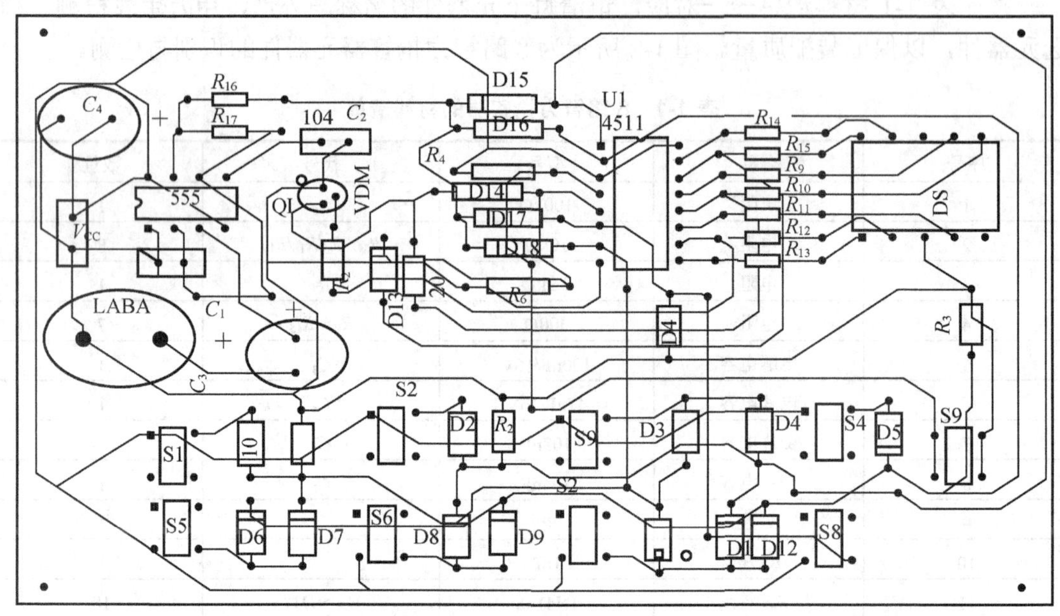

图 1-3　8 路智力抢答器 PCB 图

通常，应根据电路板的尺寸选用元器件的型号、规格等，并进行布局，并且电路板上的所有元器件排列应均匀、整齐、紧凑，位于电路板边缘的元器件离边缘的距离应大于 2mm，元件布局应使走线方便，不出现交叉，方便电路的调试。刚开始学习元器件布局时，可以以电路原理图的元器件排列方式布放元器件。8 路智力抢答器电路板如图 1-4 所示。

（a）电路板正面

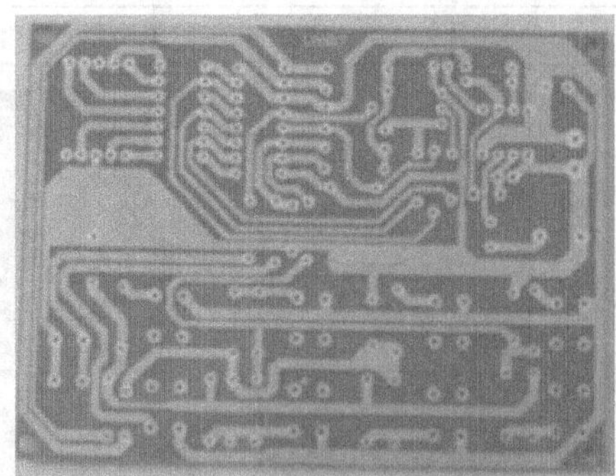

（b）电路板背面

图 1-4　8 路智力抢答器电路板

3. 印制电路板的安装与焊接

通孔元器件安装的一般原则如下：

（1）从低到高，要对元器件进行整形。

（2）保持整齐，同类元器件高度要一致。

（3）元器件一般要贴紧电路板。

（4）元器件的引脚长度要适中。

按照布局图将元器件成型后插入相应位置，并用电烙铁焊接固定好。安装与焊接后如图 1-5 所示。插放元器件时应注意元件参数、极性，不能接错。相似元器件的高度应保持一致。反面过长的引脚剪掉，或保留作为连线使用。

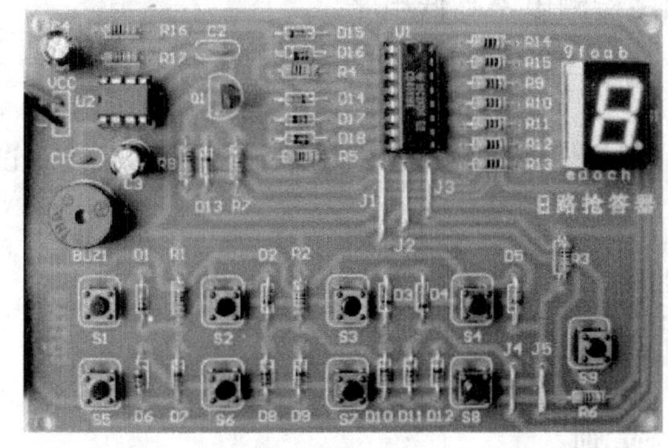

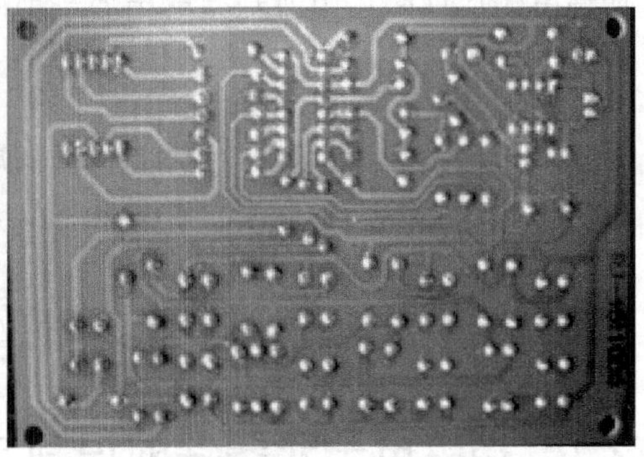

图 1-5　8 路智力抢答器电路板安装与焊接

元器件插放好后，应根据电路原理图将各元器件引脚用导线连接起来，使其实现预想的性能。走线时应注意横平竖直、走线最短，不走斜线、不能交叉。

4. 整机安装与调试

8 路智力抢答器电路板焊接好后，连接扬声器，安装电池，进行整机调试与故障维修，如图 1-6 所示。

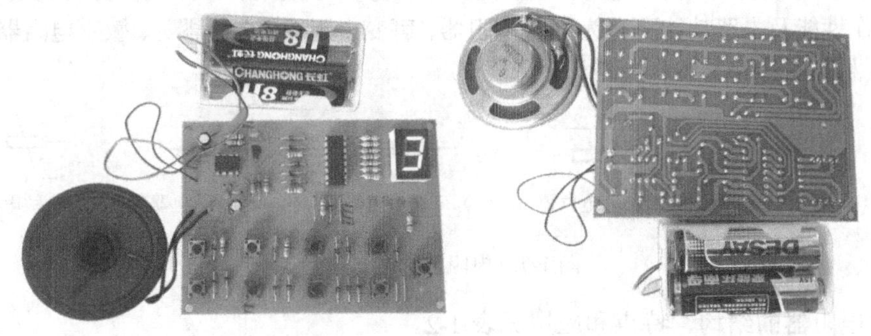

图 1-6　8 路智力抢答器整机调试

焊好连线后，需对电路进行检查，检查内容包括元器件参数、极性是否正确，走线是否正确、合理，焊点是否良好等。

1）故障一

故障现象：数码管不显示或显示不全。

故障分析：电源与蜂鸣器位置接错或虚焊。本系统采用共阴极LED数码管，首先用万用表检测数码管的质量；若无问题，检查焊点质量，查看是否存在虚焊、漏焊现象；最后，用示波器或万用表测试集成电路芯片CD4511输入、输出波形及电压。

2）故障二

故障现象：扬声器不发声。

故障分析：焊盘脱落或二极管装反。用万用表检查扬声器的质量，若无问题，用示波器或万用表测试集成电路芯片NE555输入、输出波形及电压，看信号是否传输正确，再根据电路原理图，由前到后或由后到前顺序检测电路高低电平。

3）故障三

故障现象：按键自动复位。

故障分析：焊盘虚焊，LE/STB 引脚端未接收到锁存信号。用示波器或万用表测试集成电路芯片CD4511输入、输出波形及电压。

1.2 抢答器制作与调试相关知识

1.2.1 插装电子元器件的识别与检测

1．电阻器

1）电阻器概述

电阻的定义：物体对通过的电流的阻碍作用称为电阻。利用这种阻碍作用做成的元件称为电阻器。电阻的单位是欧姆，用Ω表示，除欧姆外还有千欧（kΩ）和兆欧（MΩ），其换算关系为：$1M\Omega = 1000k\Omega = 10^6\Omega$，$1k\Omega = 10^3\Omega$。

电阻器的作用：电阻器在电路中起分压、分流和限流等作用。

电阻器按组成材料可分为碳膜、金属膜、合成膜和线绕等；按用途可分为通用、精密型等；按工作性能及电路功能可分为固定电阻器、可变电阻器（电位器）、敏感电阻器三大类。

电阻器的图形符号如图1-7所示。

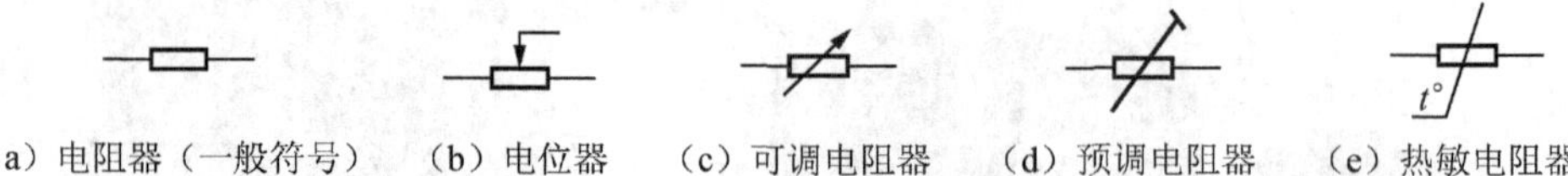

（a）电阻器（一般符号）　（b）电位器　（c）可调电阻器　（d）预调电阻器　（e）热敏电阻器

图1-7　电阻器的图形符号

常用电阻器的结构、特点和应用见表1-2。

表1-2　常用电阻器的结构、特点和应用

名称	结构	特点	应用
碳膜电阻器	用结晶碳沉积在磁棒上或瓷管上制成，改变碳膜的厚度和用刻擦的办法变更碳膜长度可以得到不同的阻值	应用最多的一种电阻器，高频特性好、价格低，但精度差	广泛用于收音机、电视机及其他电子设备中，也是最早使用的电阻器

续表

名称	结构	特点	应用
金属膜电阻器	在真空条件下，在瓷介质基体上沉积一层合金粉制成，通过金属膜的厚度或长度获得不同的电阻值	耐热性能好，工作频率较宽，高频特性好，精度高，但成本稍高，温度系数小	在精密仪表和要求较高的电子系统中使用
合成膜电阻器（包括合成漆膜电阻器、合成碳质实心电阻器、金属玻璃釉电阻器等）	合成漆膜是由炭黑、石墨和填充料用树脂漆作为黏结剂，经加热聚合而成的浸涂在陶瓷基体表面的漆膜		主要用作高阻电阻器和高压电阻器
	合成碳质实心电阻器是由炭黑、石墨、填充料和黏结剂混合压制并经加热聚合而成的实心电阻器		作为普通电阻器用在电路中
	金属玻璃釉电阻器是在陶瓷或玻璃基体上主要用金属、金属氧化物，以玻璃釉作黏结剂，加上有机黏结剂混合成经烘干、高温烧结而成的电阻膜，又称厚膜电阻器		
线绕电阻器	用康铜或锰铜丝绕在绝缘骨架上制成，其外面涂有绝缘的釉层	功率大、耐高温、噪声小、精度高等，但分布电感大、高频特性差	在低频、高温、大功率等场合使用
保险电阻器		具有双重功能，正常情况下具有普通电阻的电气特性，一旦电路中电压升高、电流增大或某一电路元器件损坏，保险电阻就会在规定的时间内熔断，从而达到保护其他元器件的目的	
NTC、PTC 热敏电阻器	NTC 热敏电阻是一种具有负温度系数的热敏元件	其阻值随温度的升高而减小	用于稳定电路的工作点
	PTC 热敏电阻是一种具有正温度系数的热敏元件	在达到某一特定温度前，电阻值随温度升高而缓慢下降，当超过这个温度时，其阻值急剧增大，这个特定温度称为居里点，而居里点可通过改变组成材料中各成分的比例实现	PTC 热敏电阻在家电产品中应用较广泛，如彩电中的消磁电阻、电饭煲中的温控器等

2）电阻器主要技术参数

（1）标称阻值和允许偏差。

标称阻值：指在电阻器表面所标示的阻值。目前电阻器标称阻值系列有 E6、E12、E24 三大系列。三大标称值系列取值见表 1-3。

表 1-3　电阻器标称阻值系列

标称阻值系列	允许偏差	电阻器、电位器标称							
E24	I 级（±5%）	1.0	1.1	1.2	1.3	1.5	1.6	1.8	2.0
		2.2	2.4	2.7	3.0	3.3	3.6	3.9	4.3
		4.7	5.1	5.6	6.2	6.8	7.5	8.2	9.1
E12	II 级（±10%）	1.0	1.2	1.5	1.8	2.2	2.7	3.3	3.9
		4.7	5.6	6.8	8.2	—	—	—	—
E6	III 级（±20%）	1.0	1.5	2.2	3.3	4.7	6.8	—	—

注：表中数值乘以 10^n（其中 n 为整数）即为系列阻值。

允许偏差：对具体的电阻器而言，其实际阻值与标称阻值之间有一定的偏差，这个偏差与标称阻值的百分比叫做电阻器的误差（允许误差）。

（2）额定功率。额定功率是指电阻器在直流或交流电路中长期安全使用所能允许消耗的最大功率值。常用额定功率有 1/8W、1/4W、1/2W、1W、2W、5W、10W、25W 等。

电阻器的额定功率有两种表示方法：一种是 2W 以上的电阻直接用阿拉伯数字标注在电阻体上；另一种是 2W 以下的碳膜或金属膜电阻，可以根据其几何尺寸判断其额定功率的大小。

各种功率的电阻器在电路图中采用不同的符号表示，如图 1-8 所示。

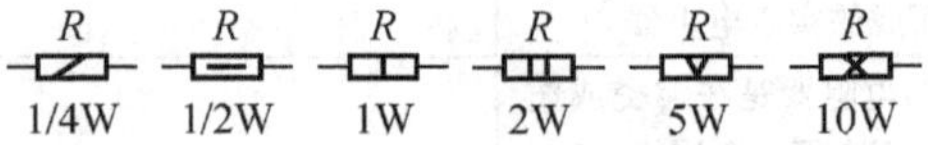

R R R R R R
1/4W 1/2W 1W 2W 5W 10W

图 1-8 电阻器额定功率在电路图中的表示方法

（3）温度系数。温度系数是指温度每升高或（降低）1℃所引起的电阻值的相对变化。温度系数越小，电阻器的稳定性越好。

3）电阻器的标识

电阻器的标识方法主要有直标法、文字符号法、色标法和数码表示法 4 种。

（1）直标法是用阿拉伯数字和单位符号在电阻器的表面直接标出标称阻值和允许偏差的方法。

（2）文字符号法是将阿拉伯数字和字母符号按一定规律的组合来表示标称阻值及允许偏差的方法，多用在大功率电阻器上。

文字符号法规定：用于表示阻值时，字母符号Ω（R）、k、M、G、T 之前的数字表示阻值的整数值，之后的数字表示阻值的小数值，字母符号表示小数点的位置和阻值单位。

例如，Ω33→0.33Ω，3k3 →3.3kΩ，33M→33MΩ，3G3→3.3GΩ。

（3）色标法是用色环或色点在电阻器表面标出标称阻值和允许误差的方法，颜色规定见表 1-4。色标法又分为 4 色环色标法和 5 色环色标法，如图 1-9 所示。普通电阻器大多用 4 色环色标法来标注，4 色环的前两色环表示阻值的有效数字，第 3 条色环表示阻值倍率，第 4 条色环表示阻值允许误差范围。精密电阻器大多用 5 色环色标法来标注，5 色环的前 3 条色环表示阻值的有效数字，第 4 条色环表示阻值倍率，第 5 条色环表示允许误差范围。

表 1-4 色标符号

颜色	有效数字	倍率	允许误差	颜色	有效数字	倍率	允许误差
棕色	1	10^1	±1%	灰色	8	10^8	—
红色	2	10^2	±2%	白色	9	10^9	±50%～±20%
橙色	3	10^3	—	黑色	0	10^0	—
黄色	4	10^4	—	金色	—	0.1	±5%
绿色	5	10^5	±0.5%	银色	—	0.01	±10%
蓝色	6	10^6	±0.2%	无色	—	—	±20%
紫色	7	10^7	±0.1%				

例如，色标为黄紫橙金色的电阻阻值为：$47\times10^3\Omega\pm5\%=47k\Omega\pm5\%$。

（4）数码表示法用3位数码表示电阻器标称阻值。数码表示法规定：第1、2位数表示阻值的有效数字，第3位数表示阻值倍率，单位为欧姆（Ω）。

数码表示法一般用于片状电阻器的标注，一般只将阻值标注在电阻器表面，其余参数予以省略。

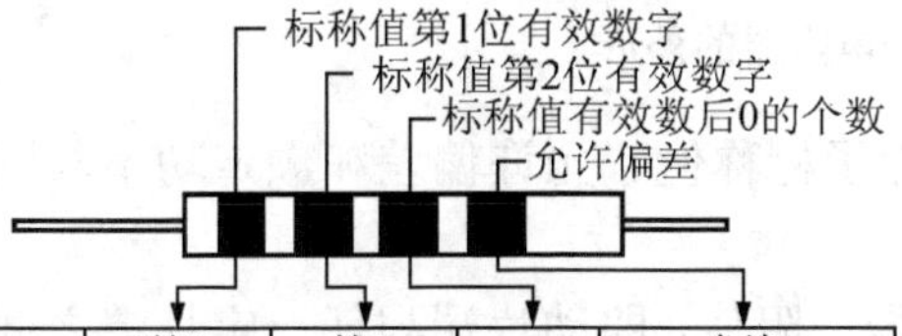

标称值第1位有效数字
标称值第2位有效数字
标称值有效数后0的个数
允许偏差

颜色	第1有效数	第2有效数	倍率	允许偏差
黑	0	0	10^0	
棕	1	1	10^1	
红	2	2	10^2	
橙	3	3	10^3	
黄	4	4	10^4	
绿	5	5	10^5	
蓝	6	6	10^6	
紫	7	7	10^7	
灰	8	8	10^8	
白	9	9	10^9	±50%～±20%
金			10^{-1}	±5%
银			10^{-2}	±10%
无色				±20%

（a）4色环色标法

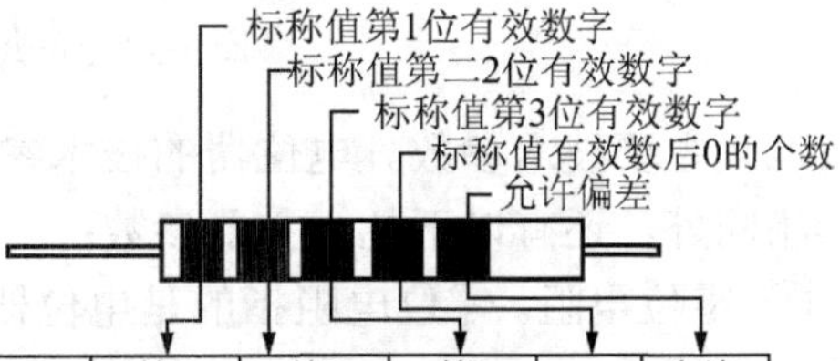

标称值第1位有效数字
标称值第二2位有效数字
标称值第3位有效数字
标称值有效数后0的个数
允许偏差

颜色	第1有效数	第2有效数	第3有效数	倍率	允许偏差
黑	0	0	0	10^0	
棕	1	1	1	10^1	±1%
红	2	2	2	10^2	±2%
橙	3	3	3	10^3	
黄	4	4	4	10^4	
绿	5	5	5	10^5	±0.5%
蓝	6	6	6	10^6	±0.2%
紫	7	7	7	10^7	±0.1%
灰	8	8	8	10^8	
白	9	9	9	10^9	
金				10^{-1}	
银				10	

（b）5色环色标法

图1-9　电阻环色标法

例如，$103\rightarrow10\times10^3=10\,000\Omega=10k\Omega$，$182\rightarrow18\times10^2=1800\Omega=1.8k\Omega$。

4）电位器

电位器是指电阻在规定范围内可连续调节的电阻器，又称可变电阻器。

（1）结构和种类。

① 结构：电位器由外壳、滑动轴、电阻体和3个引出端组成，如图1-10所示。

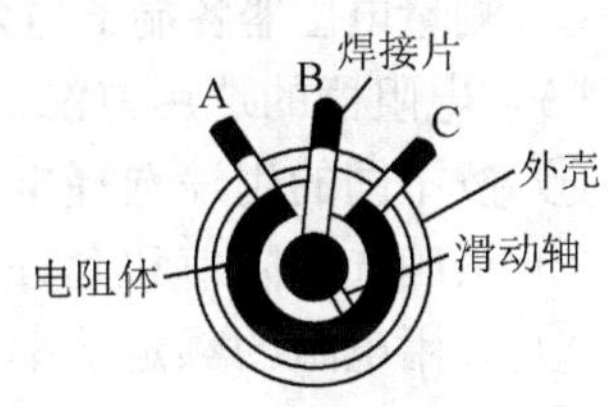

图1-10　电位器的结构

② 种类：按调节方式可分为旋转式（或转柄式）和直滑式电位器；按联数可分为单联式和双联式电位器；按有无开关可分为无开关和有开关2种；按阻值输出的函数特性可分为线性电位器（A型）、指数式电位器（B型）和对数式电位器（C型）3种。

常见电位器外形如图1-11所示。

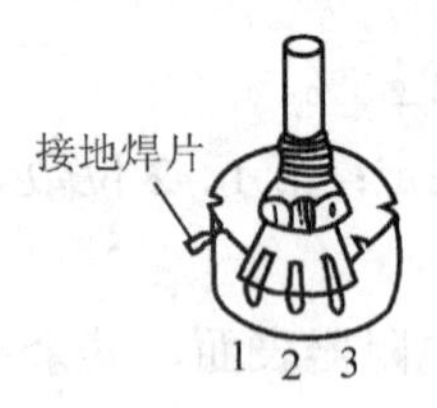

（a）单联电位器

（b）双联电位器

（c）直滑式电位器

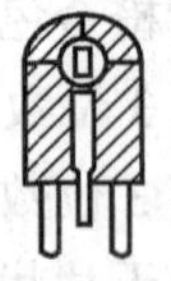
（d）微调电位器

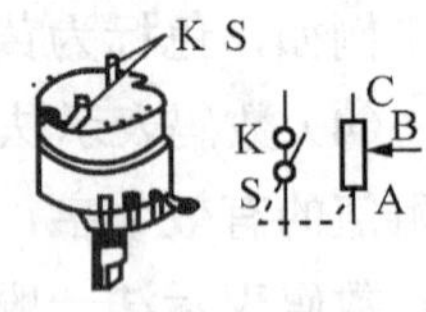

（e）带开关电位器

图 1-11　常见可变电阻器的外形

（2）主要技术参数。电位器的技术参数除了标称值、允许偏差和额定功率与固定电阻器相同外，还有以下几个主要参数：

① 零位电阻。零位电阻指的是电位器的最小阻值，即动片端与任一定片端之间最小阻值。

② 阻值变化特性。它是指阻值输出函数特性。常见的阻值变化特性有 3 种，如图 1-12 所示。

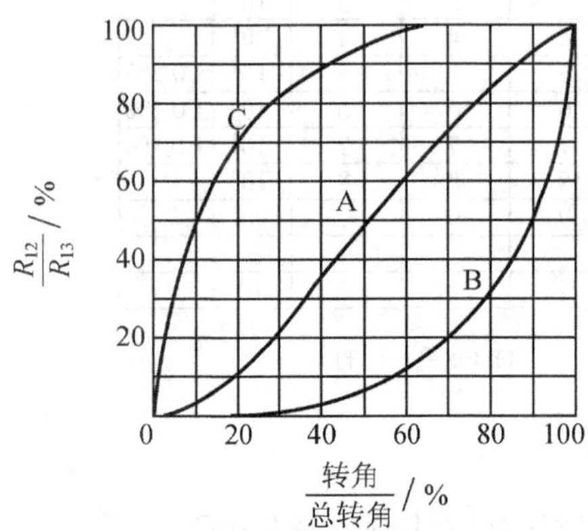

图 1-12　阻值变化特性曲线

直线式（A 型）：电位器阻值的变化与动触点位置的变化接近直线关系。

指数式（B 型）：电位器阻值的变化与动触点位置的变化成指数关系。

对数式（C 型）：电位器阻值的变化与触点位置的变化成对数关系。

5）电阻器的检测与选用

（1）电阻器好坏的判断与检测方法：

① 对电阻器进行外观检查。

② 用万用表的电阻挡测量电阻器的阻值。

（2）电位器的检测方法：

① 测量电位器的标称阻值。

② 判断电位器是否接触良好（取指针式万用表合适的电阻挡）。

③ 测量电位器各端子与外壳及旋转轴之间的绝缘电阻值是否足够大（正常应接近∞）。

（3）电阻器的选用方法：

① 按不同的用途选择电阻器的种类。

② 正确选取阻值和允许误差。

③ 选用电阻的额定功率值时，应高于电阻在电路工作中实际功率值的（0.5～1）倍。

④ 应根据电路特点来选择正、负温度系数的电阻。

⑤ 电阻的允许偏差、非线性及噪声应符合电路要求。

⑥ 考虑工作环境与可靠性、经济性。

（4）使用中应注意如下问题：

① 电阻器安装时，它的两条引出线不要从根部打弯，否则容易折断。

② 焊接时不要使电阻器长时间受热，以免引起阻值的变化。

③ 电阻器使用时应注意电阻器的阻值、功率是否符合电路的要求。

④ 电阻器在装入电路前要核实一下阻值，安装时标志应处于醒目的位置。

2. 电容器

1）电容器简述

电容器是由两个金属电极中间夹一层绝缘材料构成的。电容器是一种储能元件，在电子电路中起到耦合、滤波、隔直流和调谐等作用。

电容器电容量的基本单位为 F（法拉），还有 mF（毫法）、μF（微法）、nF（纳法）和 pF（皮法），它们之间的关系如下：

$$1\text{mF}=10^{-3}\text{F}，1\mu\text{F}=10^{-6}\text{F}，1\text{nF}=10^{-9}\text{F}，1\text{pF}=10^{-12}\text{F}$$

电容器的种类：按结构可分为固定电容器、可变电容器和微调电容器；按绝缘介质可分为空气介质电容器、云母电容器、瓷介电容器、涤纶电容器、聚苯烯电容器、金属化纸电容器、电解电容器、玻璃釉电容器、独石电容器等。

各类固定电容器的常用电路符号如图 1-13 所示。

图 1-13　电容器的常用电路符号

根据国家标准《电子设备用固定电阻器、固定电容器型号命名方法》（GB/T 2470—1995），电容器的型号由 4 个部分组成，具体如下所示：

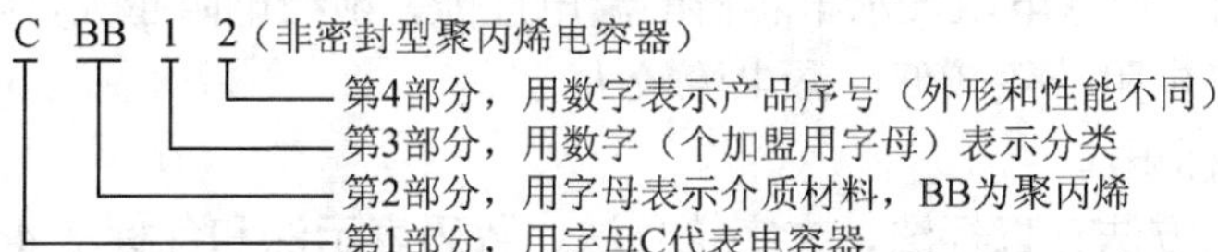

常用电容器的外形及特点见表 1-5。

表 1-5　常用电容器的外形及特点

名称	外形	特点
金属化纸介质电容器（CJ）	密封金属化纸介电容器　小型环氧包封金属化纸介电容器　金属化纸介质电容器	耐压高（几十伏～1kV）、容量大，具有“自愈”能力
涤纶电容器（CL）	金属化绦纶电容器　绦纶薄膜电容器	体积小、容量大、耐热耐湿性好、寄生电感小
云母电容器（CY）		精确度高、耐高温、耐腐蚀，介质损耗小，但是容量较小
独石电容器		容量大、体积特别小、耐高温、可靠性好、成本低

续表

名称	外形	特点
瓷介电容器 高频（CC） 低频（CT）	圆片瓷介电容器　超高频圆瓷片电容器	体积小、性能稳定，耐腐蚀、耐热性好，损耗小、绝缘电阻高，用于低损耗及高频电路中，但是机械强度低、易碎易裂
铝电解电容器 （CD）		电容量特别大、体积小、容量偏差大、漏电大、介质损耗大、价格低廉

2）主要技术参数

（1）标称容量和允许偏差。

标称容量：指在电容器的外壳表面上标出的电容量值。

允许偏差：指标称容量和实际容量之间的偏差与标称容量之比的百分数。

标称容量和允许偏差常用的是 E6、E12、E24 系列。

（2）额定电压。额定电压通常也称耐压，表示电容器在使用时所允许加的最大电压值。通常外加电压最大值取额定工作电压的 2/3 以下。

（3）绝缘电阻。绝缘电阻表示电容器的漏电性能，绝缘电阻越大，电容器质量越好。但电解电容的绝缘电阻一般较低，漏电流较大。

3）电容器的标识法

电容器的标识方法有直标法、文字符号法、数码表示法和色标法 4 种。

（1）直标法是指在电容体表面直接标注主要技术指标的方法。标注的内容一般有标称容量、额定电压及允许偏差这 3 项参数，体积太小的电容仅标容量一项。

（2）文字符号法是指在电容体表面上，用阿拉伯数字和字母符号有规律地组合来表示标称容量的方法。标注时应遵循以下规则：

① 不带小数点的数值，若无标志单位，则表示 pF。

② 凡带小数点的数值，若无标志单位，则表示μF。

③ 许多体积小的固定电容器，可省略其单位，标注时单位符号的位置代表标称容量有效数字中小数点的位置。

（3）数码表示法。在一些磁片电容器上，常用 3 位数字表示电容的容量。其中第 1、2 位为电容值的有效数字，第 3 位为倍率，表示有效数字后的零的个数，电容量的单位为 pF。

（4）电容器的色标法与电阻器色标法基本相似，标志的颜色符号级与电阻器采用的色标法相同，其单位是 pF。

（5）电容器的误差的标注方法有如下 3 种：

① 将允许误差直接标注在电容体上，如±5%、±10%、±20%等。

② 用相应的罗马数字表示，定为 I 级、II 级、III级。

③ 用字母表示，G 表示±2%，J 表示±5%，K 表示±20%，N 表示±30%，P 表示＋100%、－10%，S 表示＋50%、－20%，Z 表示＋80%、－20%。

4）可变电容器和微调电容器

可变电容器是一种容量可连续变化的电容器；微调电容器的容量变化范围较小，一经调好后一般不需变动。

（1）可变电容器的分类：按介质可分空气介质和固体介质 2 种；按联数可分为单联和双联 2 种。可变电容器和微调电容器的外形和电路符号如图 1-14 所示。

（2）可变电容器的主要技术参数：最大电容量与最小电容量、容量变化特征，容量变化平滑性。

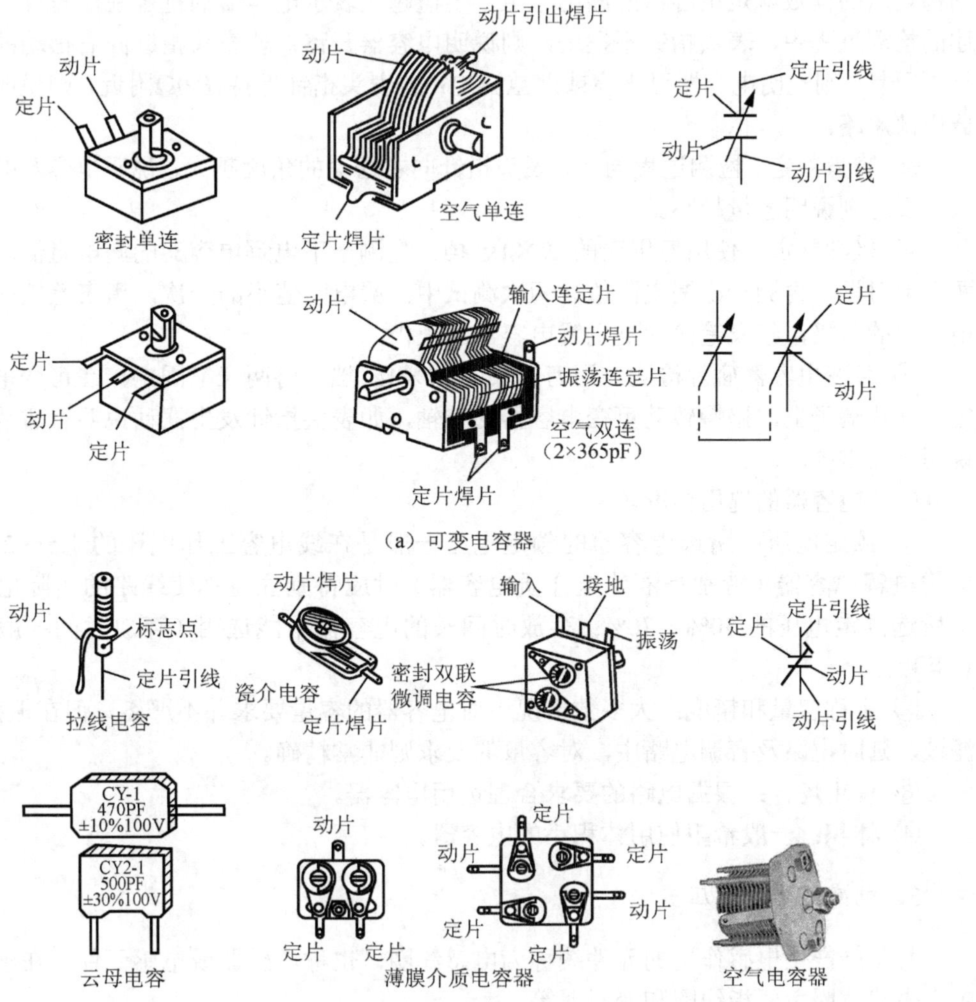

（a）可变电容器

（b）微调电容器

图 1-14　可变和微调电容器的外形及电路符号

① 最大电容量与最小电容量：当动片全部旋进定片时的电容量为最大电容量，当动片全部旋出定片时的电容量为最小电容量。

② 容量变化特性：指可变电容器的容量随动片旋转角度变化的规律，常用的有直线

电容式、直线频率式、直线波长式、电容对数式。

③ 容量变化平滑性：指动片转动时容量变化的连续性和稳定性。

5）电容器的检测与选用

（1）用普通的指针式万用表就能判断电容器的质量、电解电容器的极性，并能定性比较电容器容量的大小。

① 质量判定。用万用表 $R\times1k$ 挡，将表笔接触电容器（1μF 以上的容量）的两引脚，接通瞬间，表头指针应向顺时针方向跳动一下，然后逐渐逆时针回复，如果不能复原，则稳定后的读数就是电容器的漏电电阻，阻值越大表示电容器的绝缘性能越好。若在上述的检测过程中，表头指针不摆动，则说明电容器开路；若表头指针向右摆动的角度大且不回复，则说明电容器已击穿或严重漏电；若表头指针保持在 0Ω附近，则说明该电容器内部短路。

② 容量判定。检测过程同上，表头指针向右摆动的角度越大，说明电容器的容量越大，反之则说明容量越小。

③ 极性判定。使用万用表的 $R\times1k$ 挡，先测一下电解电容器的漏电阻值，而后将两表笔对调，再测一次漏电阻值。两次测试中，漏电阻值小的一次，黑表笔接的是电解电容器的负极，红表笔接的是电解电容器的正极。

④ 可变电容器碰片检测。用万用表的 $R\times1k$ 挡，将两表笔固定接在可变电容器的定、动片端子上，慢慢转动可变电容器的转轴，如表头指针发生摆动说明有碰片，否则说明是正常的。

（2）电容器的选用标准。

① 额定电压：所选电容器的额定电压一般是在线电容工作电压的 1.5～2 倍。但选用电解电容器（特别是液体电介质电容器）时应特别注意：使线路的实际电压相当于所选额定电压的 50%～70%；存放时间长的电容器不能选用（存放时间一般不超过 1 年）。

② 标称容量和精度：大多数情况下对电容器的容量要求并不严格，但在振荡回路、滤波、延时电路及音调电路中，对容量的要求则非常精确。

③ 使用场合：根据电路的要求合理选用电容器。

④ 体积：一般希望使用体积小的电容器。

3．电感线圈和变压器

凡是能产生电感作用的元件统称为电感线圈，也称电感器或电感元件。在电子整机中，电感线圈主要指线圈和变压器等。

1）电感线圈

（1）电感线圈的作用与分类。

电感线圈的作用：电感线圈有通直流、阻交流，通低频、阻高频的作用。

电感线圈的种类：按电感的形式可分为固定电感和可变电感线圈；按导磁性质可分为空心线圈和磁心线圈；按工作性质可分为天线线圈、振荡线圈、低频扼流线圈和高频扼流线圈；按耦合方式可分为自感应和互感应线圈；按绕线结构可分为单层线圈、多层

线圈和蜂房式线圈等。常用的电感线圈的外形及电路符号如图 1-15 所示。

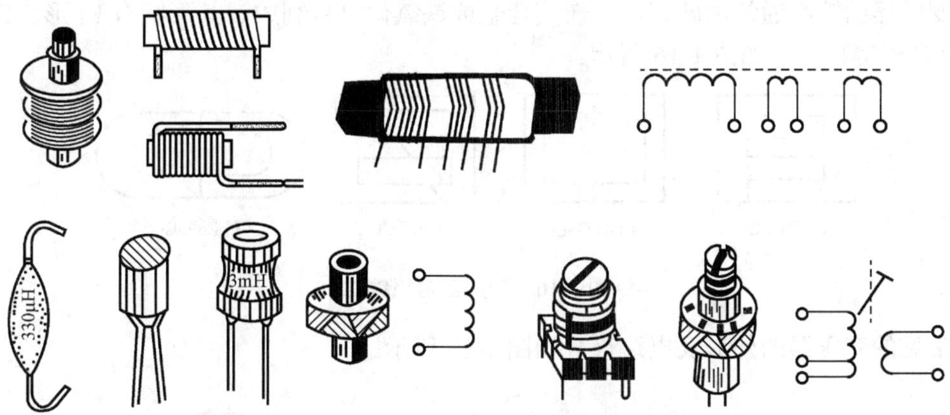

图 1-15　电感线圈外形及电路符号

（2）电感线圈的主要技术参数。

① 电感量：电感量也称自感系数（L），是表示电感线圈自感应能力的一种物理量。其单位为 H（亨）、mH（毫亨）和μH（微亨），三者的换算关系为

$$1\text{H}=10^3\,\text{mH}=10^6\,\mu\text{H}$$

② 品质因数：表示电感线圈品质的参数，亦称作 Q 值或优值。Q 值越高，电路的损耗越小，效率越高。

③ 分布电容：线圈匝与匝之间、线圈与地之间、线圈与屏蔽盒之间及线圈的层与层之间都存在着电容，这些电容统称为线圈的分布电容。分布电容的存在会使线圈的等效总损耗电阻增大和品质因数 Q 降低。

④ 额定电流：指允许长时间通过线圈的最大工作电流。

⑤ 稳定性：主要指参数受温度、湿度和机械振动等影响的程度。

（3）常用电感线圈的特点及用途。

① 空心线圈：用导线绕制在纸筒、塑料筒等上组成的线圈或绕制后脱胎而成的线圈。

② 磁心线圈：用导线在磁心、磁环上绕制成线圈或者在空心线圈中插入磁心组成的线圈，如单管收音机电路中的高频扼流圈。

③ 可调磁心线圈：在空心线圈中旋入可调的磁心组成可调磁心线圈。电视机中频调谐电路中就采用这种线圈。

④ 铁心线圈：在空心线圈中插入硅钢片组成铁心线圈。电子管收音机、扩音机电路中就选用了铁心线圈。

2）变压器

变压器主要用于交流电压变换、电流变换、阻抗变换。

（1）变压器的种类：按使用的工作频率可以分为高频、中频、低频、脉冲变压器等；按其磁心可以分为铁心（硅钢片或玻莫全金）变压器、磁心（铁氧体心）变压器和空气心变压器等几种。

变压器的铁心通常由硅钢片、玻莫合金或铁氧体材料制成，其形状有 EI 形、口形、F 形、C 形等种类，如图 1-16 所示。

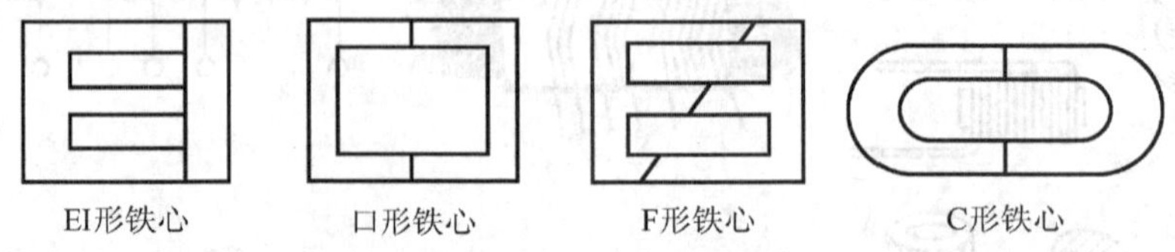

图 1-16　变压器常用铁心

常见的变压器的外形及电路符号如图 1-17 所示。

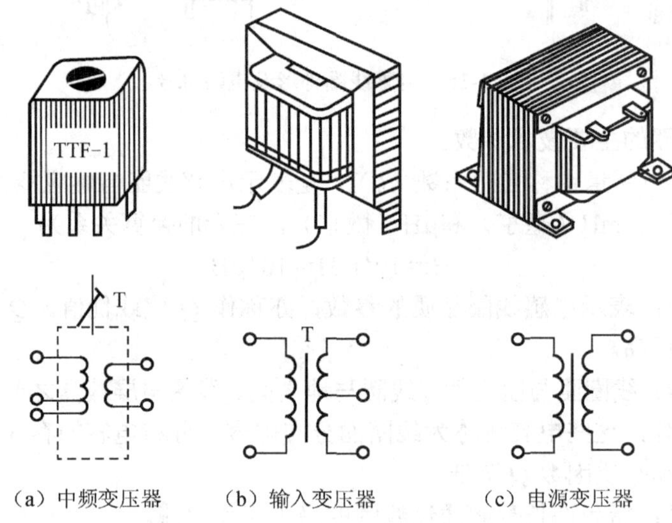

（a）中频变压器　（b）输入变压器　（c）电源变压器

图 1-17　变压器的外形及电路符号

（2）变压器的主要技术参数。

① 额定功率：指变压器能长期工作而不超过规定温的输出功率。变压器输出功率的单位用瓦（W）或伏安（V·A）表示。

② 变压比：指二次电压与一次电压的比值或二次绕组匝数与一次绕组匝数的比值。变压器的变压比：$U_1/U_2=N_1/N_2=n$（式中 n 称变压比）。

变压器电流与电压的关系：不考虑变压器的损耗，则有

$$U_1 \cdot I_1=U_1/I_1 \text{ 或 } U_1 \cdot U_2=I_2/I_1$$

变压器的阻抗变换关系：设变压器一次输入阻抗为 Z_1，二次负载阻抗为 Z_2，则

$$Z_1/Z_2=(U_1/U_2)^2$$

因此变压器可以做阻抗变换器。

③ 效率：变压器的输出功率与输入功率的比值。一般电源变压器、音频变压器要注意效率，而中频、高频变压器一般不考虑效率。

④ 温升：当变压器通电工作后，其温度上升到稳定值时比周围环境温度升高的数值。

⑤ 绝缘电阻：在变压器上施加的试验电压与产生的漏电流之比。

⑥ 漏电感：由漏磁通产生的电感称为漏电感，简称漏感。变压器的漏感越小越好。

（3）变压器的故障及检修。变压器的故障有开路和短路两种。

① 开路故障的检测：开路可用万用表欧姆挡测电阻进行判断。但直流电阻正常并不能表示变压器完好无损，用万用表也不易测量中、高频变压器的局部短路，一般需用专用仪器。

② 短路故障的检测：电源变压器内部短路可通过空载通电进行检查。

③ 变压器的检修：若变压器的引出端断线则可以重新焊接，若内部断线则需要更换或重绕。

4．半导体器件

半导体是指导电性能介于导体和绝缘体之间的物质，是一种具有特殊性质的物质。它的种类繁多，这里仅介绍最常用的半导体器件。

1）半导体二极管

半导体二极管由一个 PN 结、电极引线和外加密封管制成，具有单向导电性。其结构及电路符号如图 1-18 所示。

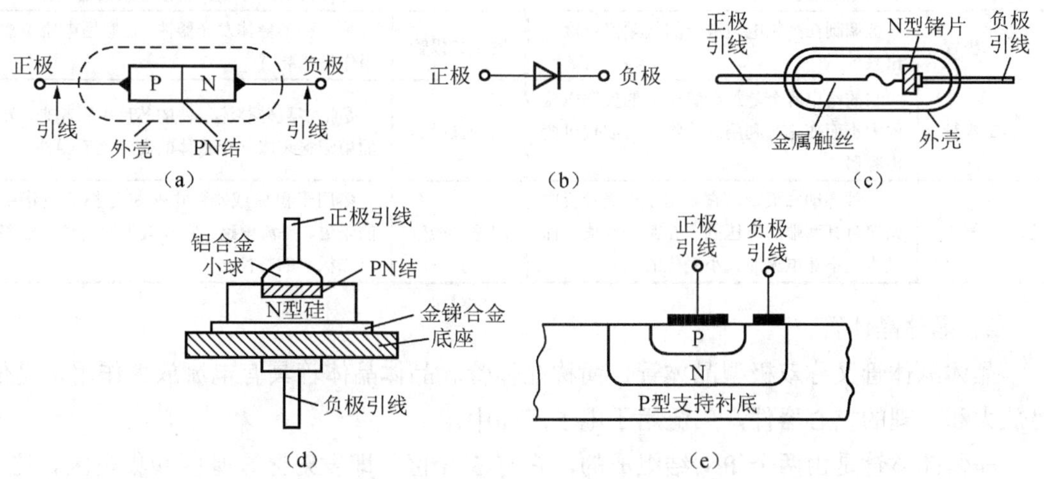

图 1-18　二极管的结构及电路符号

（1）二极管的分类。二极管按结构可分为点接触型和面接触型两种，点接触型二极管常用于检波、变频等电路，面接触型二极管中用得较多的一类是平面型二极管，可在脉冲数字电路中用作开关管；按材料可分为锗二极管和硅二极管，锗管正向压降为 0.2～0.3V，硅管正向压降为 0.5～0.7V；按用途可分为普通二极管、整流二极管、开关二极管、发光二极管、变容二极管、稳压二极管、光电二极管等。

常见二极管的外形及电路符号如图 1-19 所示。

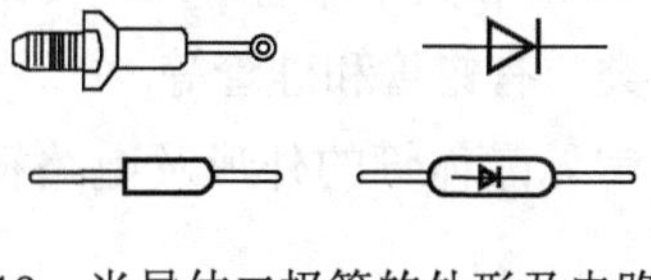

图 1-19　半导体二极管的外形及电路符号

（2）二极管的主要技术参数。

不同类型的二极管有不同的特性参数。

① 最大正向电流 I_F：指管子长期运行时允许通过的最大正向平均电流。

② 最高反向工作电压 U_{RM}：指正常工作时二极管所能承受的反向电压的最大值。一般手册上给出的最高反向工作电压约为击穿电压的一半，以确保管子安全运行。

③ 最高工作率 f_M：指晶体二极管能保持良好工作性能条件下的最高工作频率。

④ 反向饱和电流 I_S：指在规定的温度和最高反向电压作用下，管子未击穿时流过二极管的反向电流。反向电流越小，管子的单向导电性能越好。

（3）二极管的检测。用指针式万用表 $R\times100$ 或 $R\times1k$ 挡测其正、反向电阻，根据二极管的单向导电性可知，测得阻值小时与黑表笔相接的一端为正极，反之为负极。

（4）常用二极管的特点。见表 1-6。

表 1-6 常用二极管的特点

名称	特点	名称	特点
整流二极管	能利用 PN 结的单向导电性，把交流电变成脉动的直流电	开关二极管	利用二极管的单向导电性，在电路中对电流进行控制，可以起到接通或关断的作用
检波二极管	把调制在高频电磁波上的低频信号检出来	发光二极管	是一种半导体发光器件，在家用电器中常用作指示装置
变容二极管	它的结电容会随加到管子上的反向电压的大小而变化，利用这个特性可取代可变电容器	高压硅堆	是把多只硅整流器件的芯片串联起来，外面用塑料装成一个整体的高压整流器件
稳压二极管	一种齐纳二极管，它利用了二极管反向击穿时其两端的电压固定在某一数值，而基本上不随电流的大小变化的性质	阻尼二极管	多用于黑白或彩色电视机行扫描电路中的阻尼、整流电路，它具有类似高频高压整流二极管的特性

2）晶体晶体管

晶体晶体管又称双极型晶体管，简称晶体管。晶体晶体管具有电流放大作用，是信号放大和处理的核心器件，广泛用于电子产品中。

晶体晶体管是由两个 PN 结组成的，它有 3 个区，即发射区、基区和集电区。这 3 个区各自引出一个电极称为发射极 e（E）、基极 b（B）和集电极 c（C）。发射区和基区之间的 PN 结称为发射结；集电区和基区之间的 PN 结称为集电结。

（1）晶体晶体管的分类。以内部 3 个区的半导体类型分类，有 NPN 型和 PNP 型；以工作频率分类，有低频管（$f_\alpha<3$MHz 和高频管（$f_\alpha\geq3$MHz）；以功率分类，有小功率管（PC＜1W 和大功率管（PC≥1W）；以用途分类，有普通晶体管和开关管等；以半导体材料分类，有锗管和硅管等。

常见晶体管的外形及电路符号如图 1-20 所示。

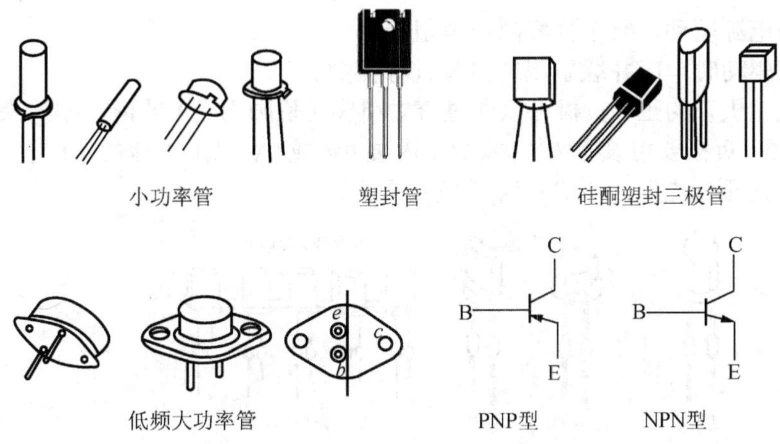

图 1-20　常见晶体管的外形及电路符号

（2）晶体管的主要技术参数。

① 交流电流放大系数：包括共发射极电流放大系数 β 和共基极电流放大系数 α，它是表明晶体管放大能力的重要参数。

② 集电极最大允许电流 I_{CM}：指放大器的电流放大系数明显下降时的集电极电流。

③ 集-射极间反向击穿电压（BV_{ceo}）：指晶体管基极开路时，集电极和发射极之间允许加的最高反向电压。

④ 集电极最大允许耗散功率（P_{CM}）：指晶体管参数变化不超过规定允许值时的最大集电极耗散功率。

（3）晶体晶体管的检测方法。

① 晶体管类型和基极 b 的判别：将指针式万用表置于 $R\times100$ 或 $R\times1\text{k}$ 挡，用黑表笔碰触某一极，红表笔分别碰触另外两极，若两次测量的电阻都小（或都大），则黑表笔（或红表笔）所接引脚为基极且为 NPN 型（或 PNP）。

② 发射极 e 和集电极 c 的判别：若已判明基极和类型，任意设另外两个电极为 e、c 端。判别 c、e 时按图 1-21 所示进行。以 PNP 型管为例，将万用表红表笔假设接 c 端，黑表笔接 e 端，用潮湿的手指捏住基极 b 和假设的集电极 c 端，但两极不能相碰（潮湿的手指代替图中 100kΩ的电阻）。再将假设的 c、e 电极互换，重复上面步骤，比较两次测得的电阻的大小。测得电阻小的那次，红表笔所接的引脚是集电极 c，另一端是发射极 e。

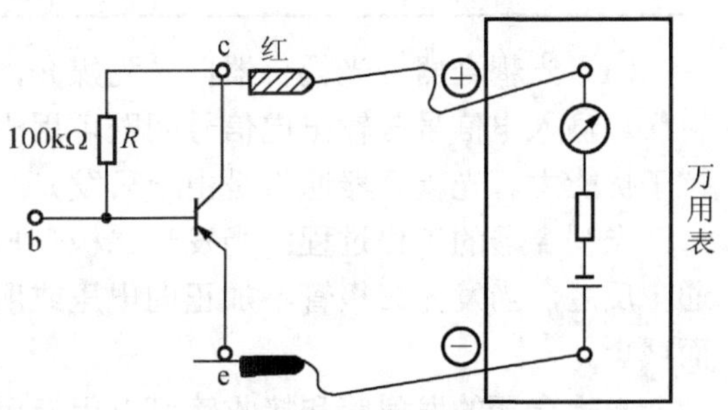

图 1-21　用万用表判别 PNP 型晶体管的 c、e 极

3）光电器件

（1）发光二极管。发光二极管也是由半导体材料制成的，能直接将电能转变为光能，与普通二极管一样具有单向导电性，但它的正向压降较大，红色的在 1.6～1.8V，绿色的约为 2V。

图 1-22 为发光二极管外形及电路符号。使用注意事项如下：

① 若用电源驱动，要选择好限流电阻。

② 交流驱动时，应并联整流二极管进行保护。

③ 发光二极管的正、负极可以通过查看引脚（长脚为正）或内芯结构来识别。检测发光二极管正、负极要用设有 $R\times10k$ 挡、内装 9V 或 9V 以上电池的万用表来进行测量，用 $R\times10k$ 挡测正向电阻，用 $R\times1k$ 挡测反向电阻。

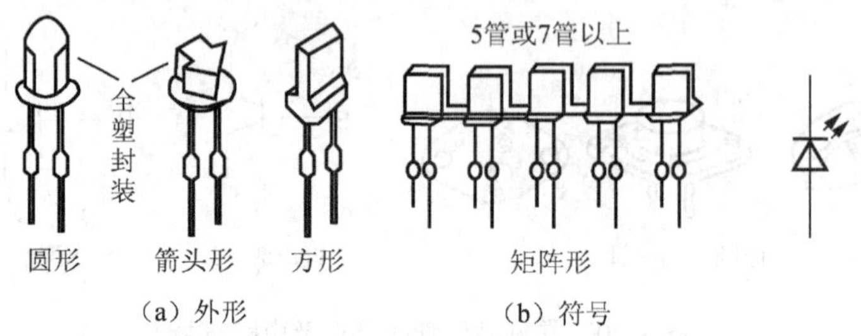

图 1-22　发光二极管外形及电路符号

（2）光电二极管和光电晶体管。光电二极管和光电晶体管均为红外线接收管。这类管子能把光能转变成电能，主要用于各种控制电路。

① 光电二极管：其构成和普通二极管相似，它的管壳上有入射光窗口，可以将接收到的光线强度的变化转换成为电流的变化。

光电二极管可用指针万用表 $R\times1k$ 挡测试。

② 光电晶体管：靠光的照射来控制电流的器件，一般只引出集电极和发射极，所以具有放大作用，其外形和发光二极管相似。

光电晶体管可以用万用表 $R\times1k$ 挡测试。光电晶体管的简易测试方法见表 1-7。

表 1-7　光电晶体管简易测试方法

	接法	无光照	在白炽灯光照下
测电阻 $R\times1k$ 挡	黑表笔接 c，红表笔接 e	指针微动接近∞	随光照变化而变化，光照强度增大时电阻变小，可达几千欧姆～1kΩ以下
	黑表笔接 e，红表笔接 c	电阻为∞	电阻为∞（或微动）
电流 50μA 或 0.5mA 挡	电流表串联在电路中，工作电压为 10V	小于 0.3μA（用 50μA 挡）	随光照增加而加大，在零点几毫安～5mA 之间变化（用 5mA 挡）

（3）光耦合器。光耦合器以光为媒介，用来传输电信号，能实现“电→光→电”的转换。输入电信号与输出电信号间既可用光来传输，又可通过光隔离，从而提高电路的抗干扰能力。光耦合器通常是由一只发光二极管和一只受光控的光电晶体管组成的。

光耦合器的工作过程：当发光二极管加上正电压时，使光电晶体管的内阻减少而导通；反之，当发光二极管不加正向电压或所加正向电压很小时，光电晶体管的内阻增大而截止。

光耦合器的发射管和接收管可以用万用表分别进行检测。

5．集成电路

集成电路（Integrated Circuit，IC）利用半导体工艺或厚薄膜工艺将电路的有源元器件、无源元器件及其连线制作在半导体基片上或绝缘基片上，形成具有特定功能的电路，并封装在管壳之中，俗称芯片。

集成电路具有体积小、质量轻、功耗低、成本低、可靠性高、性能稳定等优点。

1）集成电路的种类

集成电路按照制作工艺分可分为半导体集成电路、薄膜集成电路、厚膜集成电路和混合集成电路4类。

（1）半导体集成电路是指在硅片上制作电阻、电容、二极管和晶体管等元器件。

（2）薄膜、厚膜集成电路是指在玻璃或陶瓷等绝缘基体上制作元器件。

（3）混合集成电路是由半导体集成工艺和薄、厚膜工艺结合而成的。

集成电路按其功能不同可分为模拟集成电路、数字集成电路和微波集成电路。

（1）以电压和电流为模拟量进行放大、转换、调制的集成电路称为模拟集成电路。模拟集成电路分为线性和非线性集成电路两种。

（2）以“开”和“关”两种状态或以高、低电平来对应“1”和“0”二进制数字量，并进行数字的运算、存储、传输及转换的集成电路称为数字集成电路。

（3）工作在100MHz以上的微波频段的集成电路称为微波集成电路，在微波测量、微波地面通信和电子对抗等重要领域得到了广泛应用。

集成电路按集成度高低可分为小规模（SSI）、中规模（MSI）、大规模（LSI）及超大规模（VLSI）集成电路4类。

集成电路按电路中晶体管的类型可分为双极型和单极型集成电路两类。

2）集成电路的封装

封装形式的定义：指安装半导体集成电路芯片用的外壳。

封装的作用：起着安装、固定、密封、保护芯片及增强电热性能等方面的作用。

集成电路常用的封装材料：有塑料、陶瓷及金属3种。

金属封装散热性好，可靠性高，但安装使用不方便，成本高。一般高精密度集成电路或大功率器件均以此形式封装，按国家标准有T和K型两种。

陶瓷封装散热性差，但体积小、成本低。陶瓷封装可分为扁平型和双列直插式型。

塑料封装是目前使用最多的封装形式。

集成电路的封装形式如图1-23所示。

3）集成电路的使用常识

引脚的识别方法如下。

（1）圆形封装：将管底对准集成电路，从管键开始顺时针读引脚序号（现应用较少）。

（2）单列直插式封装（SIP）：集成电路引脚朝下，以缺口、凹槽或色点作为引脚参考标记，引脚编号顺序一般从左到右排列。

（3）双列直插式封装（DIP）：集成电路引脚朝上，以缺口或色点等标记为参考标记，引脚编号按顺时针方向排列；反之，引脚按逆时针方向排列。

（4）三脚封装：正面（印有型号商标的一面）朝向集成电路，引脚编号顺序自左向右。

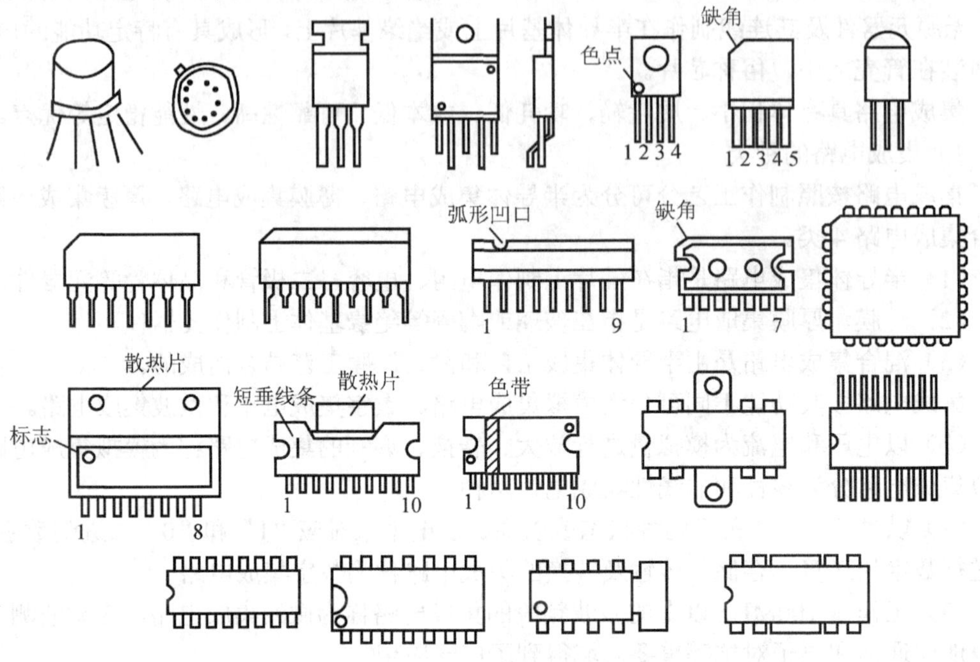

图 1-23　集成电路的封装形式

使用注意事项：

（1）集成电路在使用情况下的各项电性能参数不得超出该集成电路所允许的最大使用范围。

（2）安装集成电路时要注意方向不要搞错。

（3）在焊接时不得使用大于 45W 的电烙铁。

（4）焊接 CMOS 集成电路时要采用漏电流小的电烙铁或焊接时暂时拔掉电烙铁电源。

（5）遇到空的引出脚时不应擅自接地。

（6）注意引脚承受的应力与引脚间的绝缘。

（7）对功率集成电路需要有足够的散热器，并尽量远离热源。

（8）切忌带电插拔集成电路。

（9）集成电路及其引线应远离脉冲高压源。

（10）防止感性负载的感应电动势击穿集成电路。

1.2.2　LCR 测试仪

JS2810B LCR 自动测量仪（图 1-24）不但能直接测量各种电容、电感、电阻，而且具有 4 挡分选功能，测量频率可以达到 8Hz（量程锁定）。同时，可以选择讯响信号以供辨别，并配打印接口。

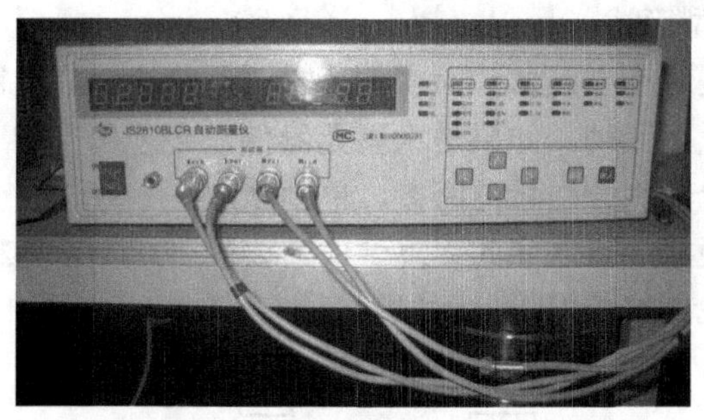

图 1-24　JS2810B LCR 自动测量仪

1．主要性能参数

（1）测量频率：100Hz /1kHz /10kHz。

（2）测量参数：*L*、*C*、*R*、*Q*、*D*（百分比误差）。

（3）基本精度：±0.1%，±0.2%（10kHz）。

（4）测试频率：3～8Hz。

（5）显示方式：主、副参量同时显示，自动清零。

（6）测试信号电平：$0.3V_{rms}$±10%。

（7）测量范围：*L* 为 0.01μH～9999mH；*H*、*Q* 为 0.0001～999.99；*C* 为 0.01pF～99 999μF；*D* 为 0.0001～9.999；*R* 为 0.1mΩ～99.99MΩ。

2．LCR 测试仪操作使用

（1）准备。接通 AC 220V 电源，按 POWER 键，电源指示灯亮，预热 10min，即可进行正常测量。

（2）测试电感和电阻时，将测试夹短路，按清零键；测试电容时，将测试夹开路后按清零键。

① 电感测试方法：将参数设定为 *L* 挡，然后选择测试频率，把被测电感用仪器测试夹夹住，3s 后读数显示器即显示所测电感的电感值。

② 电容测试方法：将参数设定为 *C* 挡，然后选择测试频率，把被测电容用仪器测试夹夹住，3s 后读数显示器即显示所测电感的电容值。

③ 电阻测试方法：将参数设定为 *R* 挡，然后选择测试频率，把被测电阻用仪器测试夹夹住，3s 后读数显示器即显示所测电阻的电阻值。

注意：操作时必须佩带防静电手环和手套。

1.2.3　元器件整形与手工插件

1．元器件引线的成型

为便于元器件在印制电路板上的安装和焊接，提高装配质量和生产效率，加强电子设备的防振性和可靠性，在安装之前，应根据安装位置的特点和技术方面的要求预先把元器件引线弯曲成一定的形状，这就是元器件的引线成型。

1）元器件引线成型简述

元器件引线成型是对小型元器件而言的，它可用跨接、立、卧等方法焊接，并要求受振动时元器件原位置不变动。如果是大型元器件，必须用支架、卡子等固定在安装位置上，不可能像小型元器件一样悬浮跨接、单独立放。

引线折弯成型要根据焊点之间的距离做成需要的形状，图 1-25 为引线成型后的各种形状，引线折弯时要在离其根部 2mm 外进行。

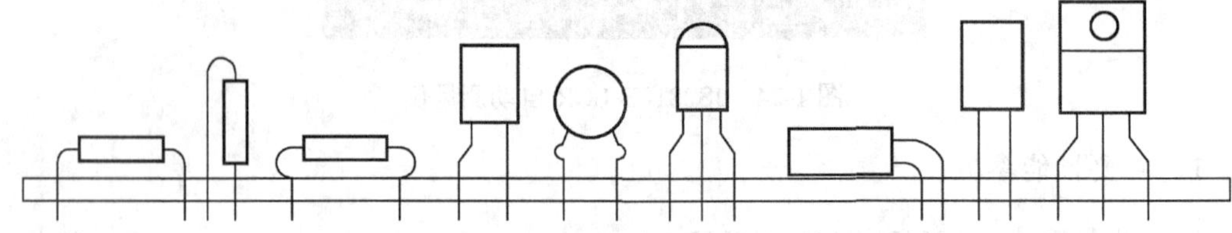

图 1-25　元器件的引线成型

2）元器件装配的主要技术要求

（1）标记安装时，字体应向上或向外，便于目视。

（2）中频变压器要与底板吻合。

（3）位置上下、水平垂直、对称，要做到美观、整齐，同一类元器件高低应一致。

（4）元器件、导线绕头一般一圈到底，并用尖嘴钳夹紧。

（5）元器件的放置要平稳，支承力尽可能相等，弯脚应成圆弧形，并不可齐根弯。

（6）晶体管、集成电路焊接速度要快，要注意脚的极性。

3）元器件引线成型的技术要求

（1）元器件引线的预加工：主要包括引线的校直、表面清洁及搪锡 3 个步骤。

预加工处理的要求：引线处理后，不允许有伤痕，镀锡层均匀，表面光滑，无毛刺和焊剂残留物。

（2）元器件成型的尺寸要求：元器件进行安装时，通常分为立式安装和卧式安装两种。

立式安装的优点是元器件在印制电路板上所占的面积小，安装密度高；缺点是元器件容易相碰，散热差，不适合机械化装配，所以立式安装常用于元器件多、功耗小、频率低的电路。

卧式安装的优点是元器件排列整齐、牢固性好，元器件的两端点距离较大，有利于排版布局，便于焊接与维修，也便于机械化装配；缺点是所占面积较大。

小型电阻或外形类似电阻的元器件的引线成型如图 1-26 所示。

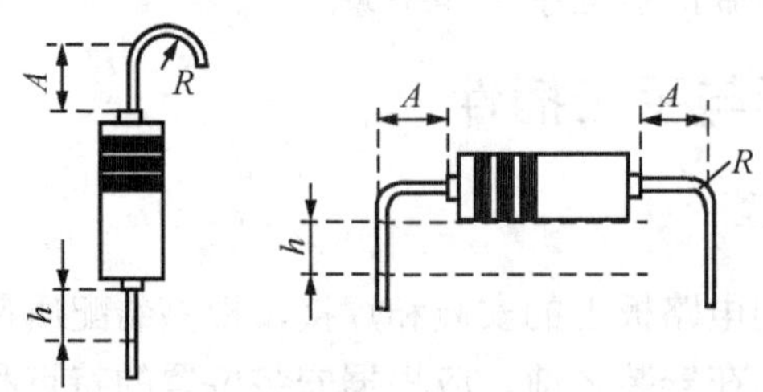

图 1-26　小型电阻或外形类似电阻的元器件的引线成型

成型的尺寸应符合：$A \geqslant 2$mm，$R \geqslant 2d$（d 为引线直径）；立式安装时 $h \geqslant 2$mm，卧式安装时 $h = 0 \sim 2$mm。

晶体管和圆形外壳集成电路的引线成型如图 1-27 所示。

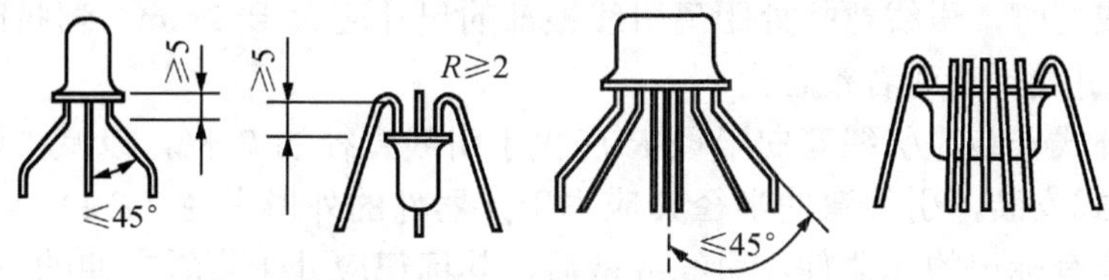

图 1-27　晶体管和圆形外壳集成电路的引线成型

扁平封装集成电路或贴片元器件 SMD 的引线成型如图 1-28 所示，图中 W 为带状引线的厚度，$R \geqslant 2W$。

元器件安装孔跨距不合适，或用于发热元器件时的引线成型如图 1-29 所示。图中 $R \geqslant 2d$（d 为引线直径），元器件与印制电路板有 2～5mm 的距离，多用于双面印制电路板或发热元器件。

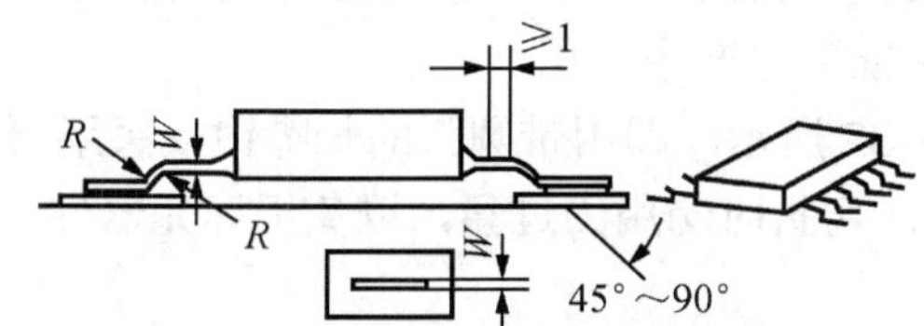

图 1-28　扁平封装集成电路或贴片元器件 SMD 的引线成型

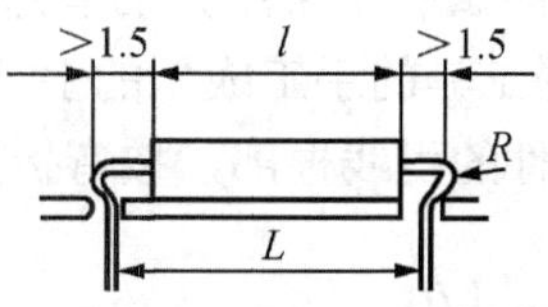

图 1-29　孔跨距不合适，或发热元器件引线的成型

自动组装时元器件的引线成型如图 1-30 所示。

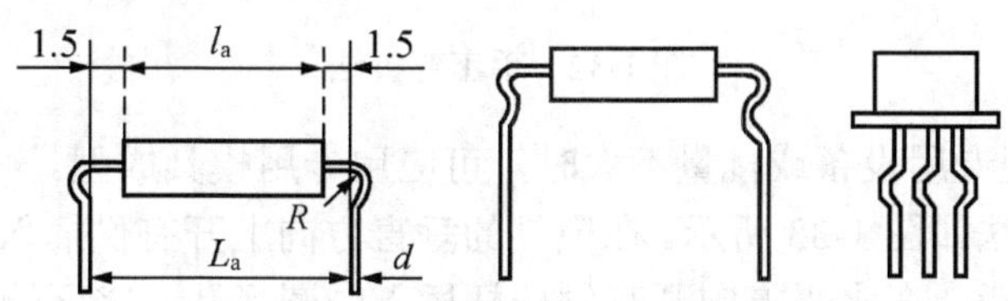

图 1-30　自动组装时元器件的引线成型

易受热的元器件的引线成型如图 1-31 所示。

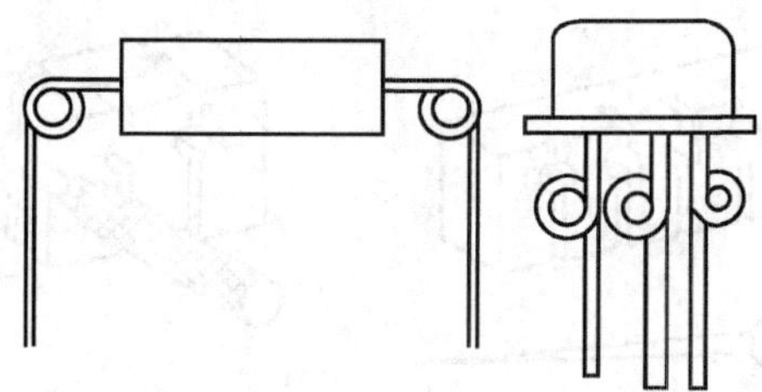

图 1-31　易受热元器件的引线成型

（3）元器件引线成型的技术要求。

① 引线成型后，元器件本体不应产生破裂，表面封装不应损坏，引线弯曲部分不允许出现模印、压痕和裂纹。

② 引线成型时，引线弯折处距离引线根部的尺寸应大于 2mm。弯折时不能“打死弯”，以防止引线折断或者被拉出。

③ 对于卧式安装，引线弯曲半径 R 应大于引线直径的 2 倍，以减少弯折处的机械应力；对于立式安装，引线弯曲半径 R 应本于元器件的外形半径（$d/2$）。

④ 凡外壳有标记的元器件，引线成型后，其标记应处于查看方便的位置。

⑤ 引线成型后，两引出线要平行，其间的距离应与印制电路板两焊盘孔的距离相同。对于卧式安装，还要求两引线左右弯折对称，以便于插装。

⑥ 对于自动焊接方式，可能会出现因振动使元器件歪斜或浮起等缺陷，宜采用具有弯弧的引线。

⑦ 对于晶体管及其他对温升比较敏感的元器件，其引线可以加工成圆环形，以加长引线，减小热冲击。

（4）元器件的引线成型有手工弯折和专用模具弯折两种方法，前者适合业余爱好者使用或在产品试制中采用，后者适合在工业的大批量生产中采用。

① 普通工具的手工成型的手工弯折法如图 1-32 所示，即用带圆弧的长嘴钳或医用镊子靠近元器件的引线根部，按弯折方向弯折引线。弯折时勿用力过猛，以免损坏元器件。

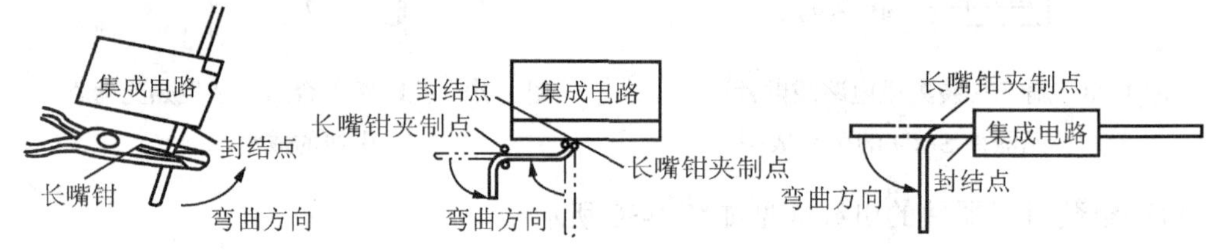

图 1-32 手工弯折法

② 在没有成型专用设备或批量不大时，可应用专用模具成型。

专用模具弯折法如图 1-33 所示。在模具的垂直方向上开有供插入元器件引线的长条形孔，孔距等于格距，在水平方向开有供插杆插入的圆形孔。将元器件的引线从上方插入长条形孔后再插入插杆，引线即可成型。

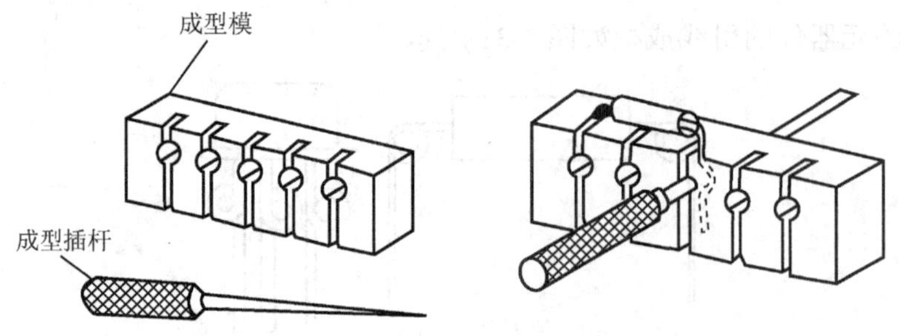

图 1-33 专用模具弯折法

大批量生产时，可采用专用设备进行引线成型，以提高加工效率和一致性。

2．元器件的插装

元器件引线成型后，即可插入印制电路板的焊孔中。在插装元器件时应使元器件的引线尽可能短一些，同时要根据元器件所消耗的功率大小充分考虑散热问题。安装工作时易发热的元器件时，不宜将其紧贴在印制电路板上，这样不但有利于元器件的散热，同时热量也不易传到印制电路板上，从而可延长印制电路板的使用寿命，降低产品的故障率。

1）插装元器件时的注意事项

（1）装配时，应该先安装那些需要机械固定的元器件，如功率器件的散热器、支架、卡子等，然后再安装靠焊接固定的元器件，否则就会在机械紧固时使印制电路板因受力变形而损坏其他元器件。

（2）插装各种元器件时，应使它们的标记（用色码或字符标注的数值、精度等）朝上或处于易于辨认的方向，并注意标记方向的一致性（从左到右或从上到下）。对于卧式安装的元器件，应尽量使其两端引线的长度相等、对称，应把元器件放在两孔中央，并排列整齐。立式安装的色环元器件的高度应一致，最好让其起始色环向上，以便于检查安装错误。其上端的引线不要留得太长，以免与其他元器件短路。元器件的插装如图 1-34所示。对于有极性的元器件，插装时要保证其方向正确。

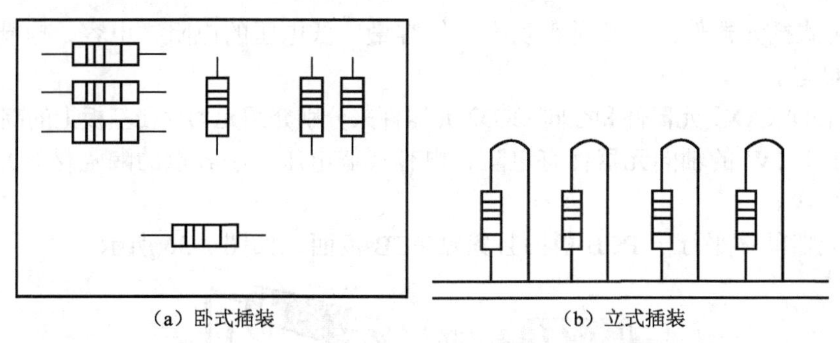

（a）卧式插装　　（b）立式插装

图 1-34　元器件的插装

（3）当元器件采用立式插装时，单位面积上容纳的元器件数量较多，因此这种安装适用于机壳内空间较小、元器件紧凑密集的场合。但立式插装的机械性能较差，抗振能力弱，如果元器件倾斜，就有可能接触临近元器件而造成短路。因此，为使引线相互隔离，往往采用加套绝缘塑料管的方法。

（4）插装时不要用手直接碰元器件的引线和印制电路板上的铜箔，因为汗渍会影响焊接。

（5）元器件的引线穿过印制电路板的焊孔后，应留有一定的长度（一般在 2mm 左右），只有这样才能保证焊接的质量。其露出的引线可根据需要弯成不同的角度，如图 1-35所示。

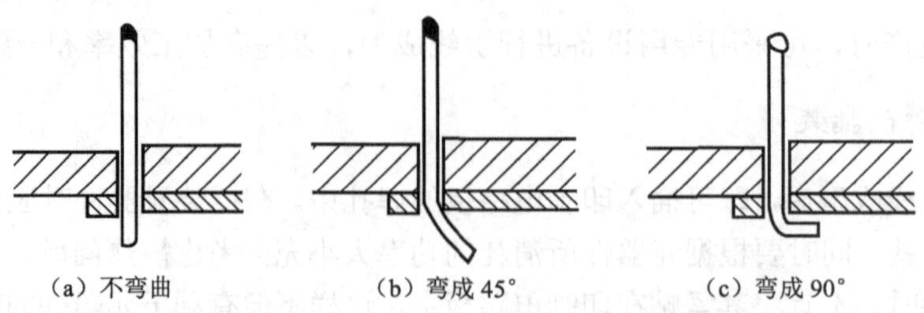

图 1-35　引线穿过焊孔后的成型示意图

图 1-35（a）为不弯曲的形式，这种形式在焊接后的强度较差。图 1-35（b）为弯成 45° 角的形式，这种形式既具有充分的机械强度，又容易在更换元器件时拆除重焊，故采用得较多。图 1-35（c）为弯成 90° 的形式，这种形式强度最高，但拆除重焊较困难。在采用弯曲引线时，要注意弯曲方向，不能随意弯曲，以防止相邻的焊盘短路，一般应沿着印制导线的方向弯曲。

2）元器件插装工艺及检测标准

元器件的类别一般有电阻、电容、电感、二极管、晶体管、IC、整流器、蜂鸣器、插头、插针、PCB、磁珠等。

下面以卧式（HT）插元器件和立式（VT）插元器件为例来介绍元器件的插装工艺及检测标准。

（1）卧式插元器件。主要是小功率、低容量、低电压的电阻、电容、电感、跳线、二极管、IC 等。

① 以轴向（AX）元器件和径向（RD）元器件来分别介绍元器件在基板上的高度和斜度。

功率小于 1W 的轴向元器件有电阻、电容（低电压、小容量的陶瓷材料）、电感、二极管、IC 等。

PR：元器件体平行于 PCB 板面且紧贴 PCB 板面，如图 1-36 所示。

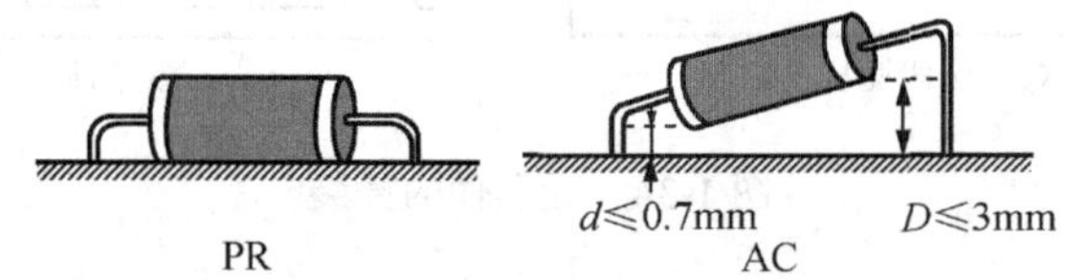

图 1-36　轴向元件安装示意图（一）

AC：元器件体与 PCB 表面之间最大倾斜距离（D）不大于 3mm，元器件体与 PCB 表面最小距离（d）不大于 0.7mm，如图 1-36 所示。

RE：元器件体与 PCB 表面距离 $D>3$mm，或 $d>0.7$mm。

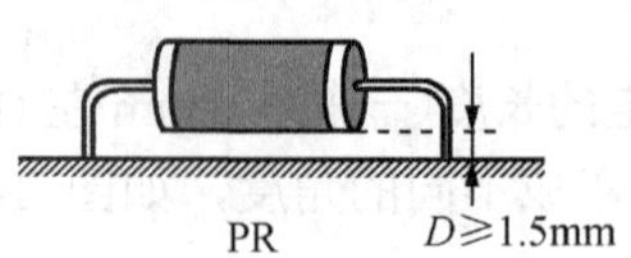

图 1-37　轴向元件安装示意图（二）

耗散功率大于或等于 1W 的元器件的插装介绍如下。

PR：元器件体平行于 PCB 表面且与 PCB 表面之间的距离 $D \geq 1.5$mm，如图 1-37 所示。

AC：元器件体与 PCB 表面之间的距离 $D \geq 1.5$mm，

元器件体与 PCB 表面的平行不做要求。

RE：元器件体与 PCB 表面之间的距离 $D \leqslant 1.5$mm。

集成芯片安装示意图如图 1-38 所示。

PR：元器件体平行于 PCB，IC 引脚全部插入焊盘中，引脚突出 PCB 面 1mm，倾斜度＝0。

AC：IC 引脚全部插入焊盘中，引脚突出 PCB 面≥0.5mm。

RE：IC 引脚突出 PCB 面≤0.5mm，或看不见元器件引脚。

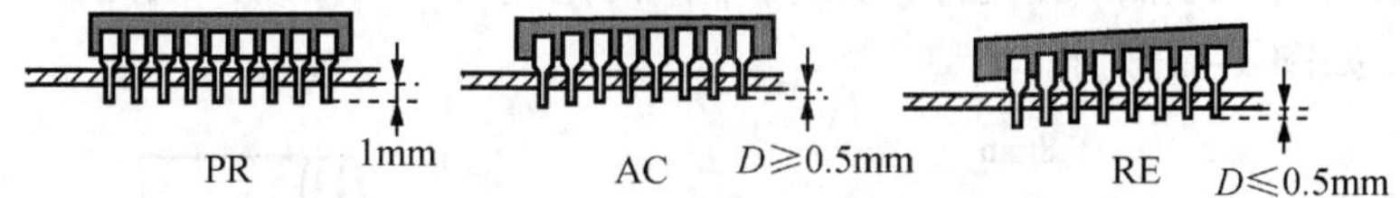

图 1-38　集成芯片的安装示意图

径向元器件（如电容、晶振）安装示意图如图 1-39 所示。

PR：元器件体平贴于 PCB 表面。

AC：元器件脚最少有一边贴紧 PCB 表面。

RE：元器件体未接触 PCB 表面。

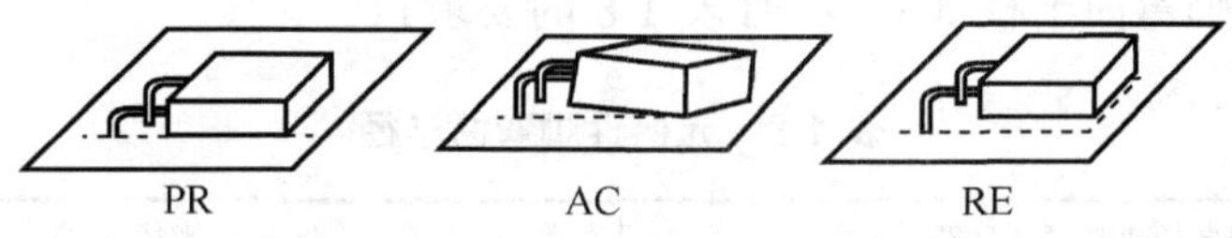

图 1-39　径向元器件安装示意图

② 元器件的方向性与基板对应符号的关系。

轴向无极性元器件（电阻、电感、小陶瓷电容等）安装示意图如图 1-40 所示。

PR：元器件插在基板中心标记且元器件标记清晰可见，元器件标记方向一致（从左到右，从上到下）。

AC：元器件标记要求清晰，但方向可不一致。

RE：元器件标记不清楚或插错孔位。

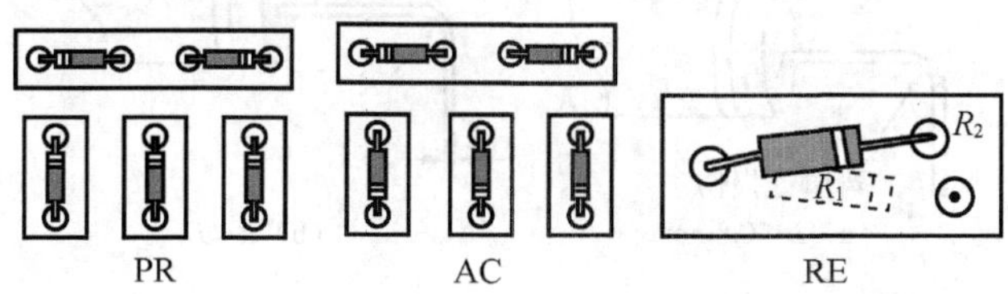

图 1-40　轴向无极性元器件安装示意图

轴向有极性元器件（如二极管、电解电容等）的安装示意图如图 1-41 所示。

PR：元器件的引脚插在对应的极性脚位，元器件标记清晰可见。

AC：元器件的引脚必须插在相应的极性脚位上，元器件标记可见。

RE：元器件的引脚未按照极性方向插在相应的脚位上。

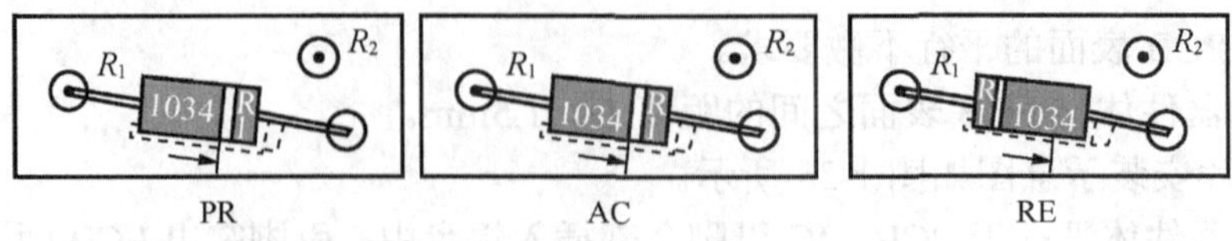

图 1-41　轴向有极性元器件安装示意图

元器件引脚成型有如下要求。

PR：元器件体或引脚保护层到弯曲处之间的距离 $L>0.8$mm，或元器件引脚直径弯曲处无损伤，如图 1-42 所示。

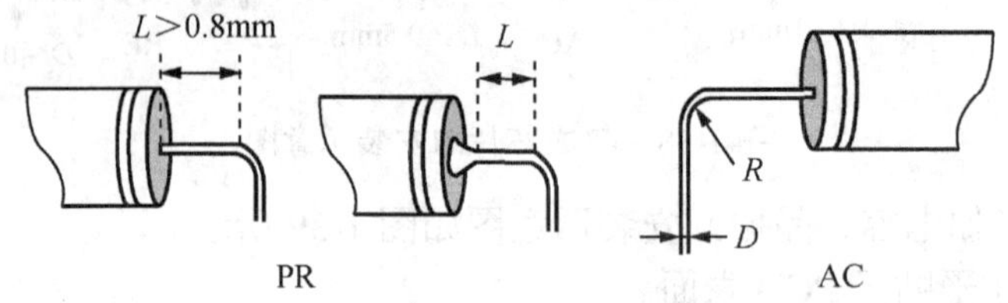

图 1-42　引脚成型示意图（一）

AC：元器件脚弯曲半径（R）符合表 1-8 的要求。

表 1-8　元器件脚弯曲半径

元件脚直径或厚度（D/T）	半径（R）
≤0.8mm	$1\times D$
0.8～1.2mm	$1.5\times D$
≥1.2mm	$2\times D$

RE：元器件体与引脚保护弯曲处之间 $L<0.8$mm，且弯曲处有损伤，如图 1-43（a）所示；或元器件脚弯曲内径 R 小于元器件直径，如图 1-43（b）所示。

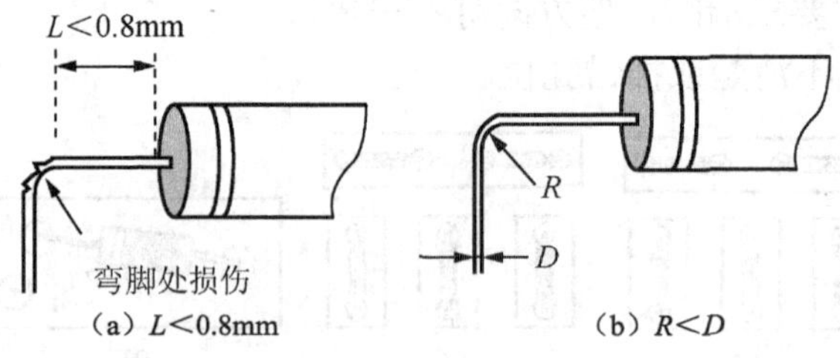

图 1-43　引脚成形示意图（二）

元器件的曲脚如图 1-44 所示。

PR：元器件曲脚平行于相连接的导体。

AC：曲脚与相间的裸露导体之间距离（H）大于两条非共通导体间的最小电气间距。

RE：曲脚与相间的裸露导体之间距离（H）大于两条非共通导体间的最小电气间距。

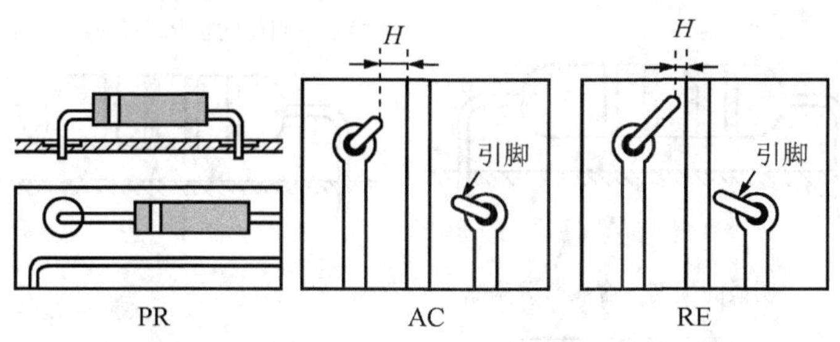

图 1-44　元器件曲脚示意图

元器件引脚的损伤如图 1-45 所示。

PR：元器件引脚无任何损伤，弯脚处光滑完好，元器件表面标记清晰可见。

AC：元器件引脚不规则弯曲或引脚露铜，但元器件或部件引脚损伤程度小于该引脚直径的 10%。

RE：元器件引脚受损大于元件引脚直径的 10%；严重凹痕锯齿痕，导致元器件脚缩小超过元器件的 10%。

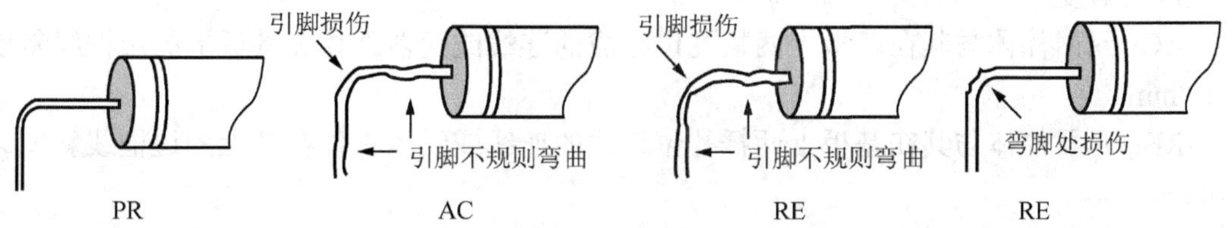

图 1-45　元器件引脚的损伤示意图

IC 元器件的损伤如图 1-46 所示。

PR：IC 元器件无任何损伤。

AC：元器件表面受损，但未露密封的玻璃。

RE：元器件表面受损，并露出密封的玻璃。

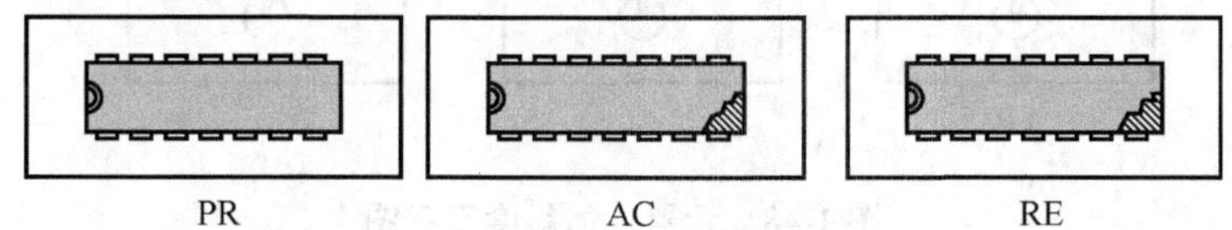

图 1-46　IC 元器件的损伤示意图

轴向元器件损伤如图 1-47 所示。

PR：元器件表面无任何损伤。

AC：元器件表面无明显损伤，元器件金属成分无暴露。

RE：元器件面有明显损伤且绝缘封装破裂露出金属成分或元器件严重变形；对于玻璃封装元器件，不允许出现小块玻璃脱落或损伤。

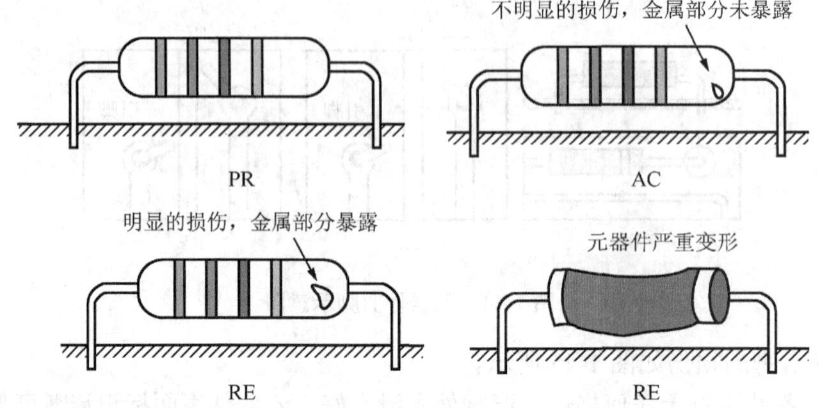

图 1-47　轴向元器件损伤示意图

元器件体的斜度如图 1-48 所示。

PR：元器件体与其在基板上两插孔位组成的连线或元器件体在基板上的边框线完全平行，无斜度。

AC：元器件体与其在基板上两插孔位组成的连线或元器件体在基板上的边框线斜度≤1.0mm。

RE：元器件体与其在基板上两插孔位组成的连线或元器件体在基上的边框线斜度＞1.0mm。

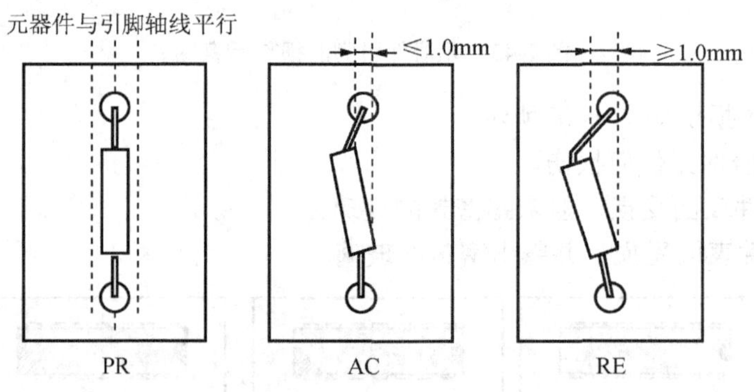

图 1-48　元器件体斜度示意图

（2）立式插元器件。

① 轴向元器件安装。示意图如图 1-49 所示。

PR：元器件体与 PCB 表面之间的高度 H 为 0.4～1.5mm，且元器件体垂直于 PCB 表面。

AC：H 在 0.4～3mm 之间，倾斜 Q＜15°。

RE：元器件体与 PCB 表面倾斜，且间距 H＜0.4mm，或 H＞3mm，或 Q＞15°。

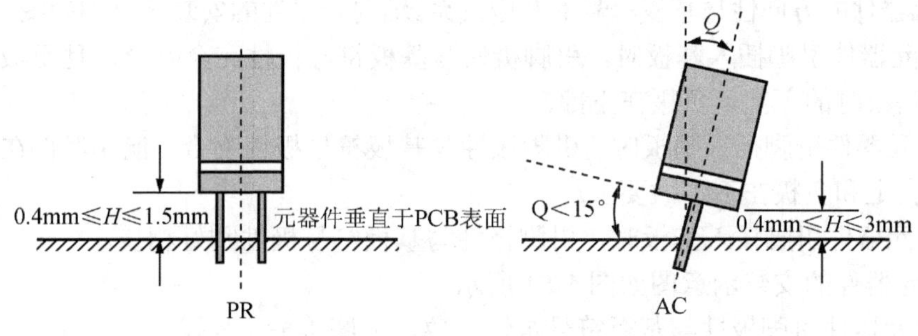

图 1-49　元器件体安装示意图

② 径向元器件的安装。

引脚无封装元器件的安装示意图如图 1-50 所示。

PR：元器件体引脚面平行于 PCB 表面，元器件引脚垂直于 PCB 表面，且元器件体与 PCB 表面间距离为 0.25～2.0mm。

AC：元器件体与 PCB 表面斜倾角 Q 小于 15°，元器件体与 PCB 表面之间的间隙 H 在 0.20～2.0mm 之间，晶体管离板面高度最高大于 4.0mm。

RE：元器件与 PCB 表面斜倾角 Q＞15°，或元器件体与 PCB 表面的间隙 H＞2.0mm，或晶体管＞4.0mm。

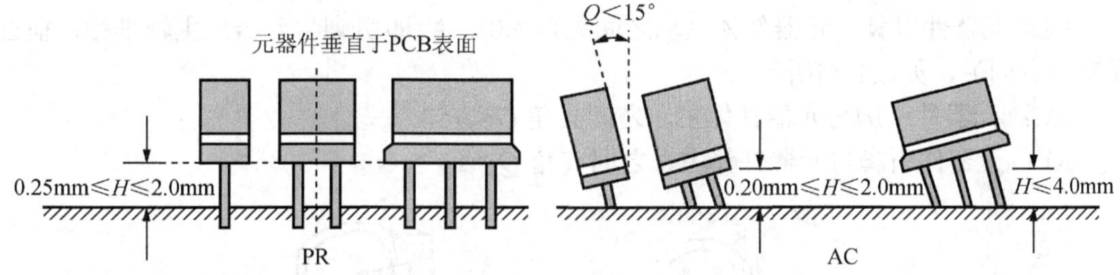

图 1-50　引脚无封装元器件安装示意图

引脚有封装元器件的安装示意图如图 1-51 所示。

PR：元器件垂直 PCB 表面，能明显看到封装与元器件面焊点间有距离。

AC：元器件质量小于 10g，且引脚封装刚好触及焊孔且在焊孔中不受力，焊点面的引脚焊锡良好（单面板），且该元器件在电路中的受电压小于 240V AC 或 240V DC。

RE：引脚封装完全插入焊孔中，且焊点面焊锡不好，可看见引脚封装料。

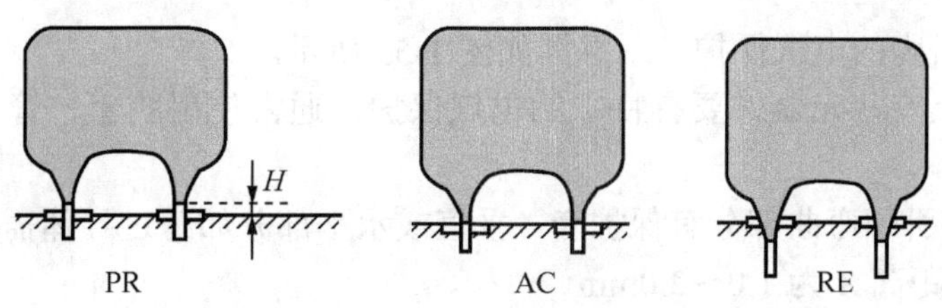

图 1-51　引脚无封装元器件安装示意图

③ 元器件的方向性与基板符号的对应关系。轴向元器件的安装示意图如图 1-52 所示。

PR：元器件引脚插入基板时，引脚极性与基板符号极性完全吻合，且正极一般在元器件插入基板时的上部，负极在下部。

AC：元器件引脚插入基板时，引脚极性与基板符号极性吻合，但元器件在插入基板时，正极在上和负极在下不做要求。

RE：元器件引脚插入基板时，引脚极性与基板符号极性刚好相反。

径向元器件的安装示意图如图 1-53 所示。

AC：元器件引脚极性与基板符号极性一致，如图 1-53 所示。

RE：元器件体引脚极性与基板符号极性相反。

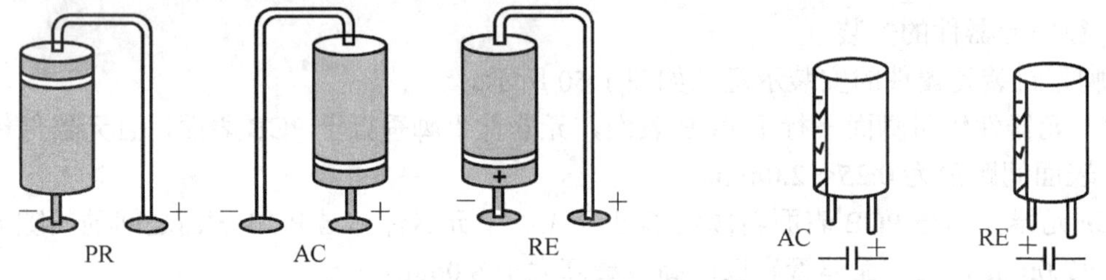

图 1-52 轴向元器件安装示意图　　图 1-53 径向元器件安装示意图

④ 元器件引脚的紧张度的安装示意图如图 1-54 所示。

PR：元器件引脚与元器件体主轴之间夹角为0°（ 即引脚与元器件主轴平行，垂直于PCB表面），如图1-54所示。

AC：元器件引脚与元器件体主轴之间夹角 $Q<15°$ 。

RE：元器件引脚与元器件体主轴之间夹角 $Q>15°$ 。

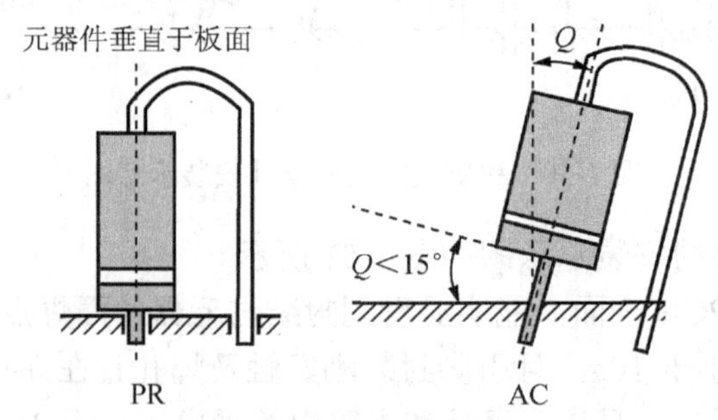

图 1-54 径向元件安装示意图

⑤ 元器件引脚的电气保护。示意图如图 1-55 所示。

在 PCBA 上有些元器件要有特殊的电气保护，通常使用胶套、管或热缩管来保护电路。

PR：元器件引脚弯曲部分有保护套，垂直或水平部分如跨过导体需有保护套且保护套距离插孔之间距离 A 为 1.0～2.0mm。

AC：保护套可起到防止短路作用，引脚上无保护套时引脚所跨过的导体之间的距离

$B \geqslant 0.5\text{mm}$。

RE：保护套损坏或$A>2.0\text{mm}$时不能起到防止短路作用；当引脚上无保护套时引脚所跨过的导体之间距离$B<0.5\text{mm}$。

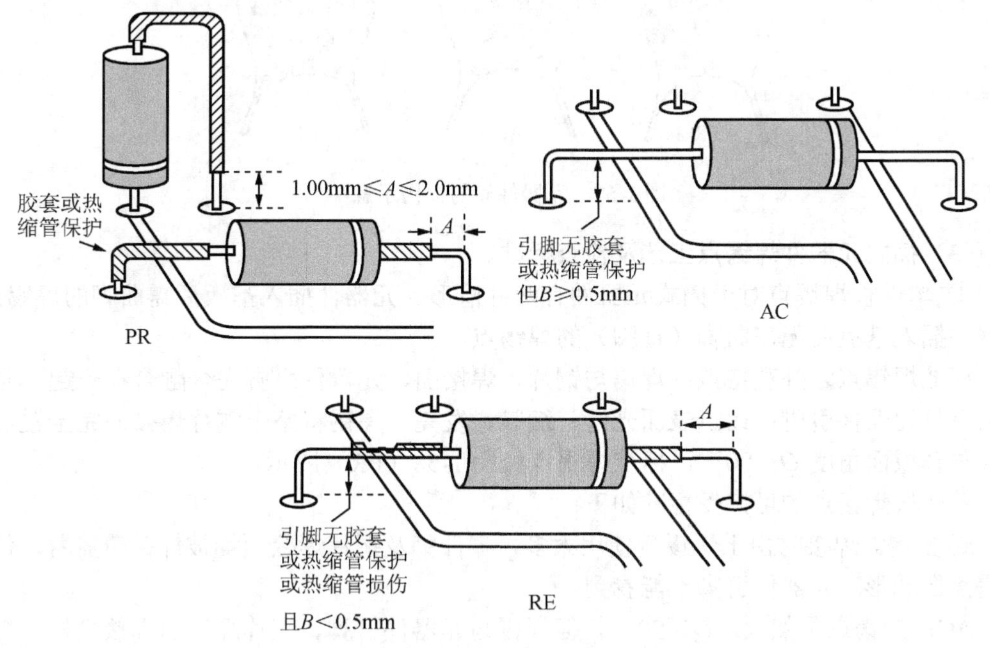

图1-55　元器件引脚的电气保护示意图

⑥ 元器件间的距离如图1-56所示。

PR：在PCBA上，两个或以上裸露金属元器件间的距离$D \geqslant 2.0\text{mm}$。

AC：在PCBA上，两个或以上裸露金属元器件的距离$D \geqslant 1.6\text{mm}$。

RE：在PCBA上，两个或以上裸露金属元器件间的距离$D<1.6\text{mm}$。

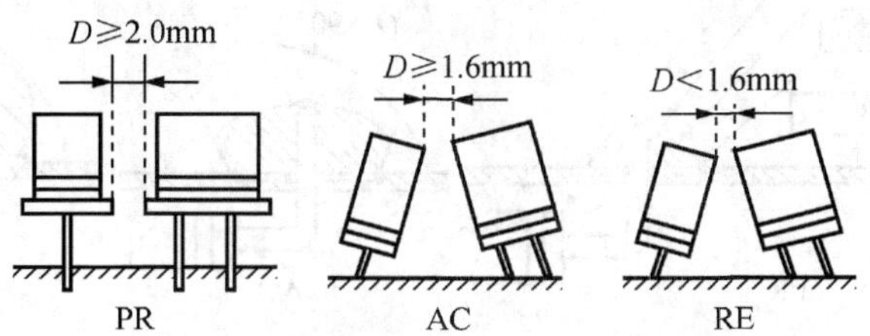

图1-56　元器件间的距离示意图

⑦ 元器件的损伤。示意图如图1-57所示。

PR：元器件表面无任何损伤，且标记清晰可见。

AC：元器件表面有轻微的抓、擦、刮伤等，但未露出元器件基本面或有效面。

RE：元器件面受损并露出元器件基本面或有效面积。

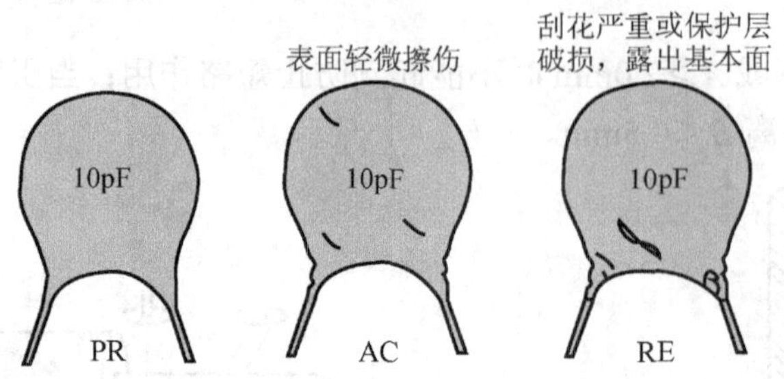

图 1-57　元器件间的损伤示意图

（3）插式元器件焊锡点工艺及检查标准。

① 单面板焊锡点对于插式元器件有两种情形：元器件插入基板后需曲脚的焊锡点，元器件插入基板后无需曲脚（直脚）的焊锡点。

标准焊锡点之外观特点：焊锡与铜片、焊接面、元器件引脚完全融合在一起，且可明显看见元器件引脚；锡点表面光滑、细腻、发亮；焊锡将整个铜片焊接面完全覆盖，焊锡与基板面角度 $Q<90°$，标准焊锡点如图 1-58（PR）所示。

单面板焊锡点的可接受标准如下：

a. 多锡。焊接时由于焊锡量使用太多，零件脚及铜片焊接面均被焊锡覆盖着，使整个锡点像球形，元器件引脚不能看到。

AC：焊锡点虽然大，$Q>90°$，但焊锡与元器件引脚、铜片焊接面焊接良好，焊锡与元器件引脚、铜片焊接面完全融合在一起，如图 1-58 所示。

RE：焊锡与元器件引脚、铜片焊接状况差，焊锡与元器件引脚/铜片焊接面不能完全融合在一起，且中间有极小的间隙，元器件引脚不能看到，且 $Q>90°$，如图 1-57 所示。

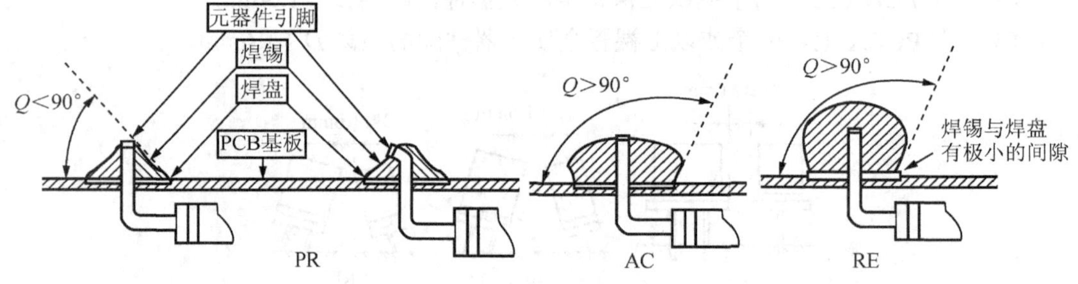

图 1-58　单面板焊锡点（多锡）

b. 少锡（上锡不足）焊锡、元器件引脚、铜片焊接面在上锡过程中，由于焊锡量太少，或焊锡温度及其他方面原因等造成的少锡。

AC：整个焊锡点，焊锡覆盖铜片焊接面，$S\geqslant 75\%\cdot F$，元器件引脚四周完全上锡，且上锡良好，如图 1-59 所示。

RE：整个焊锡点，焊锡不能完全覆盖铜片焊接面，$S<75\%\cdot F$，元器件四周亦不能完全上锡，锡与元器件引脚接面有极小的间隙，如图 1-59 所示。

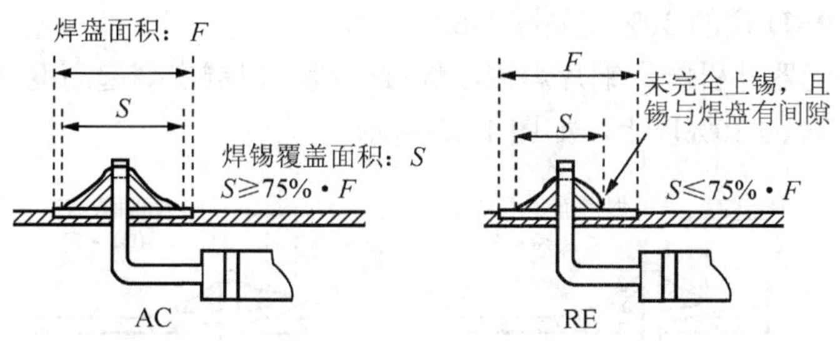

图1-59 单面板焊锡点（少锡）

c. 锡尖。

AC：焊锡点锡尖，该锡尖的高度或长度 $h<1.0$mm，而焊锡本身与元器件引脚、铜片焊接面焊接良好，如图1-60所示。

RE：焊锡点锡尖高度或长度 $h\geqslant1.0$mm，且焊锡与元器件引脚、铜片焊接面焊接不好，如图1-60所示。

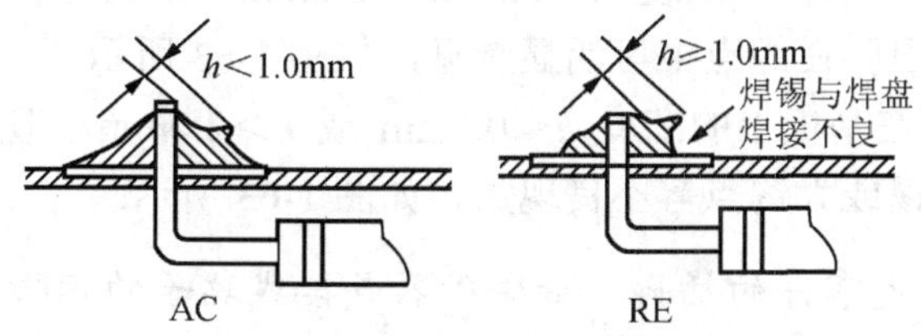

图1-60 单面板焊锡点（锡尖）

d. 气孔。

AC：焊锡与元器件引脚、铜片焊接面焊接良好，锡点面仅有一个气孔，且气孔要小于该元器件引脚的一半；或孔深<0.2mm，且不是通孔，只是焊锡点面上有气孔，但该气孔不是通孔，如图1-61所示。

RE：焊锡点有两个或以上气孔，或气孔是通孔，或气孔大于该元器件引脚半径，如图1-61所示。

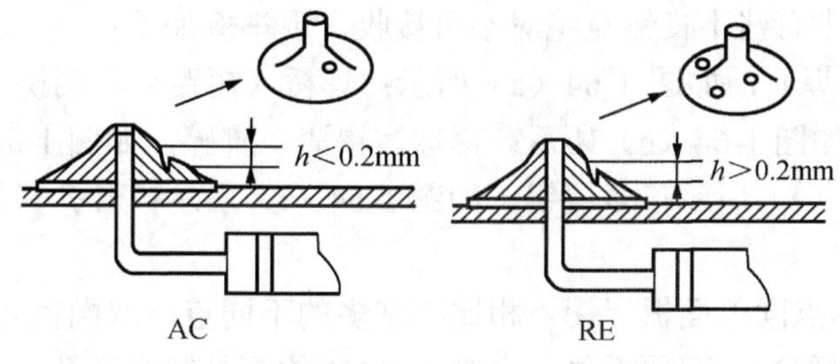

图1-61 单面板焊锡点（气孔）

e. 起铜皮。

AC：焊锡与元器件引脚、铜片焊接面焊接良好，但铜皮翻起高度 $h<0.1$mm，且铜

皮翻起小于整个 PAD 位的 30%，如图 1-62 所示。

RE：焊锡与元器件引脚、铜片焊接面焊接一般，但铜皮翻起高度 $h>0.1$mm，且翻起面占整个 PAD 位的 30%以上，如图 1-62 所示。

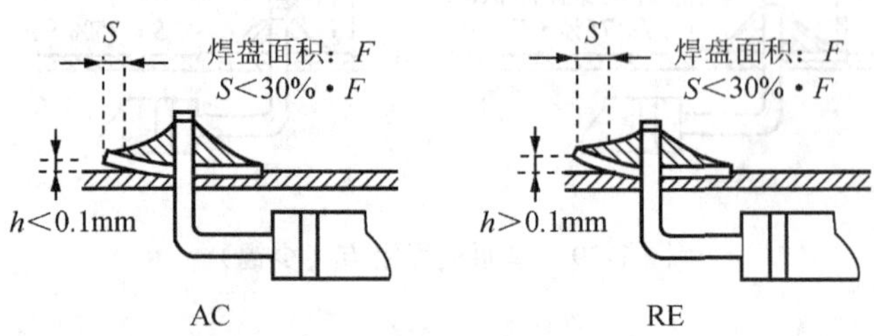

图 1-62　单面板焊锡点（起铜皮）

f. 焊锡点高度。对焊锡点元器件引脚在基板上的高度要求保证焊接点有足够的机械强度。

AC：元器件引脚在基板上高度 $0.5\text{mm}<h\leqslant 2.0\text{mm}$，焊锡与元器件引脚、铜片焊接面焊接良好，元器件引脚在焊点中可明显看见，如图 1-63 所示。

RE：元器件引脚在基板上的高度 $h<0.5$mm 或 $h>2.0$mm，造成整个锡点为少锡、不露元器件引脚、多锡或大锡点等不良现象，如图 1-63 所示。

注意：对用于固定零件的插脚（如变压器或接线端子的插脚），高度可以 2.5mm 为限。

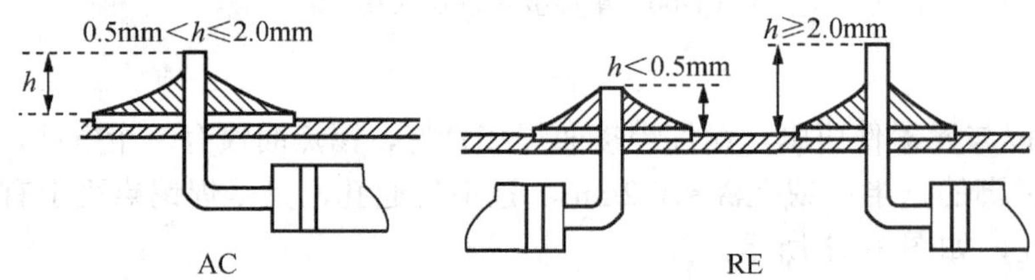

图 1-63　单面板焊锡点（高度）

在基板焊锡点中有些不良锡点绝对不可接收，现举例如下：

冷焊（假焊/虚焊），如图 1-64（a）所示；焊桥（短路）、锡桥、连焊，如图 1-64（b）所示；溅锡，如图 1-64（c）所示；锡球、锡渣、脚碎，如图 1-64（d）所示；焊锡点粗糙，如图 1-64（e）所示；多层锡，如图 1-64（f）所示；开孔（针孔），如图 1-64（g）所示。

② 双面板焊锡点同单面板焊锡点相比有许多的不同点：双面板之 PAD 位面积较小（即外露铜片焊接面积），双面板每一个焊点 PAD 位都是镀铜通孔。

鉴于此两点，双面板焊锡点在插元器件焊接过程中及维修过程中就会有更高要求，其焊锡点工艺检查标准就更高，下面将分别详细讨论双面板的焊锡点收货标准。

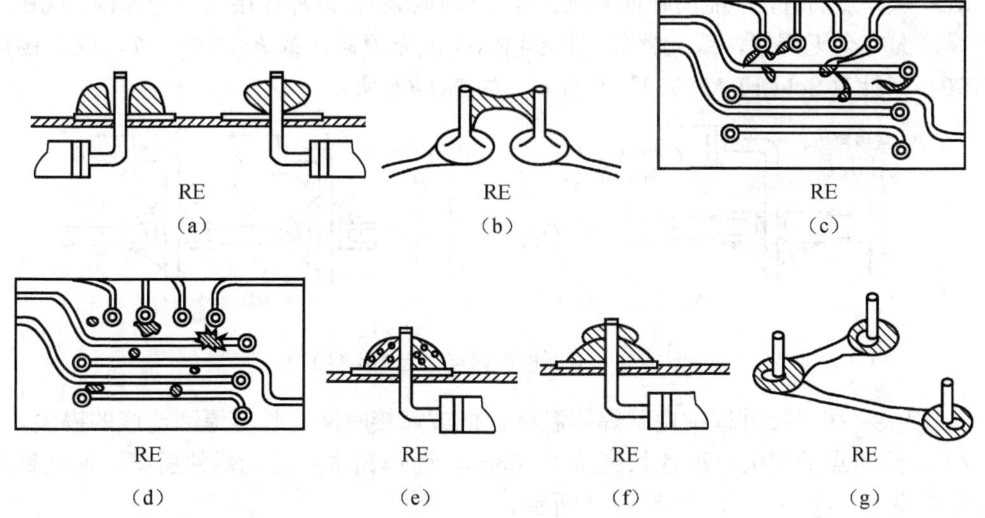

图 1-64　不可接受的缺陷焊锡点

标准焊锡点外观特点：焊锡与元器件引脚、通孔铜片焊接面完全融合在一起，且焊点面元器件引脚明显可见。元器件面和焊点面的焊锡点表面光滑、细腻、发亮。焊锡将两面的 PAD 位及通孔内面 100%覆盖，且锡点与板面角度 $Q<90°$，如图 1-65（a）所示。

双面板焊锡可接收标准如下：

a. 多锡。焊接时由于焊锡量过多，元器件引脚、通孔、铜片焊接面完全覆盖，焊接时的两面元器件引脚焊点大，焊锡过高。

AC：焊锡点元器件面引脚焊锡虽然过多，但焊锡与元器件引脚、通孔铜片焊接面两面均焊接良好，且 $Q<90°$，如图 1-65（b）所示。

RE：焊锡点元器件引脚大，锡点面引脚锡点大，不能看见元器件引脚且焊锡与元器件引脚、铜片焊接面焊接不良，如图 1-65（c）所示。

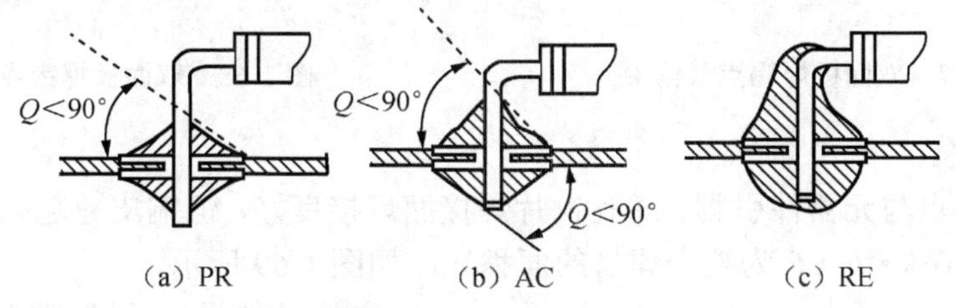

图 1-65　双面板焊锡点（多锡）

b. 上锡不良。

AC：焊锡与元器件引脚、通孔铜片焊接面焊接良好，且焊接锡在通孔铜片内的上锡量高度 $h>75\%\cdot T$（T 为基板厚度），从焊点面看上锡程度大于覆盖元器件引脚四周（360°）铜片的 270°，或从元器件面能清楚地看到通孔铜片中的焊锡，如图 1-66 所示。

RE：从焊点面看，不能清晰地看到元器件引脚和通孔铜片焊接面中的焊锡，或在通孔铜片焊接面完全无焊锡，或元器件引脚到 PAD 位无焊锡，或 $h<75\%\cdot T$，或上锡角度 $Q<270°$（针对 Solder PAD 360° 而言），如图 1-66 所示。

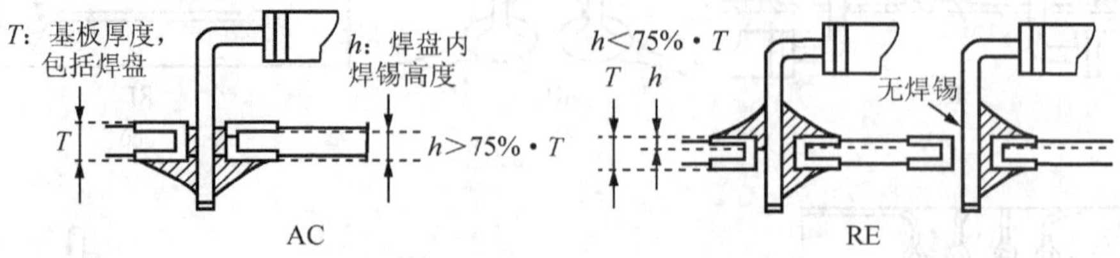

图 1-66 双面板焊锡点（上锡不良）

c. 锡尖。在焊接过程中由于焊锡温度过低或焊接时间过长等原因造成的锡尖。

AC：焊锡点的锡尖高度或长度 $h<1.0$mm，而焊锡本身与元器件引脚、通孔铜片焊接面焊接良好，$Q<90°$，如图 1-67 所示。

RE：焊锡点锡尖高度或长度 $h\geqslant 1.0$mm，且焊锡与元器件引脚、通孔铜片焊接面焊接不良，如图 1-67 所示。

d. 气孔。

AC：焊锡与元器件引脚、铜片焊接面焊接良好，锡点面仅有一个气孔且气孔要小于该元器件引脚的 1/2，且不是通孔（只是焊锡点表面有气孔，未通到焊接面上），如图 1-68 所示。

RE：焊锡点上有两个或两个以上气孔，或气孔是通孔，或气孔大于该元器件引脚直径的 1/2，焊点面亦粗糙，如图 1-68 所示。

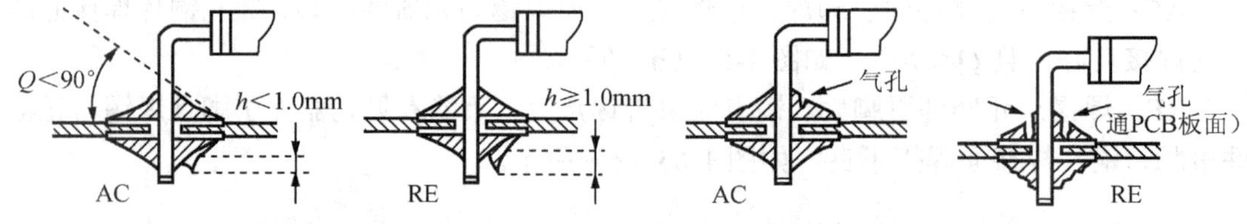

图 1-67 双面板焊锡点（锡尖）　　图 1-68 双面板焊锡点（气孔）

e. 起铜皮。

AC：焊锡点与元器件引脚、通孔铜片焊接面焊接良好，但铜皮翘起高度 $h<0.1$mm，翘起面积 $S<30\%\cdot F$（F 为整个焊盘的面积），如图 1-69 所示。

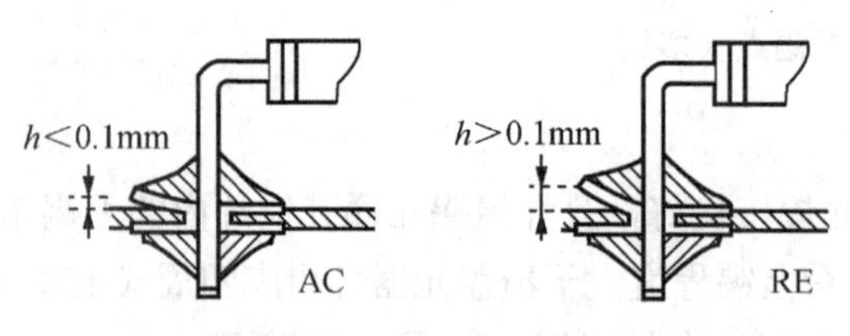

图 1-69 双面板焊锡点（起铜皮）

RE：焊锡与元器件引脚、通孔铜片焊接面焊接质量一般，但铜皮翘起 $h>0.1$mm，且翘起面积 $S>30\%\cdot F$（F 为整个焊盘的面积），如图 1-69 所示。

f. 焊接点高度。

PR：元器件引脚在焊锡点中明显可见，引脚露出高度 $h=0.1$mm，且焊锡与

元器件引脚、通孔铜片焊接面焊接良好，如图 1-70 所示。

AC：元器件引脚露出基板的高度 0.5mm<h≤2.0mm，元器件引脚在焊锡点中可明显看见，且焊锡与元器件引脚、通孔铜片焊接面焊接良好（但对于通孔铜片焊接面的双面 PCB 板，基板厚度 T>2.3mm，则元器件引脚露出基板高度可接受（0<h≤0.5mm），如图 1-70 所示。

RE：元器件引脚露出基板高度 h<0.5mm 或 h>2.0mm（仅对于厚度 T≤2.3mm 的双面板而言），造成整个锡点为少锡、不露元器件引脚、多锡或大锡点等不良现象，且焊接不良，如图 1-70 所示。

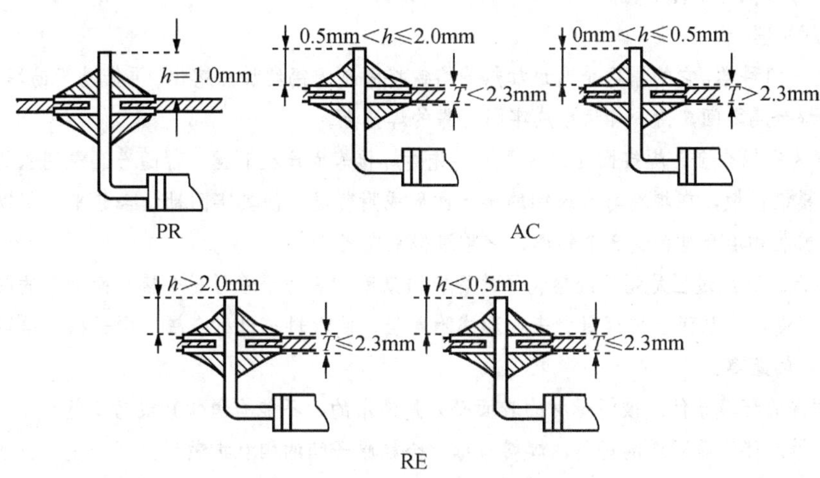

图 1-70　双面板焊锡点（高度）

不可接受的缺陷焊锡点：在双面板（镀铜通孔铜片焊接面）焊锡点中，有些不良焊点绝对不可接受，其不可接收程度完全同于单面板。

1.2.4　手工焊接与拆焊工艺

知识拓展　焊接原理及焊接工具

1. 焊接原理

1）焊接的分类

焊接通常分为熔焊、钎焊和接触焊 3 类。

（1）熔焊是靠加热被焊件（母材或基材），使之熔化产生合金而焊接在一起的焊接技术，如气焊、电弧焊等。

（2）钎焊用加热熔化成液态的金属（焊料），把固体金属（母材）连接在一起的。作为焊料的金属材料，其熔点要低于被焊接金属材料的熔点。按照焊料的熔点不同，钎焊又分为硬焊（焊料熔点高于 450℃）和软焊（焊料熔点低于 450℃）。

（3）接触焊是一种不用焊料与焊剂即可获得可靠的连接的焊接技术，如点焊、碰焊等。

在电子产品装配过程中的焊接主要采用钎焊类中的软焊。一般采用锡铅焊料进行焊接，简称锡焊。

2）锡焊的特点

（1）焊料的熔点低，适用范围广。锡焊的熔点为 180～320℃，对金、银、铜、铁等金属材料都具有良好的可焊性。

（2）易于形成焊点，焊接方法简便。锡焊焊点是靠融熔的液态焊料的浸润作用而形成的，因而对加热量和焊料都不必有精确的要求，就能形成焊点。

（3）成本低廉、操作方便。锡焊比其他焊接方法成本低，焊料也便宜，焊接工具简单，操作方便，并且整修焊点、拆换元器件及重新焊都很方便。

（4）容易实现焊接自动化。

3）锡焊原理

锡焊是一门科学，它的原理是通过加热的烙铁将固态焊锡丝加热熔化，再借助于助焊剂的作用，使其流入被焊金属之间，待冷却后形成牢固可靠的焊接点。

当焊料为锡铅合金、焊接面为铜时，焊料先对焊接表面产生润湿，伴随着润湿现象的发生，焊料逐渐向金属铜扩散，在焊料与金属铜的接触面形成附着层，使其牢固地结合起来。所以，焊锡是通过润湿、扩散和冶金结合这 3 个物理、化学过程来完成的。

（1）润湿。润湿过程是指已经熔化了的焊料借助毛细管力沿着母材金属表面细微的凹凸和结晶的间隙向四周漫流，从而在被焊母材表面形成附着层，使焊料与母材金属的原子相互接近，达到原子引力起作用的距离。

引起润湿的环境条件：被焊母材的表面必须是清洁的，不能有氧化物或污染物。

（2）扩散。伴随着润湿的进行，焊料与母材金属原子间的相互扩散现象开始发生。通常原子在晶格点阵中处于热振动状态，一旦温度升高，原子活动加剧，使熔化的焊料与母材中的原子相互越过接触面，进入对方的晶格点阵，原子的移动速度与数量取决于加热的温度与时间。

（3）冶金结合。由于焊料与母材相互扩散，在 2 种金属之间形成了一个中间层——金属化合物，要获得良好的焊点，被焊母材与焊料之间必须形成金属化合物，从而使母材达到牢固的冶金结合状态。

2．助焊剂的作用

助焊剂主要功能如下。

1）化学活性

要达到一个好的焊点，被焊物必须要有一个完全无氧化层的表面，但金属一旦曝露于空气中就会生成氧化层，这种氧化层无法用传统溶剂清洗，此时必须依赖助焊剂与氧化层起化学作用，当助焊剂清除氧化层之后，干净的被焊物表面才可与焊锡结合。

助焊剂与氧化物的化学反应有几种，即相互化学作用形成第 3 种物质，氧化物直接被助焊剂剥离，上述两种反应并存。

松香助焊剂去除氧化层即为第一种反应。松香的主要成分为松香酸（Abietic Acid）和异构双萜酸（Isomeric Diterpene Acids）。助焊剂加热后与氧化铜反应，形成铜松香（Copper Abiet），是一种绿色透明状物质，易溶于未反应的松香内，与松香一起被清除，即使有残留，也不会腐蚀金属表面。

氧化物曝露在氢气中的反应即是典型的第二种反应，在高温下氢与氧发生反应生成水，减少氧化物，这种方式常用在半导体零件的焊接上。几乎所有的有机酸或无机酸都有能力去除氧化物，但大部分都不能用来焊锡，助焊剂除了去除氧化物的功能外还有其他功能，这些功能是焊锡作业时必须考虑的。

2）热稳定性

助焊剂在去除氧化物反应的同时必须要形成一个保护膜，防止被焊物表面再度氧化，直到接触焊锡为止。所以，助焊剂必须能承受高温，在焊锡作业的温度下不会分解或蒸发，如果分解则会形成溶剂不溶物，难以用溶剂清洗，W/W 级的纯松香在 280℃左右会分解，应特别注意。

3）助焊剂在不同温度下的活性

好的助焊剂不应只是考虑其热稳定性，在不同温度下的活性亦应考虑。助焊剂的功能即是去除氧化物，通常在某一温度下效果较佳。例如，RA 的助焊剂，除非温度达到某一程度，否则氯离子不会解析出来清理氧化物，当然此温度必须在焊锡作业的温度范围内。

当温度过高时，亦可能降低其活性，如松香在超过 315℃时几乎无任何反应。也可以利用此特性将助焊剂活性纯化，以防止腐蚀现象，但在应用上要特别注意受热时间与温度，以确保活性纯化。

3. 焊锡丝的组成与结构

我们使用的有铅 SnPb（63%的 Sn，37%的 Pb）的焊锡丝和无铅 SAC（96.5%的 Sn，3.0%的 Ag，0.5%的 Cu）的焊锡丝，里面是空心的，这个设计是为了存储助焊剂（松香），使在加焊锡的同时能均匀地加上助焊剂。当然，就有铅锡丝来说，根据 SNPB 的成分不同，其主要用途也不同。

焊锡丝的作用：达到元器件在电路上的导电要求和元器件在 PCB 上的固定要求。

焊锡丝的选择：直径为 0.8mm 或 1.0mm 的焊锡丝，用于电子或电类焊接；直径为 0.6mm 或 0.7mm 的焊锡丝，用于超小型电子元器件焊接。

4. 焊接工具

1）电烙铁

（1）外热式电烙铁。一般由烙铁头、烙铁心、外壳、手柄、插头等部分所组成。烙铁头安装在烙铁心内，用热导系数较高的铜为基体的铜合金材料制成。烙铁头的长短可以调整（烙铁头越短，烙铁头的温度就越高），且有凿式、圆面形、圆形、尖锥形和半圆沟形等不同的形状，以适应不同焊接面的需要。

（2）内热式电烙铁。由连接杆、手柄、弹簧夹、烙铁心、烙铁头 5 个部分组成。烙铁芯安装在烙铁头的里面（发热快，热效率高达 85%以上）。烙铁芯采用镍铬电阻丝绕在瓷管上制成，一般 20W 电烙铁其电阻为 2.4kΩ 左右，35W 电烙铁其电阻为 1.6kΩ 左右。一般来说电烙铁的功率越大，热量越大，烙铁头的温度越高。焊接集成电路、印制电路板、CMOS 电路一般选用 20W 内热式电烙铁。使用的烙铁功率过大，容易烫坏元器件（一般二极管、晶体管结点温度超过 200℃时就会烧坏）和使印制导线从基板上脱落；使用的烙铁功率太小，焊锡不能充分熔化，焊剂不能挥发出来，焊点不光滑、不牢固，易产生虚焊。焊接时间过长，也会烧坏器件，一般每个焊点在 1.5～4s 内完成。

（3）其他烙铁。

① 恒温电烙铁。恒温电烙铁的烙铁头内装有磁铁式的温度控制器来控制通电时间，实现恒温的目的。在焊接温度不宜过高、焊接时间不宜过长的元器件时，应选用恒温电烙铁，但它价格高。

② 吸锡电烙铁。吸锡电烙铁是将活塞式吸锡器与电烙铁熔于一体的拆焊工具，它具有使用方便、灵活、适用范围宽等特点，不足之处是每次只能对一个焊点进行拆焊。

③ 气焊烙铁。气焊烙铁是一种用液化气、甲烷等可燃气体燃烧加热烙铁头的烙铁，适用于供电不便或无法供给交流电的场合。

2）电烙铁的功率选用原则

（1）焊接集成电路、晶体管及其他受热易损件的元器件时，考虑选用20W内热式电烙铁。

（2）焊接较粗导线及同轴电缆时，考虑选用50W内热式电烙铁。

（3）焊接较大元器件时，如金属底盘接地焊片，应选100W以上的电烙铁。

3）电烙铁铁温度及焊接时间控制要求

（1）有铅恒温烙铁的温度一般控制在280～360℃，默认设置为330℃±10℃，焊接时间小于3s。焊接时烙铁头同时接触在焊盘和元器件引脚上，加热后送锡丝焊接。部分元器件的特殊焊接要求如下。

SMD器件：焊接时烙铁头温度为320℃±10℃，焊接时间为每个焊点1～3s。

拆除元器件时烙铁头温度：310～350℃。（注：根据CHIP件尺寸不同使用不同的烙铁嘴）

DIP器件：焊接时烙铁头温度为330℃±5℃；焊接时间2～3s。

注意：当焊接大功率（TO-220、TO-247、TO-264等封装）或焊点与大铜箔相连，上述温度无法焊接时，烙铁温度可升高至360℃；当焊接敏感怕热零件（LED、CCD、传感器等），温度控制在260～300℃。

（2）无铅恒温烙铁温度一般控制在340～380℃，经验设置为360℃±10℃，焊接时间小于3s，要求烙铁的回温每秒就可将所失的温度拉回至设定温度。

4）电烙铁使用注意事项

（1）电烙铁不宜长时间通电而不使用，这样容易使烙铁芯加速氧化而烧断，缩短其寿命，同时也会使烙铁头因长时间加热而氧化，甚至被“烧死”而不再“吃锡”。

（2）手工焊接使用的电烙铁需带防静电接地线，焊接时接地线必须可靠接地，防静电恒温电烙铁插头的接地端必须可靠。电烙铁绝缘电阻应大于10MΩ，电源线绝缘层不得有破损。

（3）将万用表拨在电阻挡，表笔分别接触烙铁头部和电源插头接地端，接地电阻值稳定显示值应小于3Ω，否则为接地不良。

（4）烙铁头不得有氧化、烧蚀、变形等缺陷。烙铁不使用时上锡保护，长时间不用必须关闭电源防止空烧，下班后必须拔掉电源。

（5）烙铁放入烙铁支架后应能保持稳定、无下垂趋势，护圈能罩住烙铁的全部发热部位。支架上的清洁海绵加适量清水，使海绵湿润不滴水为宜。

5）其他工具

（1）尖嘴钳：主要作用是在连接点上绕导线、元器件引线及对元器件引脚成型。

（2）偏口钳：又称斜口钳、剪线钳，主要用于剪切导线，剪掉元器件多余的引线。不要用偏口钳剪切螺钉、较粗的钢丝，以免损坏钳口。

（3）镊子：主要用途是夹取微小元器件，在焊接时夹持被焊件，以防止其移动，并帮助散热。

（4）旋具：俗称改锥或螺丝刀，分为十字旋具、一字旋具，主要用于拧动螺钉及调整可调元器件的可调部分。

（5）小刀：主要用来刮去导线和元器件引线上的绝缘物和氧化物，使之易于上锡。

1．手工焊接过程

1）操作前检查

（1）每天上班前3～5min把电烙铁插头插入规定的插座上，检查烙铁是否发热，如发觉不热，先检查插座是否插好，如插好还不发热，应立即向管理员汇报，不能自行随意拆开烙铁，更不能用手直接接触烙铁头。

（2）已经氧化凹凸不平的或带钩的烙铁头应更新，这样可以保证良好的热传导效果，并保证被焊接物的品质。如果换上新的烙铁嘴，受热后应将保养漆擦掉，立即加上锡保养。烙铁的清洗要在焊锡作业前实施，如果5min以上不使用烙铁，需关闭电源。海绵要清洗干净，不干净的海绵中含有的金属颗粒或硫会损坏烙铁头。

（3）检查海绵是否有水、是否清洁，若没水，请加入适量的水（适量是指把海绵按到常态的一半厚时有水渗出，具体操作为：海绵全部湿润后，握在手掌心，5指可自然合拢即可）。

（4）人体与烙铁是否可靠接地，人体是否佩带静电环。

2）焊接步骤

烙铁焊接的具体操作步骤可分为5步：准备合适烙铁头，烙铁头接触被焊件，送上焊锡丝，焊锡丝脱离焊点，烙铁头脱离焊点。

要获得良好的焊接质量，必须严格地按上述5步操作。

按上述步骤进行焊接是获得良好焊点的关键之一。在实际生产中，最容易出现的一种违反操作步骤的做法就是烙铁头不是先与被焊件接触，而是先与焊锡丝接触，熔化的焊锡滴落在尚未预热的被焊部位，这样很容易造成焊点虚焊，所以烙铁头必须与被焊件接触。对被焊件进行预热是防止产生虚焊的重要手段。

电烙铁与焊锡丝的握法：手工焊接握电烙铁的方法有反握、正握及握笔式3种，焊锡丝有2种拿法，如图1-71所示。

（a）电烙铁的3种握法

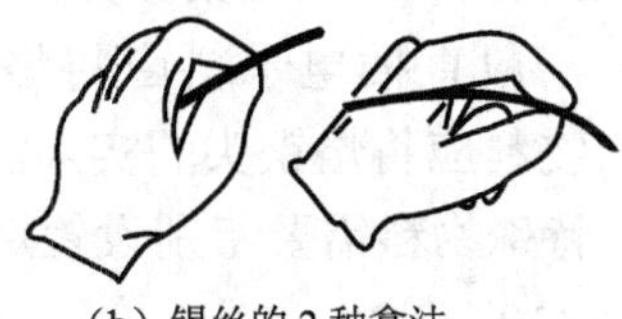

（b）锡丝的2种拿法

图1-71　电烙铁与焊锡丝的握法

手工焊接的方法如下：

（1）加热焊件。电烙铁的焊接温度由实际使用情况决定。一般来说以焊接一个锡点的时间限制在4s最为合适。焊接时烙铁头与印制电路板成45°角，电烙铁头顶住焊盘和元器件引脚，然后给元器件引脚和焊盘均匀预热。

（2）移入焊锡丝。焊锡丝从元器件引脚和烙铁接触面处引入，焊锡丝应靠在元器件引脚与烙铁头之间。

（3）移开焊锡。当焊锡丝熔化（要掌握进锡速度）焊锡散满整个焊盘时，即可以45°角方向拿开焊锡丝。

（4）移开电烙铁。焊锡丝拿开后，烙铁继续放在焊盘上持续 1～2s，当焊锡只有轻微烟雾冒出时，即可拿开烙铁。拿开烙铁时，不要过于迅速或用力往上挑，以免溅落锡珠、锡点或使焊锡点拉尖等，同时要保证被焊元器件在焊锡凝固之前不要移动或受到振动，否则极易造成焊点结构疏松、虚焊等现象。

3）焊接要领

（1）烙铁头与两被焊件的接触方式。

接触位置：烙铁头应同时接触要相互连接的 2 个被焊件（如焊脚与焊盘），烙铁一般倾斜 45°，应避免只与其中一个被焊件接触。当两个被焊件热容量悬殊时，应适当调整烙铁倾斜角度。烙铁与焊接面的倾斜角越小，热容量较大的被焊件与烙铁的接触面积越大，热传导能力越强。例如，LCD 拉焊时倾斜角在 30° 左右，焊传声器、电动机、扬声器等倾斜角可在 40° 左右。两个被焊件能在相同的时间里达到相同的温度，被视为加热理想状态。

接触压力：烙铁头与被焊件接触时应略施压力，热传导强弱与施加压力大小成正比，但以对被焊件表面不造成损伤为原则。

（2）焊丝的供给方法。

焊丝的供给应掌握 3 个要领，即供给时间、供给位置和供给数量。

供给时间：原则上是被焊件升温达到焊料的熔化温度时立即送上焊锡丝。

供给位置：应是在烙铁与被焊件之间，并尽量靠近焊盘。

供给数量：应看被焊件与焊盘的大小，焊锡盖住焊盘后焊锡高于焊盘直径的 1/3 即可。

（3）焊接时间及温度设置。

① 温度由实际使用决定，以焊接一个锡点 4s 最为合适，最大不超过 8s，平时要注意观察烙铁头，当其发紫时为温度设置过高。

② 一般直插电子料应将烙铁头的实际温度设置为 350～370℃，表面贴装物料（SMC）物料应将烙铁头的实际温度设置为 330～350℃。

③ 特殊物料需要特别设置烙铁温度。FPC、LCD 连接器等要用含银锡线，温度一般为 290～310℃。

④ 焊接大的元器件引脚，温度不要超过 380℃，但可以增大烙铁功率。

（4）焊接注意事项。

① 焊接前应观察各个焊点（铜皮）是否光洁、氧化等。

② 在焊接物品时，要看准焊接点，以免线路焊接不良引起短路。

4）操作后检查

（1）用完烙铁后应将烙铁头的余锡在海绵上擦净。

（2）每天下班后必须将烙铁座上的锡珠、锡渣、灰尘等物清除干净，然后把烙铁放在烙铁架上。

（3）将清理好的电烙铁放在工作台右上角。

2．焊点质量的评定

1）标准的焊点

（1）锡点成内弧形。

（2）锡点要圆满、光滑、无针孔、无松香渍。

（3）要有线脚，而且线脚的长度要为1～1.2mm。

（4）零件脚外形可见，锡的流散性好。

（5）锡将整个上锡位及零件脚包围。

2）不标准焊点的判定

（1）虚焊：看似焊住其实没有焊住，主要由焊盘和引脚脏污或助焊剂和加热时间不够引起。

（2）短路：有脚零件在脚与脚之间被多余的焊锡连接，形成短路；另一种现象是因检验人员使用镊子、竹签等操作不当而导致脚与脚碰触短路，亦包括残余锡渣使脚与脚短路。

（3）偏位：元器件在焊前定位不准，或在焊接时造成失误而导致引脚不在规定的焊盘区域内。

（4）少锡：指锡点太薄，不能将零件铜皮充分覆盖，影响连接固定作用。

（5）多锡：零件脚完全被锡覆盖，以及形成外弧形，使零件外形及焊盘位不能见到，不能确定零件及焊盘是否上锡良好。

（6）错件：零件放置的规格或种类与作业规定或BOM、ECN不符。

（7）缺件：应放置零件的位置因不正常的原因而产生空缺。

（8）锡球、锡渣：PCB表面附着多余的焊锡球、锡渣，导致细小引脚短路。

（9）极性反向：极性方位正确性与加工要求不一致，即极性错误。

3）不良焊点可能产生的原因

（1）形成锡球，锡不能散布到整个焊盘的原因：烙铁温度过低，或烙铁头太小；焊盘氧化。

（2）拿开烙铁时候形成锡尖的原因：烙铁温度不够，助焊剂没有熔化，不起作用；烙铁头温度过高，助焊剂挥发，焊接时间太长。

（3）锡表面不光滑，起皱的原因：烙铁温度过高，焊接时间过长。

（4）助焊剂散布面积大的原因：烙铁头拿得太平。

（5）产生锡珠的原因：锡线直接从烙铁头上加入，加锡过多，烙铁头氧化，敲打烙铁。

（6）PCB离层的原因：烙铁温度过高，烙铁头碰在PCB上。

3．电子元器件的插装

1）元器件引脚折弯及整形的基本要求

手工弯引脚可以借助镊子或一字及十字旋具对引脚整形。所有元器件引脚均不得从根部弯曲，一般应留1.5mm以上，因为制造工艺上的原因，根部容易折断。折弯半径应大于引脚直径的1～2倍，避免弯成死角。二极管、电阻等的引出脚应平直，要尽量将有字符的元器件面置于容易观察的位置。

2）元器件插装的原则

（1）电子元器件插装要求做到整齐、美观、稳固，元器件应插装到位，无明显倾斜、变形现象，同时应方便焊接和有利于元器件焊接时的散热。

（2）手工插装、焊接。应该先插装那些需要机械固定的元器件，如功率元器件的散热器、支架、卡子等，然后插装需焊接固定的元器件。插装时不要用手直接碰元器件引脚和印制电路板上的铜箔。手工插焊遵循先低后高、先小后大的原则。

（3）插装时应检查元器件是否正确、无损伤；插装有极性的元器件时，按线路板上的丝印进行插装，不得插反和插错；对于有空间位置限制的元器件，应尽量将元器件放在丝印范围内。

3）元器件插装的方式

（1）直立式：如电阻器、电容器、二极管等可竖直安装在印制电路板上。

（2）俯卧式：如二极管、电容器、电阻器等元器件可俯卧式安装在印制电路板上。

（3）混合式：为了适应各种不同条件的要求或某些位置受面积所限，在一块印制电路板上，有的元器件采用直立式安装，有的元器件则采用俯卧式安装。

4）长短脚的插焊方式

（1）长脚插装（手工插装）：插装时可以用食指和中指夹住元器件，再准确插入印制电路板，如图1-72所示。

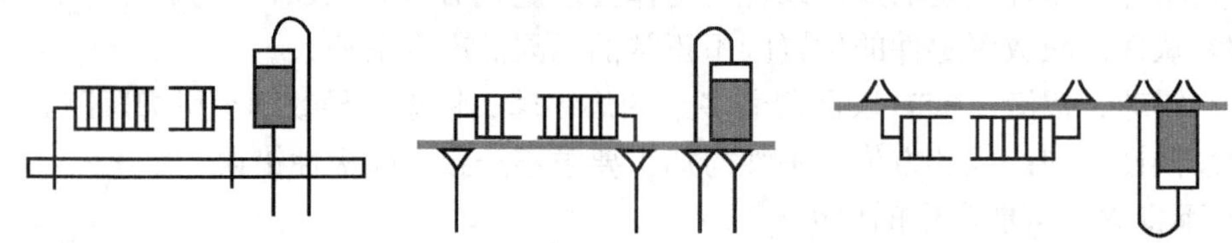

图1-72　长脚插装示意图

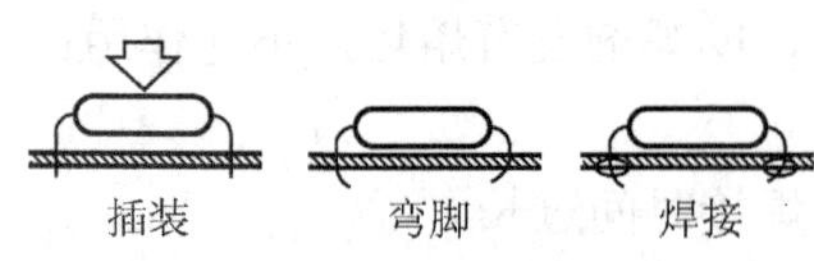

图1-73　短脚插装示意图

（2）短脚插装：在元器件整形后，引脚很短，靠板插装，当元器件插装到位后用镊子将穿过孔的引脚向内折弯，以免元器件掉出，如图1-73所示。

4. 常用元器件的焊接方法

1）导线和接线端子的焊接

常用连接导线有单股导线、多股导线和屏蔽线。

（1）导线焊前处理。

① 剥线：用剥线钳或普通偏口钳剥线时要注意对单股线不应伤及导线，多股线及屏蔽线不断线，否则将影响接头质量。对多股线剥除绝缘层时注意将线芯拧成螺旋状，一般采用边拽边拧的方式。剥线的长度根据工艺资料要求进行操作。

② 预焊：导线焊接的关键步骤。导线的预焊又称为挂锡，但注意导线挂锡时要边上

锡边旋转，旋转方向与拧合方向一致，多股导线挂锡要注意“烛心效应”，即焊锡浸入绝缘层内，造成软线变硬，容易导致接头故障。

（2）导线和接线端子的焊接方法如图1-74所示。

① 绕焊：把经过上锡的导线端头在接线端子上缠一圈，用钳子拉紧缠牢后进行焊接，绝缘层不要接触端子，导线长度留1～3mm为宜。

② 钩焊：将导线端子弯成钩形，钩在接线端子上并用钳子夹紧后施焊。

③ 搭焊：把经过镀锡的导线搭到接线端子上施焊。

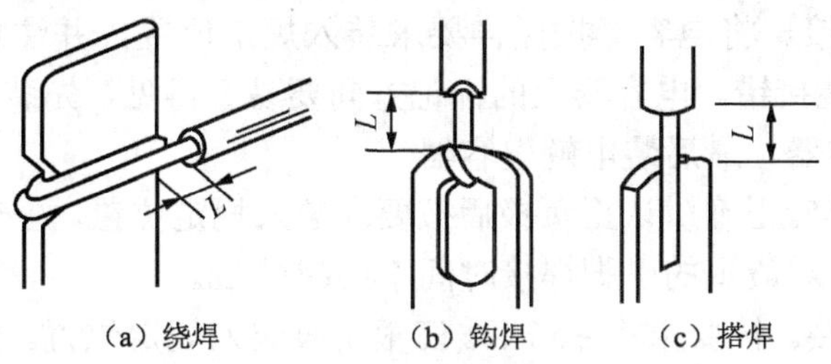

图1-74　导线和接线端子的焊接方法

（3）杯形焊件焊接法如图1-75所示。

① 往杯形孔内滴助焊剂。若孔较大，可用脱脂棉蘸助焊剂在孔内均匀擦一层。

② 用烙铁加热并将锡熔化，靠浸润作用流满内孔。

③ 将导线垂直插入孔的底部，移开烙铁并保持到凝固。在凝固前导线切不可移动，以保证焊点质量。

④ 完全凝固后立即套上套管，并用热风枪进行吹烘紧固。

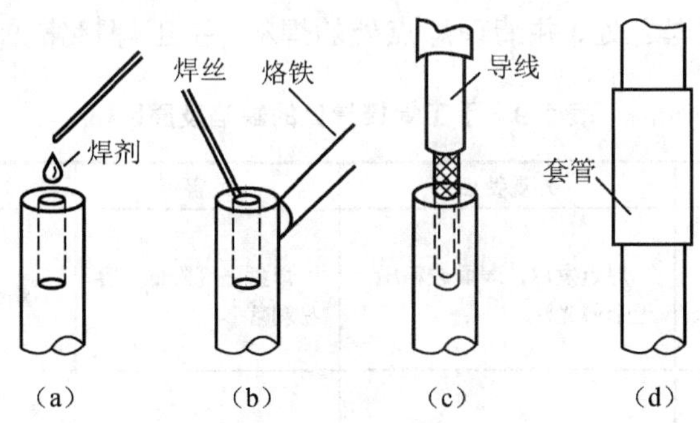

图1-75　杯形焊件焊接法

2）印制电路板上的焊接

（1）印制电路板焊接的注意事项。

① 加热时应尽量使烙铁头同时接触印制电路板上铜箔和元器件引脚。对较大的焊盘，（直径大于5mm）焊接时可移动烙铁，即烙铁绕焊盘转动，以免长时间停留在一点导致局部过热。

② 对于金属化孔的焊接，焊接时不仅要让焊料润湿焊盘，孔内也要润湿填充。因此，金属化孔加热时间应长于单面板，如图1-76所示。

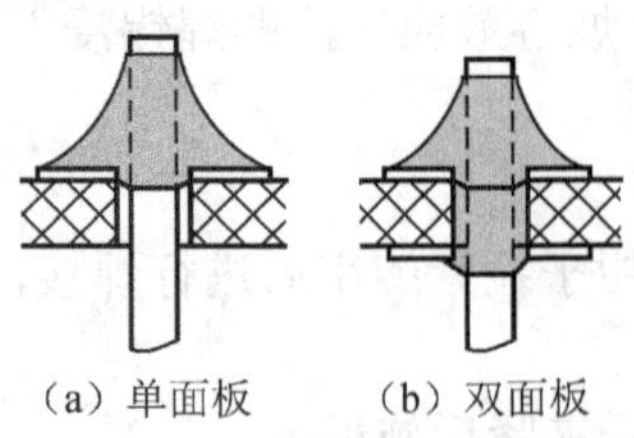

（a）单面板　（b）双面板

图 1-76　金属化孔的焊接

③ 焊接时不要用烙铁头摩擦焊盘的方法增强焊料润湿性能，而要靠表面清理和预焊。

（2）印制电路板上常用元器件的焊接要求。

① 电阻器的焊接。按图将电阻器准确地装入规定位置，并要求标记向上，字向一致。装完一种规格再装另一种规格，尽量使电阻器的高低一致。焊接后将露在印制电路板表面上多余的引脚齐根剪去。

② 电容器的焊接。将电容器按图样要求装入规定位置，并注意有极性的电容器其"＋"与"－"极不能接错。电容器上的标记方向要易看得见。先装玻璃釉电容器、金属膜电容器、瓷介电容器，最后装电解电容器。

③ 二极管的焊接。正确辨认正负极后按要求装入规定位置，型号及标记要易看得见。焊接立式二极管时，对最短的引脚焊接时间不要超过 2s。

④ 晶体管的焊接。按要求将 e、b、c 三根引脚装入规定位置。焊接时间应尽可能短些，焊接时用镊子夹住引脚，以帮助散热。焊接大功率晶体管时，若需要加装散热片，应将接触面平整，打磨光滑后再紧固；若要求加垫绝缘薄膜片，千万不能忘记引脚与线路板上焊点需要连接时要用塑料导线。

⑤ 集成电路的焊接。将集成电路插装在印制电路板上，按照图样要求，检查集成电路的型号、引脚位置是否符合要求。焊接时先焊集成电路边沿的两只引脚，以使其定位，然后再从左到右或从上至下进行逐个焊接。焊接时，烙铁一次取锡量为焊接 2 或 3 只引脚的量，烙铁头先接触印制电路的铜箔，待焊锡进入集成电路引脚底部时，烙铁头再接触引脚，接触时间以不超过 3s 为宜，而且要使焊锡均匀包住引脚。焊接完毕后要查一下是否有漏焊、碰焊、虚焊之处，并清理焊点处的焊料。手工焊接常见缺陷及原因见表 1-9。

表 1-9　手工焊接常见的缺陷及原因

焊点缺陷	外观特点	危害	原因分析
过热	焊点发白，表面较粗糙，无金属光泽	焊盘强度降低，容易剥落	烙铁功率过大，加热时间过长
冷焊	表面呈豆腐渣状颗粒，可能有裂纹	强度低，导电性能不好	焊料未凝固前焊件抖动
拉尖	焊点出现尖端	外观不佳，容易造成桥连短路	1．助焊剂过少而加热时间过长； 2．烙铁撤离角度不当
桥连	相邻导线连接	电气短路	1．焊锡过多； 2．烙铁撤离角度不当

续表

焊点缺陷	外观特点	危害	原因分析
铜箔翘起	铜箔从印制电路板上剥离	印制电路板已被损坏	焊接时间太长，温度过高
虚焊	焊锡与元器件引脚和铜箔之间有明显黑色界限，焊锡向界限凹陷	设备时好时坏，工作不稳定	1．元器件引脚未清洁好、未镀好锡或锡氧化； 2．印制板未清洁好，喷涂的助焊剂质量不好
焊料过多	焊点表面向外凸出	浪费焊料，可能包藏缺陷	焊丝撤离过迟
焊料过少	焊点面积小于焊盘面积的80%，焊料未形成平滑的过渡面	机械强度不足	1．焊锡流动性差或焊锡撤离过早； 2．助焊剂不足； 3．焊接时间太短

5．手工拆焊及补焊

1）拆卸工具

在拆卸过程中主要用的工具有电烙铁、吸锡枪、镊子等。

2）拆卸方法

（1）手插元器件的拆卸。

① 引脚较少的元器件拆法：一手拿着电烙铁加热待拆元器件引脚焊点，一手用镊子夹持元器件，待焊点焊锡熔化时用镊子将元器件轻轻往外拉。注意，拉时不能用力过猛，以免将焊盘拉脱。

② 多焊点元器件且引脚较硬的元器件拆法：采用吸锡枪逐个将引脚焊锡吸干净后，再用镊子取出元器件。借助吸锡材料（如编织导线、吸锡铜网）靠在元器件引脚，用烙铁和助焊剂加热后，抽出吸锡材料，将引脚上的焊锡一起带出，最后将元器件取出，如图1-77所示。

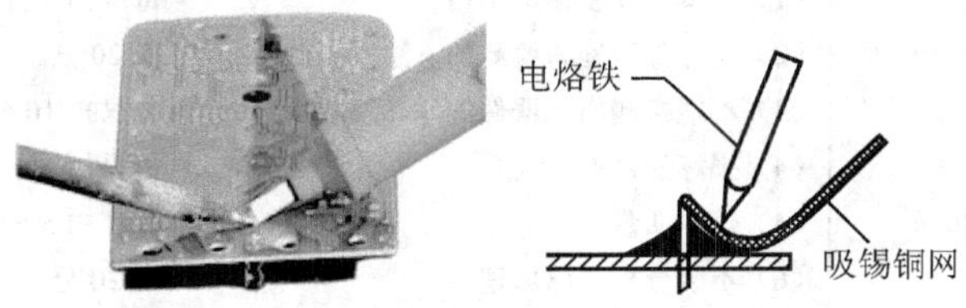

图1-77　手插元器件的拆卸

（2）机插元器件的拆卸。

① 右手握住烙铁将锡点熔化，并继续对准锡点加热，左手拿着镊子，对准锡点中倒

角将其夹紧后掰直。

② 用吸锡枪或吸锡器将焊锡吸净后，用镊子将引脚掰直后取出元器件。对于双列或4列扁平封装IC的贴片焊接元器件，可用热风枪拆焊，温度控制在350℃，风量控制在3或4格，对着引脚垂直、均匀地来回吹热风，同时用镊子的尖端靠在集成电路的一个角上，待所有引脚焊锡熔化时用镊子尖轻轻将IC挑起，如图1-78所示。

图1-78 机插元器件的拆卸

3）补焊

补焊的步骤及方法遵照上面的手工焊接工艺要求，注意焊接时温度及时间的控制，以防止元器件及印制电路板的损坏。

手工焊接后续工作如下：

① 手工焊完后，先检查一遍所焊元器件有无错误，有无焊接质量缺陷，确认无误后将已焊接的印制电路板或部件转入下道工序的生产。

② 将未用完的材料或元器件分类放回原位，将桌面上残余的锡渣或杂物扫入指定的周转盒中，将工具归位放好，保持台面整洁。

③ 关掉电源，按照电烙铁使用要求放好电烙铁，并做好防氧化保护工作。

④ 工作人员应先洗净手后才能喝水或吃饭，以防锡珠对人体的危害。

项目考核

项目内容	配分	评分标准	
8路智力抢答器制作与调试	80分	（1）工具及仪表使用不当	每次扣5分
		（2）元器件识别与检测的方法不正确	扣20分
		（3）不能检测出元器件的好坏及类别	每只扣10分
		（4）损坏元器件	每只扣10～20分
		（5）焊点质量	每次扣5分
		（6）不会分析电路原理	扣20分
		（7）电池壳、扬声器安装不合格	扣10分
		（8）电路某项功能无法实现	每项扣20分
		（9）作业一次未完成	每次扣20分
学习态度、协作精神和职业道德	20分		

续表

项目内容	配分	评分标准
安全文明生产	违反安全文明操作规程扣10～60分	
定额时间	训练时不允许超时，每超5min（不足5min时以5min计）扣5分	
备注	除额定时间外，各项内容的最高扣分不得超过配分数	
自我总结	1．请总结在整个完成过程中做得好的是什么？有什么不足？有何打算？ 2．在整个项目完成中出现了哪些问题？如何解决的？还有什么问题未解决？	
项目评价	自评： 本人签字：　　　　日期：	
	同组互评： 组长签字：　　　　日期：	
	教师评价： 教师签字：　　　　日期：	

思考练习题

1. 电子元器件的主要参数有哪几项？

2. 如何对电子元器件进行检验和筛选？

3. 元器件上常用的数值标注方法有哪三种？

4. 试默写出色标法的色码定义，并用四色环标注出电阻：6.8kΩ±5%，47kΩ±5%。

5. 用五色环标注电阻：2.00kΩ±1%，39.0Ω±1%。

6. 已知电阻上色标排列次序如下，试写出对应的电阻值及允许偏差。

橙白黄　金________；棕黑金　金________；绿蓝黑棕　棕________；灰红黑银　棕________。

7. 电阻器如何命名？电阻器如何分类？电阻器的主要技术指标有哪些？如何正确选用电阻器？

8. 电位器有哪些类别？有哪些技术指标？如何选用？如何安装？

9. 电容器有哪些技术参数？哪种电容器的稳定性较好？电容器的额定工作电压是指其允许的最大直流电压或交流电压有效值吗？

10. 简述电解电容器的结构、特点及用途。

11. 试简述电感器的应用范围、类型、结构。

12. 半导体分立器件如何分类？其型号如何命名？

13. 半导体分立器件的封装形式有哪些？如何选用半导体分立器件？

14. 简述集成电路按功能分类的基本类别。

15. 国产集成电路如何命名？国外的呢？

16. 试说明发光二极管的结构和工作原理。发光二极管的特征参数和极限参数有哪些?

17. 元器件装配的主要技术要求有哪些?

18. 印制板通孔安装方式中，元器件引线的弯曲成形应当注意什么?具体来说，引线的最小弯曲半径及弯曲部位有何要求?

19. 元器件插装时应该注意哪些原则?（提示：至少总结出四条）

20. 说明焊接的种类、特点和锡焊原理。

21. 为什么要使用助焊剂?对助焊剂的要求有哪些?

22. 请总结电烙铁的分类及结构，并说明如何合理选择电烙铁和烙铁头的形状。

23. 什么是焊锡?其主要特征是什么?焊锡必须具备哪些条件?

24. 焊接操作的五个基本步骤是什么?如何控制焊接时间?

25. 总结焊接温度与加热时间是如何掌握的?时间不足或过量加热会造成什么后果?

26. 对焊点质量有何要求?简述不良焊点常见的外观以及如何检查。

项目2 调频贴片收音机的制作与调试

知识目标

1. 熟悉手工焊接技术，保证焊接质量，了解自动焊接技术。
2. 掌握表面组装元器件的特点、规格、性能指标、外形尺寸、识别标志与包装形式。
3. 掌握手工焊接SMT元器件的要求、SMT元器件焊接与手工拆焊工艺。
4. 掌握浸焊、波峰焊、再流焊相关工艺方法。
5. 掌握电子产品生产操作的基本技能及其调试方法。
6. 培养学生的质量、成本、安全意识。

能力目标

1. 能识别与检测各类SMT元器件。
2. 会操作台式再流焊机。
3. 会使用Protel 99 SE软件进行电子线路绘图与PCB设计。
4. 会操作与保养热风台。
5. 能完成贴片收音机整机装配与调试。

2.1 调频贴片收音机制作步骤

2.1.1 电路原理分析

电路的核心是单片收音机集成电路 SC1088。它采用特殊的低中频（70kHz）技术，外围电路省去了中频变压器和陶瓷滤波器，使电路简单可靠，调试方便。贴片收音机电路原理图如图 2-1 所示，SC1088 采用 SOT16 脚封装，图 2-2 为 SC1088 芯片引脚排列图，表 2-1 是其引脚说明。

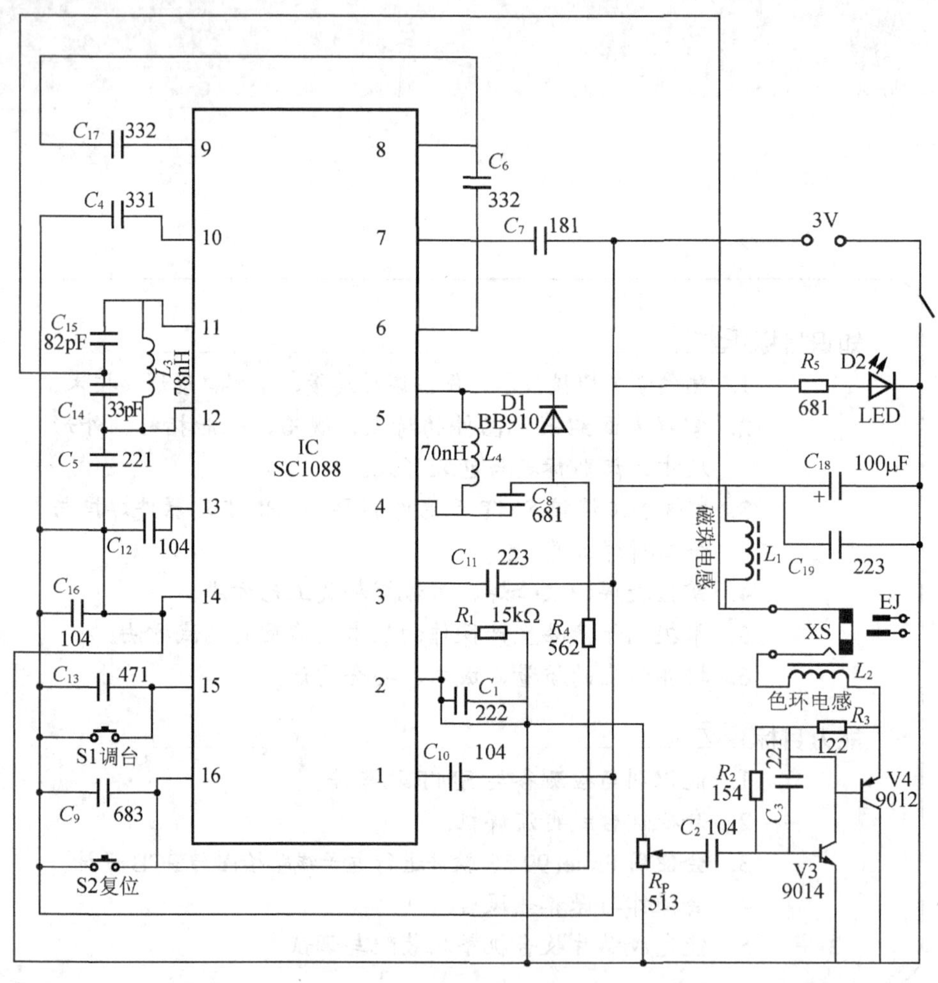

图 2-1　贴片收音机的电路原理图

SCIO88CB 集成电路是一块单片电调谐调频收音机电路，其外围电路简单，内置中频频率为 70kHz 的锁相环系统，选择性由有源滤波器实现，静音电路可以抑制非中频信号和太弱的中频信号。它具有如下特点：

（1）内含单声道收音机从射频输入音频输出的所有功能电路。

（2）含静噪电路。

（3）内含自动频率控制系统，可用于机械调谐。

（4）电源极性保护。

（5）工作电源电压可以低至 1.8V。

（6）从 88M～108MHz 的频率范围实现自动搜索。

（7）封装形式为 SOP16。

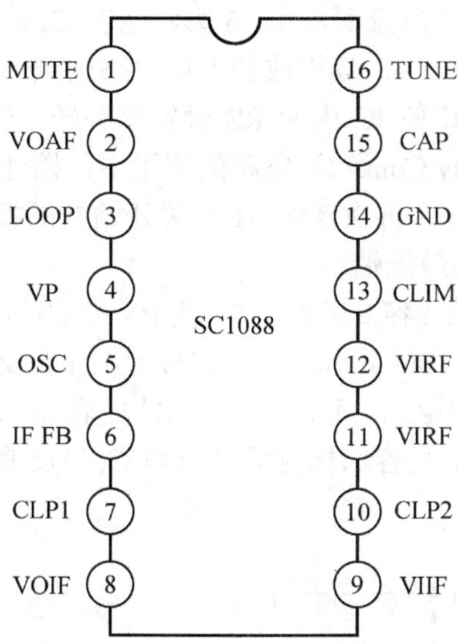

图 2-2 SC1088 芯片引脚排列图

表 2-1 SC1088 引脚说明

引脚号	引脚名称	I/O	引脚描述
1	MUTE	O	静噪输出
2	VOAF	O	音频信号输出
3	LOOP	O	音频环路滤波
4	VP	—	电源
5	OSC	I	振荡器
6	IF FB	I/O	反馈
7	CLP1	I/O	1dB 放大器的低通电容
8	VOIF	O	中频输出至外接耦合电容
9	VIIF	I	中频输入至限幅放大器
10	CLP2	I/O	中频限幅放大器的低通电容
11	VIRF	I	射频输入
12	VIRF	I	射频输入
13	CLIM	O	限幅器失调电压补偿电容
14	GND	—	地
15	CAP	O	全通滤波器电容，输入用于自动搜索
16	TUNE	O	电调/AFC 输出

电路工作原理介绍如下。

1）FM 信号输入

如图 2-1 所示，调频信号由耳机线馈入经 C_{14}、C_{13}、C_{15} 和 L_1 的输入电路进入 IC 的 11、12 脚混频电路。此处的 FM 信号没有调谐的调频信号，即所有调频电台信号均可进入。

2）本振调谐电路

在本振电路中，控制变容二极管 D1 的电压由 IC 第 16 脚给出。当连通扫描开关 S1 时，IC 内部的 RS 触发器打开恒流源，由 16 脚向电容 C_9 充电，C_9 两端电压不断上升，D1 电容量不断变化，由 D1、C_8、L_4 构成的本振电路的频率不断变化而进行调谐。当收到电台信号后，信号检测电路使 IC 内的 RS 触发器翻转，恒流源停止对 C_9 充电，同时在 AFC（Automatic Freguency Control）电路的作用下，锁住所接收的广播节目频率，从而可以稳定接收电台广播，直到再次连通 S1 开关开始新的搜索。当连通复位开关 S2 时，电容 C_9 放电，本振频率回到最低端。

本振电路中关键元器件是变容二极管，它利用 PN 结的结电容与偏压有关的特性制成了“可变电容”。其外形如图 2-3（a）所示。变容二极管工作在反向偏置的状态如图 2-3（b）所示，改变其 PN 结上的反偏电压，可改变 PN 结的电容量。反偏电压增大，结电容变小；反偏电压减小，结电容变大。变容二极管的结电容 C_d 与反偏电压是非线性关系，其特性曲线如图 2-3（c）所示。

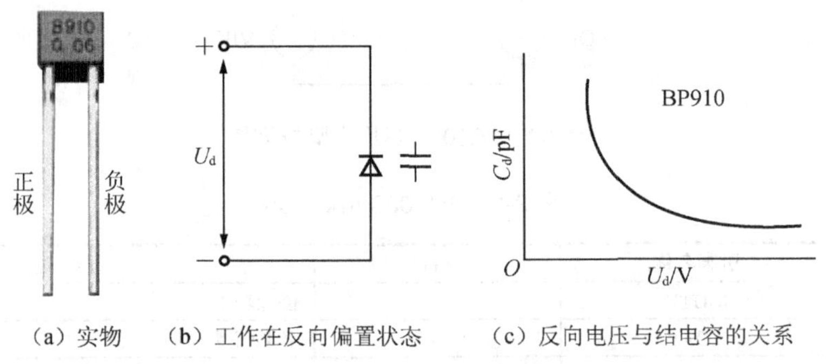

（a）实物　（b）工作在反向偏置状态　（c）反向电压与结电容的关系

图 2-3　变容二极管

通过测量变容二极管的正、反向电阻可以判别变容二极管的极性与质量。将指针式万用表置于 $R\times1k$ 挡，把红黑表笔分别接触变容二极管的两端，如果一次测得阻值在 10kΩ左右（正向电阻），对调表笔后测得阻值为无穷（反向电阻），则变容二极管质量是好的。测得阻值在 10kΩ左右时，红表笔接的是变容二极管负极，黑表笔接的是其正极。若测得变容二极管的正、反向阻值均为一定阻值，则该二极管漏电；若测得变容二极管的正、反向阻值均为 0，则变容二极管被击穿；若测得变容二极管的正、反向阻值均为∞，则变容二极管内部断路。

也可以用数字万用表的二极管挡，通过测量变容二极管的正、反向电压降判别其正、负极性。正常的变容二极管，红表笔接变容二极管的正极，黑表笔接变容二极管的负极，

即测量其正向电压降时，表的读数应为 0.58～0.65V；红表笔接变容二极管的负极，黑表笔接变容二极管的正极，即测量其反向电压降时，表的读数显示为溢出符号“1”。

变容二极管有玻璃外壳封装（玻封）、塑料封装（塑封）、金属外壳封装（金封）和无引线表面封装等多种封装形式。中小功率的变容二极管常常采用玻封、塑封或表面封装，功率较大的变容二极管多采用金封。

3）中频放大、限幅与鉴频

电路的中频放大、限幅及鉴频电路的有源器件及电阻均在 IC 内。FM 广播信号和本振电路信号在 IC 内混频器中混频产生 70kHz 的中频信号，经内部 1dB 放大器、中频限幅器，送到鉴频器检出音频信号，经内部环路滤波后由 2 脚输出音频信号。电路中 1 脚的 C_{10} 为静噪电容，3 脚的 C_{11} 为 AF（音频）环路滤波电容，6 脚的 C_6 为中频反馈电容，7 脚的 C_7 为低通电容，8 脚与 9 脚之间的电容 C_{17} 为中频耦合电容，10 脚的 C_4 为限幅器的低通电容，13 脚的 C_{12} 为中限幅器失调电压电容，C_{13} 为滤波电容。

4）耳机放大电路

由于用耳机收听所需功率很小，本机采用了简单的晶体管放大电路，2 脚输出的音频信号经电位器 R_P 调节电量后，由 V3、V4 组成复合管甲类放大。R_1 和 C_1 组成音频输出负载，线圈 L_1 和 L_2 为射频与音频隔离线圈。这种电路耗电大小与有无广播信号及音量大小关系不大，不收听时要关断电源。

2.1.2　贴片收音机的安装与调试

1. 插装元器件的识别与检测

按照表 2-2 材料清单一一对应，记清每个元器件的名称与外形，用万用表检测、筛选元器件以保证装配质量。图 2-4 所示为完成贴片收音机后元器件的识别与检测。

表 2-2　贴片收音机材料清单

序号	名称	型号规格	位号	数量	序号	名称	型号规格	位号	数量
1	贴片集成块	SC1088	IC	1	14	贴片电阻	562	R_4	1
2	贴片晶体管	9014	V3	1	15	插件电阻	681	R_5	1
3	贴片晶体管	9012	V4	1	16	电位器	513Ω	R_P	1
4	二极管	BB910	D1	1	17	贴片电容	222	C_1	1
5	二极管	LED	D2	1	18	贴片电容	104	C_2	1
6	磁珠电感	4.7μF	L_1	1	19	贴片电容	221	C_3	1
7	色环电感	4.7μF	L_2	1	20	贴片电容	331	C_4	1
8	空心电感	70nF，8 圈	L_3	1	21	贴片电容	221	C_5	1
9	空心电感	78nF，5 圈	L_4	1	22	贴片电容	332	C_6	1
10	耳机	32Ω×2	EJ	1	23	贴片电容	181	C_7	1
11	贴片电阻	15kΩ	R_1	1	24	贴片电容	681	C_8	1
12	贴片电阻	154	R_2	1	25	贴片电容	683	C_9	1
13	贴片电阻	122	R_3	1	26	贴片电容	104	C_{10}	1

续表

序号	名称	型号规格	位号	数量	序号	名称	型号规格	位号	数量
27	贴片电容	223	C_{11}	1	39	电位器钮	（内，外）		各 1
28	贴片电容	104	C_{12}	1	40	开关按钮	有缺口	SCAN 键	1
29	贴片电容	471	C_{13}	1	41	开关按钮	无缺口	RESET 键	1
30	贴片电容	33	C_{14}	1	42	挂钩			1
31	贴片电容	82	C_{15}	1	43	电池片	正负连体片	3 件	各 1
32	贴片电容	104	C_{16}	1	44	印制电路板	55mm×25mm		1
33	插件电容	332	C_{17}	1	45	轻触开关	6×6 二脚	S1、S2	各 2
34	电解电容	100μF，$\phi 6 \times 6$	C_{18}	1	46	耳机插座	$\phi 3.5$	XS	1
35	插件电容	223	C_{19}	1	47	电位螺钉	$\phi 1.6 \times 5$		1
36	导线	$\phi 0.8 \times 6$mm		2	48	自攻螺钉	$\phi 2 \times 8$		2
37	前盖			1	49	自攻螺钉	$\phi 2 \times 5$		1
38	后盖								

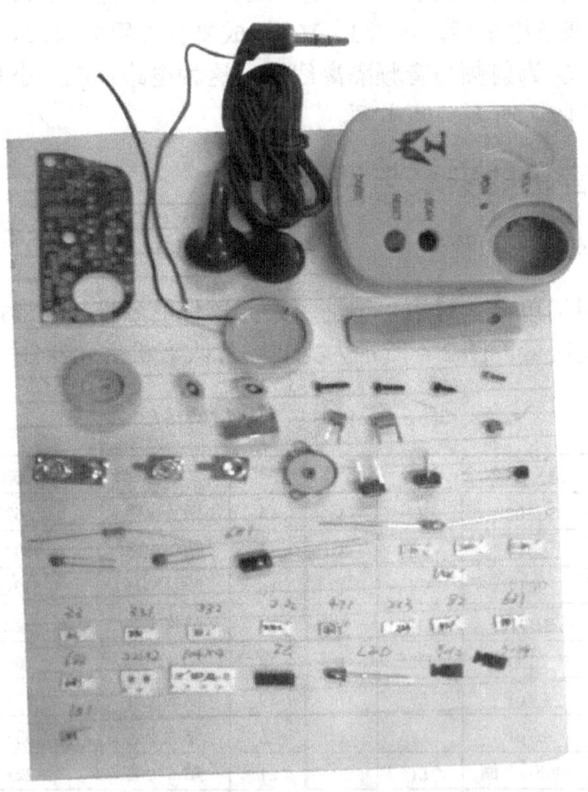

图 2-4　电子元件的识别与检测

2. 印制电路板的设计与制作

利用 Protel 99SE 绘图软件绘制电子线路原理图，设置元器件封装，创建网表，完成贴片收音机 PCB 的设计制作 PCB，如图 2-5 所示。

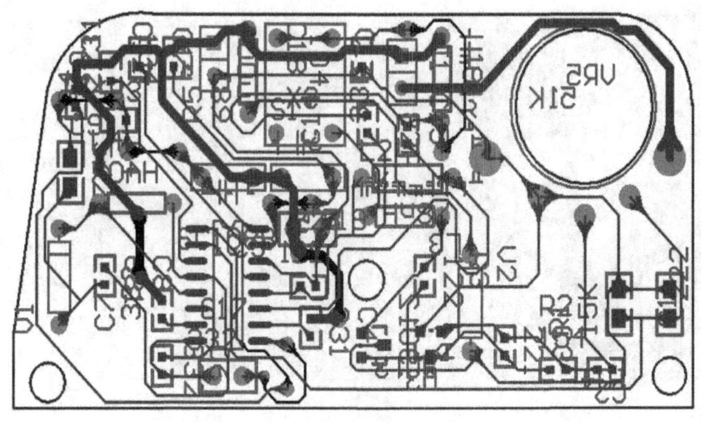

图 2-5 贴片收音机的 PCB

根据电路板的尺寸选用元器件的型号、规格等进行布局，并且电路板上的所有元器件排列应均匀、整齐、紧凑，位于电路板边缘的元器件离边缘的距离应大于 2mm，元器件布局应使走线方便，不出现交叉，方便电路的调试。刚开始学习元器件布局时，可以以电路原理图的元器件排列方式布放元器件。

3. 印制电路板的安装与焊接

通孔元器件的安装的一般原则如下：

（1）要从低到高对元器件进行整形。

（2）保持整齐，同类元器件高度要一致。

（3）元器件一般要贴紧电路板。

（4）元器件的引脚长度要适中。

按照布局图将元器件成型后插入相应位置，并用电烙铁焊接固定好。插放元器件时应注意元器件参数、极性，不能接错。相似元器件的高度应保持一致。反面过长的引脚要剪掉，或保留作为连线使用，如图 2-6 所示。

（a）贴片收音机电路板正面（元器件面）

图 2-6 贴片收音机电路板安装与焊接

（b）贴片收音机电路板背面（焊接面）

图 2-6　贴片收音机电路板安装与焊接（续）

元器件插放好后，应根据电路原理图将各元器件引脚用导线连接起来，使其实现预想的性能。走线时应注意横平竖直、走线最短、不走斜线、不能交叉。

4. 贴片收音机的整机安装与调试

贴片收音机电路板焊接好后，连接扬声器，安装电池，进行整机调试与故障维修，如图 2-7 所示。

焊接好连线后，需对电路进行检查，检查内容包括元器件参数、极性是否正确，走线是否正确、合理，焊点是否良好等。

图 2-7　贴片收音机的调试

1）直观检查

（1）直观检查电路板有无虚焊、连焊的现象。

（2）用万用表检查电路有无短路或开路现象。

2）通电静态调测

（1）测整机电流。将万用表置于直流 200mA 挡，把两表笔并接在电源开关两端（断开开关），测量贴片收音机的整机电流，如果测得的整机电流在 10mA 左右，则整机电流

正常。将音量开到最大（将电源开关顶开），此时电流应为 20mA 左右。如果电流太大，超过 35mA，则说明电路还存在短路等故障，应仔细查找分析，一般情况是电容器 C_{18} 漏电，或者是集成电路内部击穿。

（2）测量 SC1088 集成电路及晶体管各脚的在路电位。用数字式万用表检测 SC1088 集成电路在有信号和无信号时的各脚电位，填入表 2-3，检测 V1、V2 的各脚电位，将数据填入表 2-4，并分析其工作状态。

表 2-3　SC1088 集成电路的各脚电位

引脚	1	2	3	4	5	6	7	8	9	10	11	12	13	14	15	16
有信号时电位/V																
无信号时电位/V																

表 2-4　V1、V2 工作时各脚电位

元器件代号	V1			V2		
电极	V_C	V_B	V_E	V_C	V_B	V_E
有信号时电位/V						
无信号时电位/V						
工作状态						

3）动态调测

（1）频率覆盖调测。调频广播的频率范围为（87～108）MHz。用一个有频率标示的调频收音机，接收一个当地能接收到的频率最低的 FM 广播电台，然后打开被调测收音机，按 RESET 键，再按一次 SCAN 键，听听接收的第一个电台是不是本地能接收到的频率最低的广播电台信号。如果不能收到最低频率电台，用无感螺钉旋具小心调整 L_4 的线圈的匝间距离，使其间距增大。

L_4 为调谐电感，与变容二极管一起组成调谐回路，当电感的匝间距离变化时电感量也随之变化，电路的调谐频率也随之变化。细心调整线圈的匝间距离就可以接收到本地最低端的 FM 广播台。

调试好低端频率后就可以调高段频率，同样用正常的 FM 收音机接收本地能接收到的频率最高的广播电台。因本机集成度很高，绝大多数的功能电路都集成在 SC1088 集成电路内部，所以调节高端频率也只能微调 L_4，使之能大致兼顾低端与高端频率的接收。最后用石蜡将 L_4、线圈封住。

（2）灵敏度调测。灵敏度的调测主要是调信号接收回路，接收回路由天线、L_1、L_3、C_{14}、C_{15} 组成。先接收一个弱一点的电台信号，细心调整绕圈的匝间距离，使声音最清晰，音量最大。

（3）信号波形测量。在接收电台信号时，使用示波器、频率计、毫伏表检测 SC1088 的 8 脚的 70kHz 中频信号，把测量数据填入表 2-5。

表 2-5 SC1088 集成电路的 8 脚波形、频率、幅度

测试 SC1088 的 8 脚波形	示波器	频率计	毫伏表
	时间挡位： 幅度挡位： 峰峰值：	频率读数： 周期读数：	信号有效值： 增值：

（4）表面组装元器件调频收音机所出现的故障如下。

① 故障一。

故障现象：收不到电台信号。

故障分析：当收音机收不到电台信号时，应首先根据收音机的信号流程，进行分段检查故障点。可以检测 6～10 脚有无中频信号。如果检测到 6、7 脚没有中频信号，那么问题应该是混频与接收电路有故障。

检修过程：收不到电台信号可以采用波形测试法，检修流程图如图 2-8 所示。

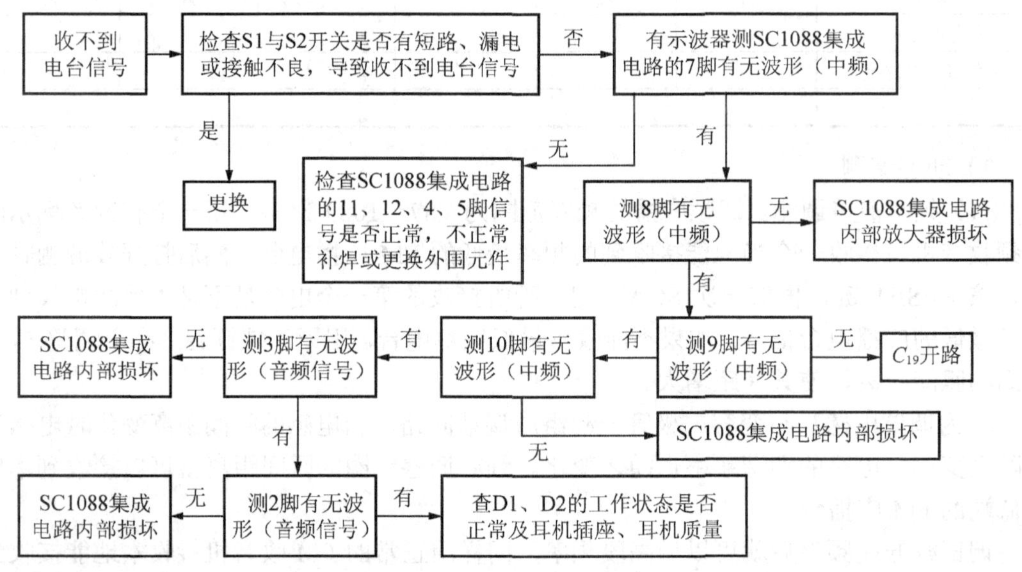

图 2-8 故障检修流程图

② 故障二。

故障现象：收不到低端与高端频段电台。

故障分析：收音机收不到低端与高端频段电台，实际上是收音机的频率覆盖不完整，即不能覆盖整个调频广播频率段（87～108MHz），与此有关的元器件是变容二极管、L_4 与 SC1088 集成电路。

检修过程：首先应该细心调整线圈 L_4 的匝间距离，一般整个电路如果能覆盖低频段后也能覆盖高频段，然后应该检查变容二极管 D1 质量与 SC1088 集成电路的 4 脚、5 脚电压是否正常，即可排除故障。

2.2　调频贴片收音机制作与调试相关知识

2.2.1　表面组装元器件的识别与检测

随着电子科学理论的发展和工艺技术的改进，出现了表面组装技术（Surface Mount Technology，SMT）。

表面组装技术中无引脚的元件称为表面组装元件（Surface Mount Components，SMC）。表面组装技术中的无引线或者短引线的器件称为表面组装器件（Surface Mount Devices，SMD）。表面组装元件、表面组装器件统称为表面组装元器件，又常常被人们称为贴片元器件。

SMT 是包括表面组装器件、表面组装元件、表面组装印制电路板（Surface Mount Printed Circuit Board，SMB）及点胶、涂膏、表面组装设备、焊接及在线测试等在内的一套完整工艺技术的统称。SMT 发展的重要基础是 SMD 和 SMC。

1. 表面组装技术的发展过程

1）表面组装技术的产生背景

近年来，电子应用技术的发展表现出以下 3 个显著的特征。

（1）智能化：使信号从模拟量转换为数字量，并用计算机进行处理。

（2）多媒体化：从文字信息交流向声音、图像信息交流的方向发展，使电子设备更加人性化，更加深入人们的生活与工作。

（3）网络化：用网络技术把独立系统连接起来，高速、高频的信息传输使整个单位、地区、国家以至全世界实现资源共享。

这种发展趋势和市场需求对电路组装技术提出了如下要求。

① 密度化：单位体积电子作品处理信息量的提高。

② 高速化：单位时间内处理信息量的提高。

③ 标准化：用户对电子作品多元化的需求，使少量品种的大批量生产转化为多品种、小批量的生产，这样必然对元器件及装配手段提出更高的标准化要求。

这些要求迫使人们对在通孔基板 PCB 上插装电子元器件的工艺方式进行革命，从而导致电子作品的装配技术全方位地转向 SMT。

2）SMT 发展简史

SMT 技术自 20 世纪 60 年代问世以来，经过 50 年的发展，已进入完全成熟的阶段，是当代电路组装技术的主流，而且正继续向纵深发展。

SMT 是随着组件电路的制造技术发展起来的。20 世纪 70 年代到 80 年代，SMT 发展的主要技术目标是把小型化的片状元器件应用在混合电路（我国称为厚膜电路）的生产制造之中，从这个角度来说，SMT 对集成电路的制造工艺和技术发展做出了重大贡献。同时，SMT 大量使用在民用的石英电子表和电子计算器中。

美国是世界上最早应用SMT的国家，而且一直重视在投资类电子作品和军事装备领域中发挥SMT高组装密度和高可靠性方面的优势。

日本在20世纪70年代从美国引进SMT，并将其应用在消费类电子作品领域，投入了巨资，大力加强基础材料、基础技术和推广应用方面的开发研究工作。日本从20世纪80年代中后期起，加速了SMT在产业电子设备领域中的全面推广应用，仅用4年时间就使SMT在计算机和通信设备中的应用数量增长了近30%，使日本很快超过了美国，在SMT方面处于世界领先地位。

20世纪80年代中期以来，SMT进入高速发展阶段，90年代初已成为完全成熟的新一代电路组装技术，并逐步取代通孔插装技术。据国外资料报道，进入20世纪90年代以来，全球采用通孔组装技术的电子产品正以每年11%的比例下降，而采用SMT的电子产品正以8%的比例递增。到目前为止，日、美等国已有80%以上的电子产品采用了SMT。

欧洲各国SMT的起步较晚，但它们重视发展并有较好的工业基础，发展效率也很快，其发展水平仅次于日本和美国。20世纪80年代以来，新加坡、韩国和中国香港、中国台湾地区也不惜投入巨资，纷纷引进先进技术，使SMT获得较快的发展。

3）表面组装技术的发展动态

表面组装技术总的发展趋势：元器件越来越小，组装密度越来越高，组装难度越来越大。当前，SMT正向以下4个方面发展：

（1）元器件体积进一步小型化。在大批量生产的微型电子整机作品中，0201系列元器件（外形尺寸0.6mm×0.3mm×0.23mm）、窄引脚间距达到0.3 mm的新型封装的大规模集成电路已经大量采用，窄引脚间距甚至缩小至0.1mm。因为元器件体积的进一步小型化，对SMT工艺水平、SMT设备的定位系统等提出了更高的精度与稳定性要求。

（2）进一步提高SMT产品的可靠性。面对微小型SMT元器件被大量采用和无铅焊接技术的应用，在极限工作温度和恶劣环境条件下，消除因为元器件材料的线膨胀系数不匹配而产生的应力，避免这种应力导致电路板开裂或内部断线，以及元器件焊接被破坏等故障，已成为不得不考虑的问题。

（3）新型生产设备的研制。在SMT电子作品的大批量生产过程中，焊锡膏和再流焊设备是不可缺少的。近年来，各种生产设备正朝着高密度、高效率、高精度和多功能方向发展，高分辨率的激光定位、光学视觉识别系统、智能化质量控制等先进技术得到了推广应用。

（4）柔性PCB的表面组装技术。随着电子作品组装中柔性PCB的广泛应用，在柔性PCB上组装元器件的技术已被业界攻克，其难点在于柔性PCB如何实现刚性固定的准确定位要求。

4）我国SMT的发展概况

我国SMT的应用起步于20世纪80年代初期，最初从美、日等国成套引进了SMT生产线，用于彩电调谐器生产。随后应用于录像机、摄像机及袖珍式高档多波段收音机、随身听等生产中，近几年在计算机、通信设备、航空航天电子作品中也逐渐得到应用。

据不完全统计，2010年我国有上百家企业从事表面组装元件和表面组装器件的生产，约有几千家企业引进了表面组装技术生产线，几十万种产品不同程度地采用了SMT。随着我国改革开放的深入及加入WTO，欧洲、日本、新加坡、韩国和我国台湾地区的一些企业已经将表面组装加工厂搬到了中国内地，每年引进相关设备上千台（套）。我国已

成为表面组装产品的世界加工基地，表面组装技术发展前景是广阔的。

2. 表面组装元器件特点、分类与识别

1）表面组装元器件的特点

（1）提高了组装密度。

（2）无引线或引线很短，改善了高频特性。

（3）形状简单、结构牢固，提高了可靠性和抗振性。

（4）组装时没有引线的打弯、剪线，降低了成本。

（5）形状标准化，适合于用自动组装机进行组装。

2）表面组装元器件的种类

片式元器件按其形状可分为矩形、圆柱形和异形（如翼形、钩形等）3 类，外形如图 2-9 所示；按其功能可分为无源、有源和机电元器件 3 类，具体见表 2-6。

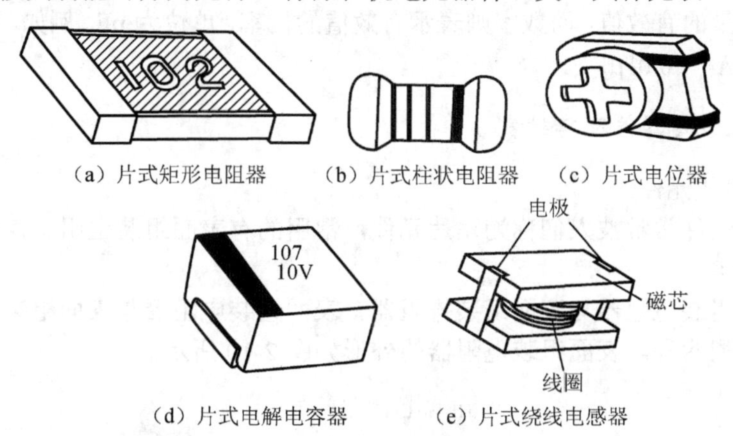

（a）片式矩形电阻器　（b）片式柱状电阻器　（c）片式电位器

（d）片式电解电容器　（e）片式绕线电感器

图 2-9　片式元器件

表 2-6　片式元器件分类

种类		矩形	圆柱形
片式无源元件	片式电阻器	厚膜、薄膜电阻器，热敏电阻器	碳膜、金属膜电阻器
	片式电容器	陶瓷独石电容器、薄膜电容器、云母电容器、微调电容器、铝电解电容器、钽电解电容器	陶瓷电容器、固体钽电解电容器
	片式电位器	电位器、微调电位器	
	片式电感器	绕线电感器、叠层电感器、可变电感器	绕线电感器
	片式敏感元件	压敏电阻器、热敏电阻器	
	片式复合元件	电阻网络、滤波器、谐振器、陶瓷电容网络	
片式有源器件	小型封装二极管	塑封稳压、整流、开关、变容二极管	玻封稳压、整流、开关、变容二极管
	小型封装晶体管	塑封 PNP、NPN 晶体管，塑封场效应管	
	小型集成电路	扁平封装、芯片载体	
	裸芯片	带形载体、倒装芯片	

3）表面组装元器件的识别

（1）SMC 电阻器。贴片电阻阻值误差精度为±5%的贴片电阻一般用 3 位数来表示，其中前两位数字表示电阻值的有效数字，第 3 位是前两位数的倍率，即 10 的整数次幂，表示加 0 的个数。电阻单位为欧姆（Ω），小数点用字母 R 表示。例如，5R1（5.1Ω），364（360kΩ），125（1.2MΩ），820（82Ω）。

贴片电阻阻值误差精度为±1%的电阻多数采用 4 位数来表示，这样前 3 位表示的是有效数字，第 4 位表示 10 的整数次幂。例如，4531 也就是 4530Ω，也就等于 4.53kΩ。

（2）SMC 电容器。SMC 电容器的静电容量一般是采用 3 位数字表示的。一般情况下静电容量的单位为皮法（pF），但电解电容器为微法（μF），小数点用字母 R（或 P）表示。例如，010（1pF），6R8（6.8pF），103（0.01μΩF）。

目前越来越多的 SMC 电容器采用一个英文字母与一位数字表示静电容量，其中英文字母代表容量的有效值，而数字则表示有效值的倍率，单位为 pF。例如，G3（1800pF），C6（1.2μF），A4（0.01μF）。

3. 表面组装元器件及其封装

1）表面组装元件

表面组装元件常常被人们称为贴片元件，常用的有表面组装电阻、表面组装电容、表面组装电感等。

（1）表面组装电阻器与表面组装排阻器。表面组装电阻器与表面组装排阻器可分为薄膜型和厚膜型两种。表面组装电阻器的外形如图 2-10 所示。

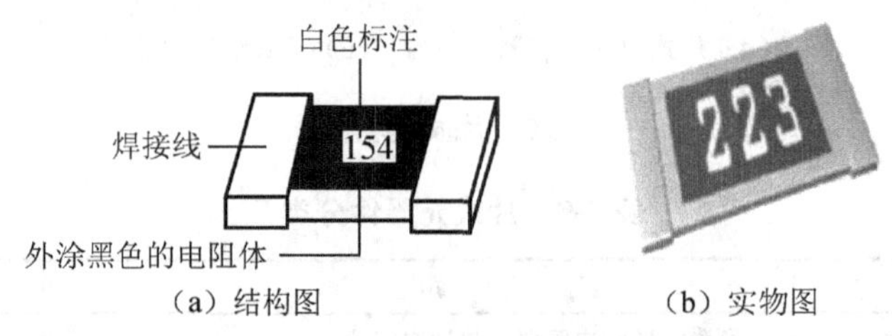

（a）结构图　（b）实物图

图 2-10　表面组装电阻器外形

表面组装排阻器是多个电阻器按一定电路规律封装在一起的元件，又称网络电阻，如图 2-11 所示。片状排阻器内的各电阻器阻值大小相等，常用于一些电路结构相同、电阻值相同的电路中。

表面组装电阻器体积小，识读阻值时可用镊子取出，用放大镜读出电阻值。检测时将万用表的表笔磨尖，选择适当的欧姆挡位，用两表笔接触表面组装电阻器的两焊接处即可。

（2）表面组装电容器。表面组装电容器按外形、结构和用途可分为数百种。在实际应用中，表面组装电容器中 80%是瓷介电容器，其次是表面组装电解电容器，贴片有机薄膜和贴片云母电容器则很少。

图 2-11　局部电路板上的表面组装排阻器

瓷介电容器少数为单层结构，大多数为多层叠状结构，电路中常采用“C×××”标示，如图 2-12 所示。钽电解器简称钽电容，多为矩形，额定电压为 4～50V，最高容量为 330pF，印有深色标志线的一端为正极（+）。常见的表面组装式钽电解器有黑色和黄色两种。由于其体积小、容量大，常用于笔记本式计算机的滤波电路中，并且在其表体上标识电容量和耐压等参数，如图 2-13 所示。

图 2-12　局部电路板上的表面安装电容器

图 2-13　表面组装钽电解电容器

表面组装固态电解电容器同贴片式钽电解电容器一样，局部电路板上的表面组装电容器也是有极性的电容器，有着明显标识的为负极，或通过橡胶垫缺角来辨识正极。这种电容器采用了导电性更高的有机半导体或导电性高的分子材料，取代了铝电解电容器中的电解液，受温度的影响小，并采用了环氧树脂或橡胶垫封口，寿命大大延长。表面组装固态电解电容器被广泛应用于新型数码产品电路板的电源滤波电路中，如图 2-14 所示。

表面组装电容器的检测方法与 DIP 封装形式的电容器的检测方法相同，只是在路检测时不能用高压挡，在检测手机、计算机电路板时要特别注意。

表面组装电容器容量标示常采用直接标注、3 位数码法及字母数字混合法。采用 3 位数码法标注时，其电容量单位为 pF。例如，标注“107”表示电容量为 10×10^{7}pF。采用直接标注和字母数字混合法标注时，其电容量单位为μF。例如，标注 3R3、10 分别表

图 2-14　局部电路板上的表面组装固态电解电容器

示电容量为 3.3pF、10pF。

（3）表面组装电感器。表面组装电感器同直插电感器一样，在电路中起扼流、退耦、滤波、调谐、延迟、补偿等作用。片式电感器的种类较多，按形状可分为矩形、圆柱形，如图 2-15 所示。

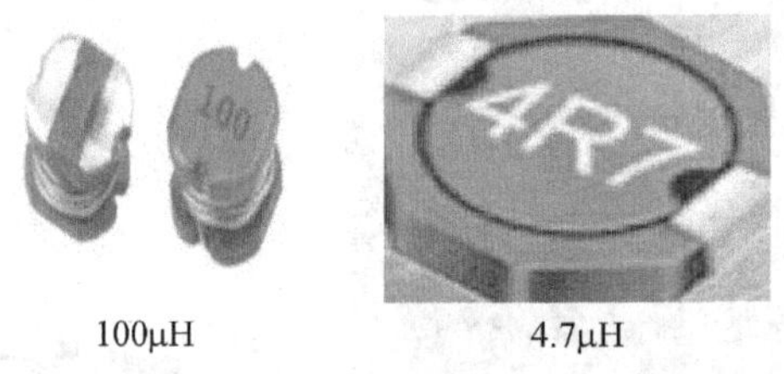

100μH　　4.7μH

图 2-15　表面组装电感器外观及标示

表面组装电感器常用字母、数字混合法或 3 位数值标出电感量。小功率电感量有 nH 及μH 两种单位，分别用 N（nH）或 R（μH）表示小数点，如标注 4N7、10N、R47 分别表示电感量为 4.7nH、10nH、0.47μH。

表面组装电容器的检测方法与 DIP 封装形式的电容器的检测方法相同。

2）表面组装元件的封装

（1）表面组装电阻器、电容器的封装尺寸。表面组装电阻器、电容器常以外形尺寸的长、宽来标志它们的大小，英制单位为 in（1in≈0.0254m），公制单位为 mm。例如，英制外形尺寸为 0.12in×0.06in 时，尺寸号为 1206。表面组装电阻器、电容器常见的封装尺寸见表 2-7。

表 2-7　表面组装电阻器、电容器的封装尺寸

尺寸规格	长（L）/mm	宽（W）/mm	高（H）/mm	端头宽度（T）/mm
0201	0.6±0.03	0.3±0.03	0.3±0.03	0.15～0.18
0402	1.0±0.03	0.5±0.03	0.3±0.03	0.3±0.03
0603	1.56±0.03	0.8±0.03	0.4±0.03	0.3±0.03

续表

尺寸规格	长（L）/mm	宽（W）/mm	高（H）/mm	端头宽度（T）/mm
0805	1.8～2.2	1.0～1.4	0.3～0.7	0.3～0.6
01206	3.0～3.4	1.4～1.8	0.4～0.7	0.4～0.7
1210	3.0～3.4	2.3～2.7	0.4～0.7	0.4～0.7
1812（电容器）	4.2～4.8	3.0～3.4	1.7	0.4～0.7
1815（电容器）	4.2～4.8	6.0～6.8	1.7	0.4～0.7

（2）绕线型表面组装电感器封装尺寸。常见厂商的绕线型表面组装电感器的封装尺寸及主要性能见表 2-8。

表 2-8　绕线型表面组装电感器的封装尺寸及主要性能

厂家	型号	尺寸/（mm×mm×mm）	L/h	Q	磁路结构
TOKO	43CSSROL	4.5×3.5×3.0	1～410	50	—
Nurata	LQNSN	5.0×4.0×3.15	10～330	50	—
TDK	NL322522	3.2×2.5×2.2	0.12～100	20～50	开磁路
TDK	NL453232	4.5×3.2×3.2	0.12～100	20～50	开磁路
TDK	NL453232	4.5×3.2×3.2	1.0～1000	20～50	闭磁路
Siemens	—	4.8×4.0×3.5	0.1～470	50	闭磁路
Coiecraft	—	2.5×2.0×1.9	0.1～1	3～50	开磁路
Pieonics	—	4.0×3.2×3.2	0.01～1000	20～50	闭磁路

4. *表面组装器件及其封装*

1）表面组装器件

常用的表面组装器件有表面组装二极管、表面组装晶体管、表面组装集成电路等。

（1）表面组装二极管。表面组装二极管有两端、三端、四端引线等几种，即表面组装二极管可以分为单二极管和双二极管两种，如图 2-16 和图 2-17 所示。表面组装二极管本体多为黑色，表体上用白色标记其型号代码，如图 2-16 所示的“A2”和图 2-18 所示的“N”、“N20”、“P1”均表示表面组装二极管的型号代码。

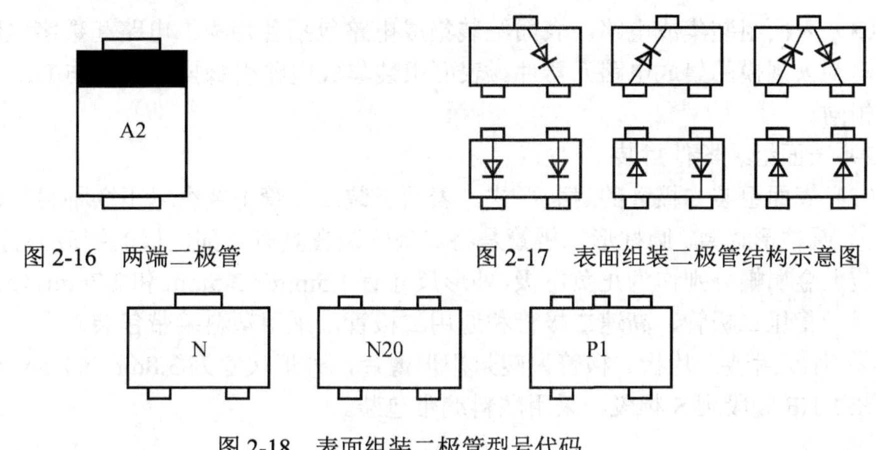

图 2-16　两端二极管

图 2-17　表面组装二极管结构示意图

图 2-18　表面组装二极管型号代码

表面组装二极管型号需查对相应生产企业的 SMD 适用手册，其引脚极性、材料及质量的检测方法与 DIP 封装二极管检测方法相同，但要注意区分表面组装双二极管与表面组装晶体管，表面组装双二极管无放大能力。

（2）表面组装晶体管。表面组装晶体管一般可分 3 种，即 SOT23、SOT89、SOT143。其中，SOT23、SOT89 较为常见，其引脚分布成两排，有 3 个电极与 4 个电极两种，常见排列如图 2-19 所示。符号相同的两电极是相通的，相当于一个电极。

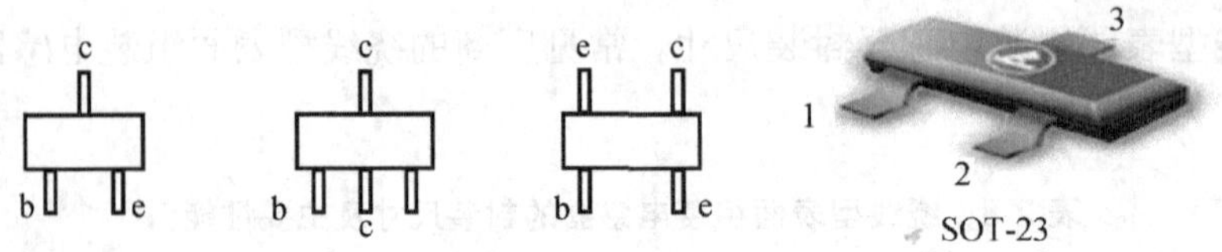

（a）表面安装三极管的管脚分布示意图　（b）表面安装三极管实物图

图 2-19　表面组装晶体管型号代码

表面组装晶体管引脚极性、材料及质量的检测方法与 DIP 封装形式的晶体管检测方法相同。SMD 元器件体积很小，元器件型号常用代码表示，其型号代码见表 2-9。

表 2-9　表面组装晶体管的型号代码

DIP 型号	SMD 型号	DIP 型号	SMD 型号	DIP 型号	SMD 型号
9011	1T	S8050	J3Y	BC846B	1B
9012	2T	S8050	2TY	BC857A	3E
9013	J3	2SA1015	BA	2SA733	CS
9014	J6	2SC1815	HF	UN2112	V2
9015	M6	2SA945	CR	2SC3356	R23
9016	Y6	5401	2L	2SC3838	AD
9018	J8	5551	G1	MMBT3904	1AM
8050	Y1	MMBT2222	1P	MMBT3906	2A
8050	Y2	BC846A	1A	BC847A	1E

（3）表面组装集成电路。表面组装集成电路包括各种模拟电路和数字电路，以及从小规模到大规模的集成电路元器件。表面组装集成电路引脚排列读法与 DIP 形式的集成电路相同。

2）表面组装器件封装

（1）表面组装二极管的封装形式。表面组装二极管主要有以下 3 种封装形式。

① 圆柱形封装。圆柱形二极管是将二极管装在具有内部电极的细玻璃管中，玻璃管两端装上金属帽分别作为正负电极，外形尺寸有 1.5mm×3.5mm 和 2.7mm×5.2mm 两种，通常用于稳压二极管、高速二极管和通用二极管，采用塑料编带包装。

② 片状封装。片状二极管为塑封矩形薄片，外形尺寸为 3.8mm×1.5mm×1.1mm，可用在 VHF 频段到 S 频段，采用塑料编带包装。

③ SOT-23 封装。二极管的 SOT-23 封装形式多用于复合型二极管，也用于高速二极管和高压二极管。

（2）表面组装晶体管的封装形式。主要有 SOT-23、SOT-89、SOT-143、TO-252 等。

（3）表面组装集成电路的封装形式。

① 小外形封装 SOP。集成电路 SOP 电路又称为 SOIC，由双列直插式封装 DIP 演变而来，有“翼形”端子与“J 形”端子两种。“J 形”端子封装又称 SOJ，如图 2-20（a）、图 2-20（b）所示。SOP 封装常见于线性电路、逻辑电路、随机存储器，其性能和外形尺寸参见相关元器件手册。

② 有引线塑封芯片（PLCC）。它是由 DIP 演变而来的，当端子超过 40 时便采用有端子塑封芯片载体“J 形”封装，如图 2-20（c）所示。这类电路常见于逻辑电路、微处理器阵列、标准单元，其性能和外形尺寸参见相关元器件手册。

③ 多引线方形扁平封装（QFP）。它是为适应 IC 内容增多、I/O 数量增多而出现的一种封装形式，由日本人首先发明，目前已被广泛使用，并由日本工业协会制定出相关标准。QFP 的外形有方形和矩形两种，如图 2-20（d）所示。

④ 陶瓷芯片载体封装（LCCC）。使用它封装的芯片是全密封的，具有很好的环境保护作用，一般用于军品中。陶瓷芯片载体分为无引线和有引线两种结构，前者也称为 LCCC，后者也称为 LDEC，但因 LDEC 生产工艺繁琐，不适应大批量成产，现已很少使用。

⑤ 门阵列式球形封装（BGA）。20 世纪 80 年代中后期至 90 年代，以 QFP 封装为代表的周边端子型集成电路得到很大发展和广泛应用，QFP 的尺寸、端子数目和端子间距已达到了极限，为了适应 I/O 数的快速增长，20 世纪 90 年代初美国和日本共同开发了新的封装形式——门列阵式球形封装。BGA 的端子成球形阵列分布在封装的底面，因此它可以有较多端子，且端子间距较大，如图 2-20（f）所示。

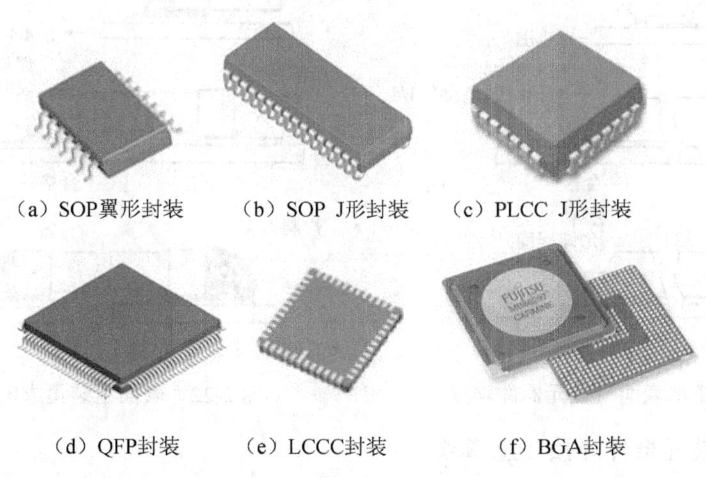

（a）SOP翼形封装　（b）SOP J形封装　（c）PLCC J形封装

（d）QFP封装　（e）LCCC封装　（f）BGA封装

图 2-20　表面组装集成电路的几种封装形式

2.2.2 手工贴片焊接工艺

现在越来越多的电路板采用表面组装元器件，同传统的封装相比，它可以减少电路板的面积，易于大批量加工，布线密度高。贴片电阻和电容的引线电感大大减少，在高频电路中具有很大的优越性。但表面组装元器件不便于手工焊接。尽管目前表面组装元器件的焊接大多采用全自动或半自动焊接，但是在产品的研发阶段和产品维修时常常需要用到手工焊接。

1. 手工贴片焊接工艺

1）贴片元器件焊接所需的工具和材料

手工焊接表面元器件所需的主要工具有恒温电烙铁、小镊子、带放大镜的台灯等，所需要的材料主要有细焊锡线、助焊剂（松香）、酒精、棉签等。

焊接工具需要用 25W 的铜头小烙铁，有条件的可使用温度可调和带 ESD 保护的焊台，注意烙铁尖要细，顶部的宽度不能大于 1mm。尖头镊子可以用来移动和固定芯片及检查电路，还要准备细焊丝和助焊剂、异丙基酒精等。使用助焊剂的目的主要是增加焊锡的流动性，这样焊锡可以用烙铁牵引，并依靠表面张力的作用光滑地包裹在引脚和焊盘上，在焊接后用异丙基酒精清除板上的焊剂。

2）表面组装元器件焊接质量要求

表面组装元器件焊接质量要求与插装元器件焊接质量要求基本相同，要求焊点、焊料的焊接面呈半弓形凹面，焊料与焊接面交界处平滑，接触角尽可能小，无裂纹、针孔、夹渣，表面要有光泽、光滑。

表面组装元器件尺寸小，安装精确度和密度高，焊接质量要求更高。两种典型表面组装元器件焊点质量要求如图 2-21 和图 2-22 所示。

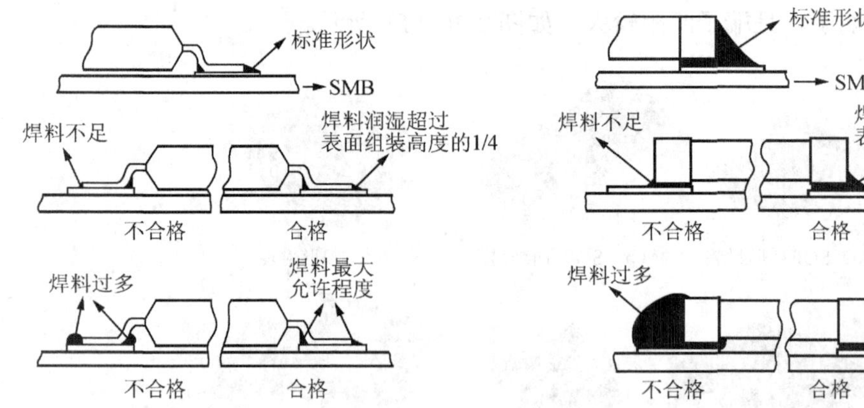

图 2-21 矩形表面组装元器件焊点　　图 2-22 表面组装集成电路焊点

3）表面组装元器件焊接注意事项

（1）烙铁头的温度要适当，不同温度的烙铁头放在松香块上会产生不同的现象，一般来说，松香熔化较快又不冒烟时的温度较为适宜。

（2）焊接时间要适当，从加热焊接点到焊料熔化并布满焊盘，一般在 2～3s 内完成。

（3）焊料使用要适当，焊接点上的焊料使用过多或过少都会影响焊接质量。

（4）焊接时开始焊料要少，待焊接点达到焊接温度时再补充焊料，迅速完成焊接。

（5）在焊接点上的焊料尚未完成凝固时，不能移动元器件，否则会使焊接点变形，出现虚焊现象。

（6）焊接时不能烫坏周围导线的塑胶绝缘层及元器件的表面。

（7）焊接完毕后，应及时清理锡渣，及时做好焊接后的清洁工作。

（8）焊接完成后要检查焊接质量。

焊接完成后，需要检查是否存在漏焊、拉尖、裂纹、焊盘脱落、连焊、焊点凹凸不平、焊锡过多、焊锡过少、焊点的光泽度不好等情况。

4）贴片元器件焊接步骤

（1）在焊接之前先在焊盘上涂上助焊剂，用烙铁处理一遍，以免焊盘镀锡不良或被氧化，造成不好焊接情况，芯片则一般不需处理。

（2）用镊子小心地将 QFP 芯片放到 PCB 上，注意不要损坏引脚。使其与焊盘对齐，要保证芯片的放置方向正确。把烙铁的温度调到 300℃左右，将烙铁头尖沾上少量的焊锡，用工具向下按住已对准位置的芯片，在两个对角位置的引脚上加少量的焊锡，仍然向下按住芯片，焊接两个对角位置上的引脚，使芯片固定而不能移动。在焊完对角后重新检查芯片的位置是否对准。如有必要可进行调整或拆除并重新在 PCB 上对准位置。

（3）开始焊接所有的引脚时，应在烙铁尖上加上焊锡，将所有的引脚涂上焊锡使引脚保持湿润。用烙铁尖接触芯片每个引脚的末端，直到看见焊锡流入引脚。在焊接时要保持烙铁尖与被焊引脚并行，防止因焊锡过量而发生搭接。

（4）焊完所有的引脚后，用助焊剂浸湿所有引脚以便清洗焊锡。在需要的地方吸掉多余的焊锡，以消除任何可能的短路和搭接。最后用镊子检查是否有虚焊，检查完成后，从电路板上清除助焊剂，将硬毛刷浸上异丙基酒精沿引脚方向仔细擦拭，直到焊剂消失为止。

贴片阻容元器件则相对容易焊一些，可以先在一个焊点上点上锡，然后放上元器件的一头，用镊子夹住元器件，焊上一头之后，再检查是否放正了。如果已放正，就再焊上另外一头。如果引脚很细，则在第（2）步时可以先对芯片引脚加锡，然后用镊子夹好芯片，在桌边轻磕，剔除多余焊锡，在第（3）步时电烙铁不用上锡，用烙铁直接焊接。当完成一块电路板的焊接工作后，就要对电路板上的焊点质量进行检查、修理、补焊。

5）修板、返修方法

（1）虚焊、桥接、拉尖、不润湿、焊料量少等焊点缺陷的修整：用细毛笔蘸助焊剂涂在元器件焊点上；用扁铲形烙铁头加热焊点，将元器件焊端、焊盘之间的焊料熔化，消除虚焊、拉尖、不润湿等焊点缺陷，使焊点光滑、完整。

（2）桥接的修整：在桥接处涂适量助焊剂，用烙铁头加热桥接处焊点，待焊料熔化后缓慢向外或向焊点的一侧拖拉，使桥接的焊点分开。

（3）锡量少的焊点的修整：用烙铁头加热熔化焊料量少的焊点，同时加少许ϕ0.5～0.8mm 的焊锡丝，焊锡丝碰到烙铁头时应迅速离开，否则焊料会加得太多。

（4）芯片元件吊桥、元件移位的修整：用细毛笔蘸助焊剂涂在元器件焊点上，用镊子夹持吊桥或移位的元件，用马蹄形烙铁头加热元件两端焊点，焊点熔化后立即将元件的两个焊端移到相对应焊盘位置上，烙铁头离开焊点后再松开镊子。操作不熟练时，先用马蹄形烙铁头加热元件两端焊点，熔化后将元件取下来，再清除焊盘上残留的焊锡，最后重新焊接元件。修整时注意烙铁头不要直接碰触元件的焊端，元件只能按以上方法修整一次，而且烙铁不能长时间接触两端的焊点，否则容易造成元件脱帽（端头被焊锡蚀掉）。

（5）三焊端的电位器、SOT、SSOP、SOJ 移位的返修（无返修设备时）：用细毛笔蘸助焊剂涂在器件两侧的所有引脚焊点上；用双片扁铲式马蹄形烙铁头同时加热器件两端所有引脚焊点；待焊点完全熔化（数秒钟）后，用镊子夹持器件立即离开焊盘；用烙铁将焊盘和器件引脚上残留的焊锡清理干净、平整；用镊子夹持器件，对准极性和方向，使引脚与焊盘对齐，居中贴放在相应的焊盘上，用扁铲形烙铁头先焊牢器件斜对角 1 或 2 个引脚；涂助焊剂，从第一条引脚开始顺序向下缓慢匀速拖拉烙铁，同时加少许ϕ0.5～0.8mm 焊锡丝，将器件两侧引脚全部焊牢。焊接 SOJ 时，烙铁头与器件应成小于 45° 的角，在 J 形引脚弯曲面与焊盘交接处进行焊接。

（6）PLCC 和 QFP 表面组装器件移位的返修。在没有维修工作站的情况下，可采用以下方法返修。首先检查器件周围有无影响方形烙铁头操作的元件，应先将这些元件拆卸，待返修完毕再焊上将其复位；用细毛笔蘸助焊剂涂在器件四周的所有引脚焊点上；选择与器件尺寸相匹配的四方形烙铁头（小尺寸器件用 35W，大尺寸器件用 50W，可自制或采购）在四方形烙铁头端面上加适量焊锡，扣在需要拆卸器件引脚的焊点处，四方形烙铁头要放平，必须同时加热器件所有引脚焊点；待焊点完全熔化（数秒钟）后，用镊子夹持器件立即离开焊盘和烙铁头；用烙铁将焊盘和器件引脚上残留的焊锡清理干净、平整；用镊子夹持器件，对准极性和方向，将引脚对齐焊盘，居中贴放在相应的焊盘上，对准后用镊子按住不要移动；用扁铲形烙铁头先焊牢器件斜对角的 1 或 2 个引脚，以固定器件位置，确认准确后，用细毛笔蘸助焊剂涂在器件四周的所有引脚和焊盘上，沿引脚与焊盘交接处从第一条引脚开始顺序向下缓慢匀速拖拉，同时加少许ϕ0.5～0.8mm 的焊锡丝，用此方法将器件四侧引脚全部焊牢。

焊接 PLCC 器件时，烙铁头与器件应成小于45°，在 J 形引脚弯曲面与焊盘交接处进行焊接。

2. 拆焊工艺

1）小元件的拆卸

（1）将线路固定，仔细观察欲拆卸的小元件的位置。

（2）将小元件周围的杂质清理干净，加注少许松香水。

（3）调节热风枪温度为 270℃，风速在 1～2 挡。

（4）距离小元件 2～3cm，对小元件进行均匀加热。

（5）待小元件周围焊锡熔化后用手指钳将小元件取下。

2）集成电路的拆卸

（1）将电路板固定，仔细观察欲拆卸集成电路的位置和方位，并做好记录，以便焊

接时恢复。

（2）用小刷子将贴片集成电路周围的杂质清理干净，往贴片集成电路周围加注少许松香水。

（3）调好热风枪的温度和风速，温度一般为 300～350℃，风速开关为 2～3 挡。

（4）喷头和所拆集成电路保持垂直，并沿集成电路周围引脚慢速旋转，均匀加热，待集成电路的引脚焊锡全部熔化后，用医用针头或手指钳将集成电路掀起或镊走，且不可用力，否则极易损坏集成电路的锡箔。

在大多数不需要小型化的产品上仍然在使用穿孔或混合技术电路板，如电视机、家庭音像设备及数字机顶盒等，因此需要用到波峰焊。从工艺角度上看，波峰焊机器只能提供很少的、最基本的设备来运行参数调整。

2.2.3　电子产品自动焊接工艺

除 SMT 外，目前常用的自动焊接技术还包括浸焊技术、波峰焊技术和再流焊技术。

1. 浸焊

浸焊是指将插装好元器件的印制电路板浸入有熔融状焊料的锡炉内，一次性完成印制电路板上所有焊点的自动焊接过程。

浸焊的特点：操作简单，无漏焊现象，生产效率高，但容易造成虚焊，需要补焊修正焊点。焊槽温度掌握不当时，会导致印制电路板起翘、变形，元器件损坏。

浸焊可分为手工浸焊和机器浸焊。

1）手工浸焊

手工浸焊是由人手持夹具夹住插装好的 PCB，人工完成浸锡的方法，其工艺流程为：插装元器件→喷涂焊剂→浸焊→冷却剪脚→检查修补，具体操作过程如下。

（1）加热，使锡炉中的锡温控制在 250℃左右。

（2）在 PCB 上涂一层（或浸一层）助焊剂。

（3）用夹具夹住 PCB 浸入锡炉中，使焊盘表面与 PCB 接触，浸锡厚度以 PCB 厚度的 1/2～2/3 为宜，浸锡的时间 3～5s。

（4）以 PCB 与锡面成 5°～10°使 PCB 离开锡面，略微冷却后检查焊接质量。如有较多的焊点未焊好，要重复浸锡一次，对只有个别不良焊点的 PCB 可用手工补焊。注意要经常刮去锡炉表面的锡渣，保持良好的焊接状态，以免因锡渣的产生而影响 PCB 的干净度及清洗问题。

手工浸焊的特点：设备简单、投入少，但效率低，焊接质量与操作人员熟练程度有关，易出现漏焊，焊接有贴片的 PCB 较难取得良好的效果。

2）机器浸焊

机器浸焊焊接步骤如图 2-23 所示。

机器浸焊是用机器代替手工夹具夹住插装好的 PCB 进行浸焊的方法。当所焊接的电路板面积大，元器件多，无法靠手工夹具夹住浸焊时，可采用机器浸焊。

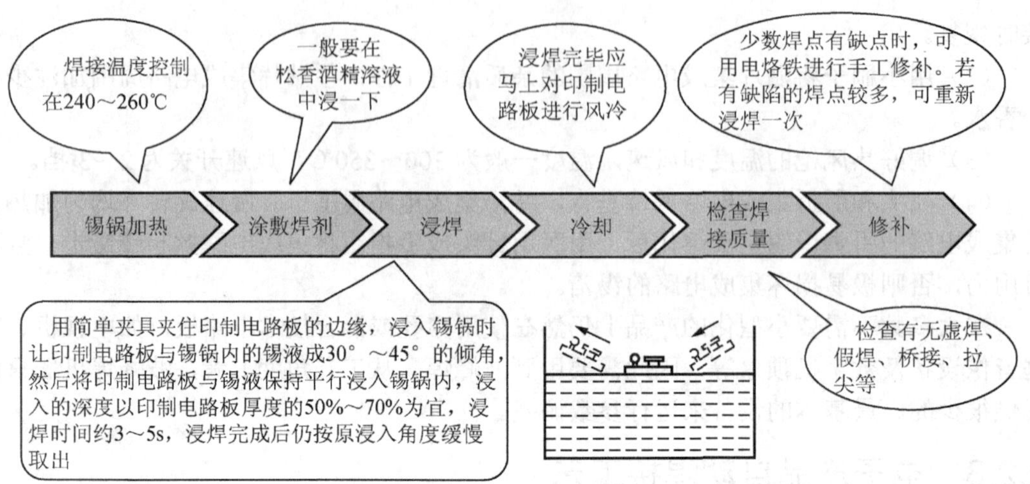

图 2-23　浸焊步骤

机器浸焊的过程：线路板在浸焊机内运行至锡炉上方时，锡炉作上下运动或 PCB 作上下运动，使 PCB 浸入锡炉焊料内，浸入深度为 PCB 厚度的 1/2～2/3，浸锡时间 3～5s，然后 PCB 离开浸锡机，完成焊接。

该方法主要用于电视机主板等面积较大的电路板焊接，以此代替高波峰机，减少锡渣量，并且板面受热均匀，变形相对较小。

知识拓展：手浸型锡炉简介及浸焊要求

1. 手浸型锡炉简介

手浸型锡炉在使用过程中，如果不注意保养或错误操作易造成冷焊、短路、假焊等各种问题。在此就手浸型锡炉常见问题及相应对策简述如下。

（1）助焊剂的正确使用。助焊剂的质量好坏往往会直接影响焊接质量。另外，助焊剂的活性与浓度对焊接也会产生一定的影响。倘若助焊剂的活性太强或浓度太高，不但会造成助焊剂的浪费，而且在 PCB 第一次过锡时，会造成零件脚上焊锡残留过多，也会造成焊锡的浪费。若助焊剂调配得太稀，会造成机板吃锡不好及焊接不良等情况产生。调配助焊剂时，一般先用助焊剂原样去试，然后逐步添加稀释剂，直至添加稀释剂焊接效果会变差时，再稍稍添加稀释剂，然后再试，直至效果最好时为止，这时用比例计测其相对体积质量，以后调配时把握此值即可。另外，助焊剂在刚倒入助焊槽使用时可不添加稀释剂，待工作一段时间其浓度略为升高时，再添加稀释剂调配。在工作过程中，因助焊剂往往离锡炉较近，易造成助焊剂中稀释剂的挥发，使助焊剂的浓度升高，故应经常测量助焊剂的相对体积质量，并适时添加稀释剂调配。

（2）PCB 浸入助焊剂时不可太多，尽量避免 PCB 表面触及助焊剂。正常操作应使助焊剂浸及零件脚的 2/3 左右即可。因为助焊剂相对体积、质量比焊锡小许多，所以零件脚浸入锡液时，助焊剂会顺着零件脚往上推，直至 PCB 表面。如果浸及助焊剂过多，不但会造成锡液上助焊剂有残留污垢，影响锡液的质量，而且会造成 PCB 反正面都有大量助焊剂残留。如果助焊剂的抗阻性能不够或遇潮湿环境，极易造成导电现象，影响产品质量。

（3）浸锡时应注意操作姿势。尽量避免将 PCB 垂直浸入锡液，当 PCB 垂直浸入锡面时，易造

成“浮件”产生。另外，容易产生“锡爆”（轻微时会有“噗噗”的声音，严重时会有锡液溅起，其主要原因是 PCB 浸锡前未经预热，当 PCB 上有零件较为密集时，冷空气会遇热迅速膨胀，从而造成锡爆现象）。正确操作应是将 PCB 与锡液表面成 30° 斜角浸入，当 PCB 与锡液接触时，慢慢向前推动 PCB，使 PCB 与液面呈垂直状态，然后以 30° 角拉起。

（4）波峰炉由电动机带动，不断将锡液通过两层网的压力使其喷起，形成波峰。这使锡铅合金始终处于良好的工作状态。而手动型锡炉属于静态锡炉，因为锡铅的相对体积质量不同，长时间的液态静置会使锡铅分离，影响焊接效果。所以，建议用户在使用过程中经常搅动锡液（每 2h 左右搅动一次锡液即可），这样会使锡铅合金充分融合，保证焊接效果。

另外，在大量添加锡条时，锡液的局部温度会下降，应暂停工作。等锡炉温度恢复正常后开始工作。最好能有温度计直接测量锡液的温度，因为有些锡炉长期使用已逐渐老化。

2. 浸焊的要求

浸焊时要注意以下要求：

（1）焊点机械强度要足够。用把被焊元器件的引线端子打弯后再焊接的方法可增加机械强度。

（2）焊接可靠，保证导电性能。为使焊点有良好的导电性能，必须防止虚焊。虚焊是指焊料与被焊物表面没有形成合金结构，只是简单地依附在被焊金属的表面上，如图 2-24（b）所示。

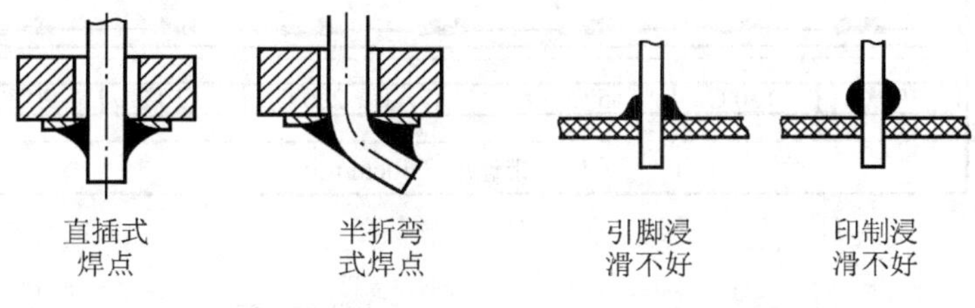

图 2-24　焊点

（3）焊点上焊料应适当。焊料过少机械强度不够，过多会浪费焊料，并容易造成焊点短路。

（4）焊点表面应有良好的光泽，主要跟使用温度和助焊剂有关。

（5）焊点要光滑、无毛刺和空隙。

（6）焊点表面应清洁。

2. 再流焊

再流焊也称回流焊，是伴随微型化电子产品的出现而发展起来的焊接技术，主要应用于各类表面组装元器件的焊接。这种焊接技术的焊料是焊锡膏。预先在电路板的焊盘上涂上适量和适当形式的焊锡膏，再把表面组装元器件贴放到相应的位置。焊锡膏具有一定黏性，使元器件固定，让贴装好元器件的电路板进入再流焊设备。再流焊设备的传送系统带动电路板通过设备里各个设定的温度区域，焊锡膏经过干燥、预热、熔化、润湿、冷却，将元器件焊接到印制电路板上。

该工艺流程的特点是简单、快捷，有利于产品体积的减小。

锡膏-再流焊工艺流程如图 2-25 所示。

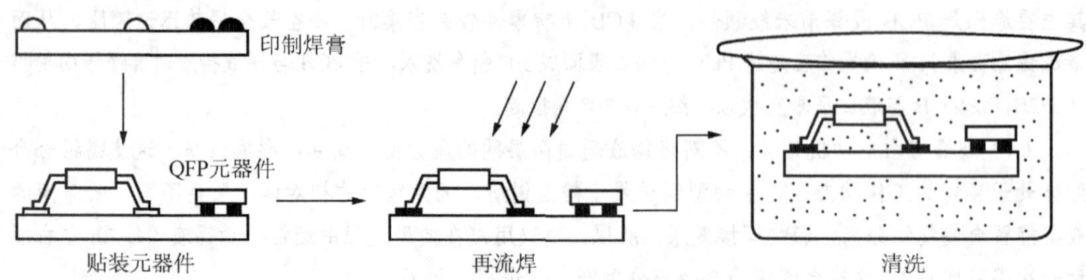

图 2-25 锡膏-再流焊工艺流程图

知识拓展：温度曲线

温度曲线是指 SMA 通过再流炉时 SMA 上某一点的温度随时间变化的曲线。温度曲线提供了一种直观的方法，来分析某个元器件在整个再流焊过程中的温度变化情况，这对于获得最佳的可焊性，避免由于超温而对元器件造成损坏，以及保证焊接质量都非常有用，如图 2-26 所示。

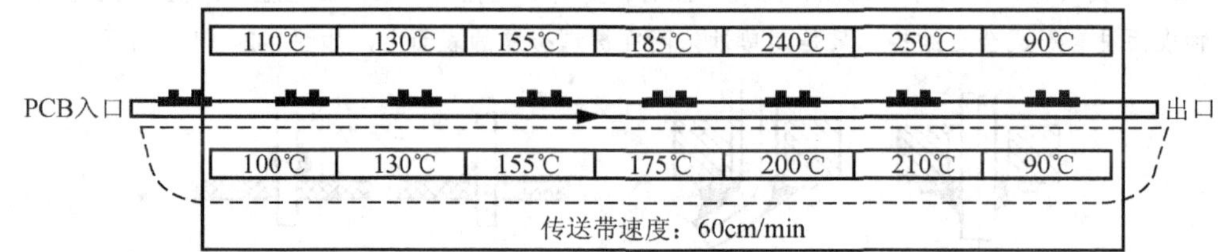

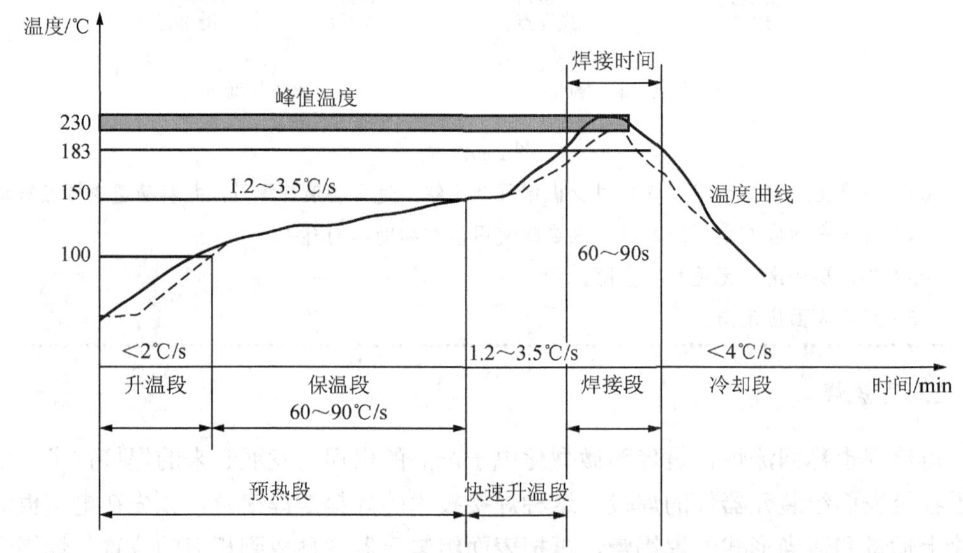

图 2-26 再流焊温度曲线

1. 预热段

该区域的目的是把室温的 PCB 尽快加热，以达到第二个特定目标，但升温速率要控制在适当范围以内，如果过快，会产生热冲击，电路板和元器件都可能受损；过慢，则溶剂挥发不充分，影响

焊接质量。由于加热速度较快，在温区的后段 SMA 内的温差较大。为防止热冲击对元器件的损伤，一般规定最大速度为 4℃/s。然而，通常上升速率设定为 1～3℃/s，典型的升温速率为 2℃/s。

2. 保温段

保温段是指温度从 120～150℃升至焊膏熔点的区域。其主要目的是使 SMA 内各元器件的温度趋于稳定，尽量减少温差。在这个区域里给予足够的时间，使较大元器件的温度赶上较小元器件，并保证焊膏中的助焊剂得到充分挥发。保温段结束时，焊盘、焊料球及元件引脚上的氧化物被除去，整个电路板的温度达到平衡。应注意的是，SMA 上所有元器件在这一段结束时应具有相同的温度，否则进入到再流段时将会因为各部分温度不均产生各种不良焊接现象。

3. 再流段

在这一区域里加热器的温度设置得最高，使组件的温度快速上升至峰值温度。在再流段，其焊接峰值温度视所用焊膏的不同而不同，一般推荐为焊膏的熔点温度加 20～40℃。对于熔点为 183℃的 63Sn/37Pb 焊膏和熔点为 179℃的 Sn62/Pb36/Ag2 焊膏而言，峰值温度一般为 210～230℃。再流时间不要过长，以防对 SMA 造成不良影响。理想的温度曲线是超过焊锡熔点的“尖端区”覆盖的面积最小。

4. 冷却段

这一区域中焊膏内的铅锡粉末已经熔化并充分润湿被连接表面，应该用尽可能快的速度来进行冷却，这样将有助于得到明亮的焊点，并有好的外形和低的接触角度。缓慢冷却会导致电路板更多分解而进入锡中，从而产生灰暗毛糙的焊点。在极端的情形下，它能引起沾锡不良而减弱焊点结合力。冷却段降温速率一般为 3～10℃/s，冷却至 75℃即可。

知识拓展：再流焊相关焊接缺陷及原因分析

1. 桥联

焊接加热过程中也会产生焊料塌边，这个情况出现在预热和主加热两种场合，当预热温度在几十至 100℃范围内时，作为焊料中成分之一的溶剂会降低黏度而流出。如果其流出的趋势是十分强烈的，则会同时将焊料颗粒挤出焊区外，焊料颗粒在熔融时如不能返回到焊区内，也会形成滞留的焊料球。除上面的因素外，SMD 端电极是否平整良好、电路板布线设计与焊区间距是否规范、阻焊剂涂敷方法的选择和其涂敷精度等都是造成桥联的原因。

2. 立碑（曼哈顿现象）

片式元器件在遭受急速加热时会发生翘立现象，这是因为急热使元器件两端存在温差，电极端一边的焊料完全熔融后获得良好的湿润，而另一边的焊料未完全熔融而引起湿润不良，这样促进了元器件的翘立。因此，加热时要从时间要素的角度考虑，使水平方向的加热形成均衡的温度分布，避免急热的产生。防止元器件翘立的主要措施有以下几点：

（1）选择黏接力强的焊料，焊料的印刷精度和元器件的贴装精度也需提高。

（2）元器件的外部电极需要有良好的湿润性和湿润稳定性。推荐温度在 40℃以下，湿度在 70%RH 以下，进厂元器件的使用期不可超过 6 个月。

（3）采用小的焊区宽度尺寸，以减少焊料熔融时对元器件端部产生的表面张力。另外，可适当减小焊料的印刷厚度，如选用 100μm 。

（4）焊接温度管理条件设定也是元器件翘立的一个因素。通常，加热时要均匀，特别在元器件两连接端的焊接圆角形成之前，均衡加热不可出现波动。

3. 润湿不良

这是指焊接过程中焊料和电路基板的焊区（铜箔）或 SMD 的外部电极，经浸润后不生成相互间的反应层，而造成漏焊或少焊故障。其中大多是焊区表面受到污染或沾上阻焊剂，或是被接合物表面生成的金属化合物层而引起的。譬如，银的表面有硫化物、锡的表面有氧化物，这样都会产生润湿不良。另外，焊料中残留的铝、锌、镉等超过 0.005%以上时，由于焊剂的吸湿作用使活化程度降低，也会发生润湿不良。因此，在焊接基板表面和元器件表面要做好防污措施，选择合适的焊料，并设定合理的焊接温度曲线。

3. 波峰焊

波峰焊是指将熔化的软钎焊料（铅锡合金），经电动泵或电磁泵喷流成设计要求的焊料波峰，亦可通过向焊料池注入氮气来形成，使预先装有元器件的印制电路板通过焊料波峰，实现元器件焊端或引脚与印制电路板焊盘之间机械与电气连接的软钎焊。根据机器使用的不同几何形状的波峰，波峰焊系统可分为多种。

波峰焊有两种形式，即双向波峰焊接、单向波峰焊接，如图 2-27 所示。

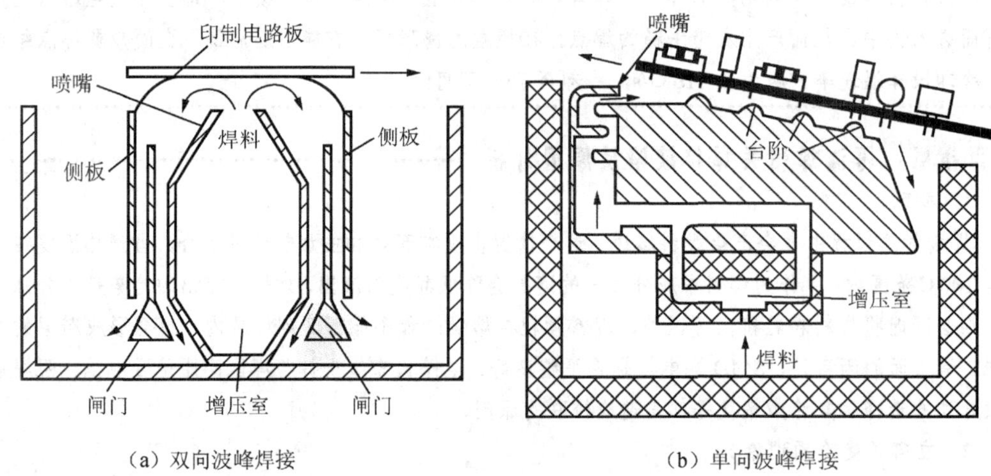

（a）双向波峰焊接　　（b）单向波峰焊接

图 2-27　波峰焊的两种形式

波峰焊流程：将元器件插入相应的元器件孔中→预涂助焊剂→预烘（温度 90～100℃，长度 1～1.2m）→波峰焊（220～240℃）→切除多余插件脚→检查。

该工艺的流程的特点是充分利用了双面板的空间，使得电子产品的体积进一步减小，且仍使用价格低廉的通孔元器件。但设备要求增多，波峰焊过程中缺陷较多，难以实现高密度组装。贴片-波峰焊工艺流程如图 2-28 所示。

波峰焊接时应注意以下操作。

① 按时清除锡渣：可在熔融的焊料中加入防氧化剂，还可使锡渣还原成纯锡。

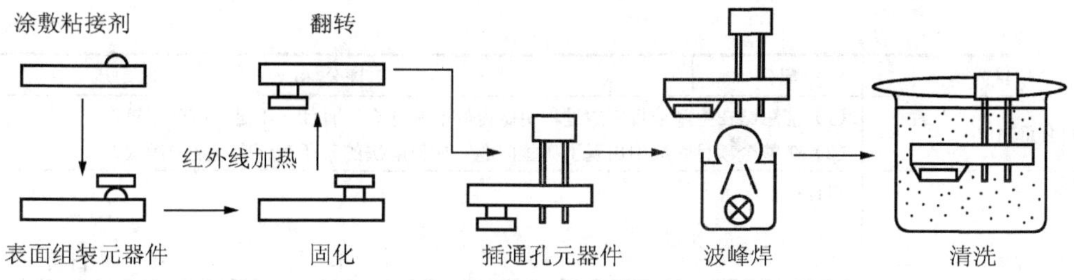

图 2-28 贴片-波峰焊工艺流程

② 波峰的高度：焊料波峰的高度最好调节到印制电路板厚度的 1/2～2/3 处。

③ 焊接速度和焊接角度：一般控制在 0.3～1.2m/min 为宜，印制电路板与焊料波峰的倾角约为 6°。

④ 焊接温度：通常焊接温度控制为 230～260℃。

⑤ 冷却：一般采用风扇冷却。

⑥ 清洗：目前普遍使用的清洗方法有液相清洗法和气相清洗法。

波峰焊随着人们对环境保护意识的增强有了新的焊接工艺。以前采用的是锡铅合金，但是铅是重金属，对人体有很大的伤害，于是现在出现了无铅工艺。它采用了锡银铜合金和特殊的助焊剂且要求有更高的预热温度。这里要说明一点，在 PCB 过焊接区后要设立一个冷却区工作站，这一方面是为了防止热冲击；另一方面，如果有 ICT，会对检测有影响。

SMT 主要采用波峰焊和再流焊两种工艺，在实际生产中，根据所用元器件和生产装备类型及产品的需求，可单一或者混合使用，以满足不同产品生产的需要。波峰焊工艺对贴片精度要求较高，生产过程自动化程度要求也较高，适合大批量生产。再流焊工艺较为灵活，既适用于中小型批量生产，也可用于大批量型生产。

项 目 考 核

项目内容	配分	评分标准	
贴片收音机的制作与调试	80 分	（1）工具及仪表使用不当 （2）元器件识别与检测的方法不正确 （3）不能检测出元器件的好坏及类别 （4）损坏元器件 （5）焊点质量 （6）不会绘制电子线路图 （7）不会绘制 PCB 图 （8）产品总装不合格 （9）作业一次未完成	每次扣 5 分 扣 20 分 每只扣 10 分 每只扣 10～20 分 每次扣 5 分 扣 20 分 扣 10 分 扣 10 分 每次扣 20 分
学习态度，协作精神和职业道德	20 分		
安全文明生产与 6S 生产管理	违反安全文明操作规程扣 10～60 分		
定额时间	训练时不允许超时，每超 5min（不足 5min 时以 5min 计）扣 5 分		
备注	除额定时间外，各项内容的最高扣分不得超过配分数		

续表

<table>
<tr><th>项目内容</th><th>配分</th><th>评分标准</th></tr>
<tr><td>自我总结</td><td colspan="2">（1）请总结在整个项目完成过程中做得好的是什么？有什么不足？有何打算？
（2）在整个项目完成中出现了哪些问题？如何解决的？还有什么问题未解决？</td></tr>
<tr><td rowspan="3">项目评价</td><td colspan="2">自评：
本人签字： 日期：</td></tr>
<tr><td colspan="2">同组互评：
组长签字： 日期：</td></tr>
<tr><td colspan="2">教师评价：
教师签字： 日期：</td></tr>
</table>

思考练习题

1. 试简述表面组装技术的含义、产生背景以及发展简史。

2. SMT 技术的特点和主要技术参数有哪些？当前 SMT 在哪些方面取得了新的发展？

3. 试写出下列 SMC 元件的长和宽（mm）：

3216________；2012________；1608________；1005________。

4. 试说明下列 SMC 元件的含义：

3216C________；3216R________。

5. 常用的表面组装器件有哪些？试叙述表面组装器件的封装形式，并注意收集新出现的封装形式。

6. 请说明表面安装元器件焊接注意事项。

7. 试叙述表面组装器件的焊接步骤。

8. 试总结表面组装器件的焊接方法。

9. 装卸表面安装元器件，一般需要哪些专用工具？自动恒温电烙铁的加热头有哪些类型？如何正确选择？

10. SMT 工艺对黏合剂有何要求？SMT 工艺常用的黏合剂有哪些？

11. 试说明黏合剂的涂覆方法和固化方法。

12. 什么叫浸焊？浸焊的特点是什么？简述手工浸焊具体操作步骤，并画出机器浸焊工艺流程图。

13. 什么叫再流焊？主要用在什么元件的焊接上？请总结再流焊的工艺特点与要求。

14. 什么叫波峰焊？主要有哪几种形式？请总结波峰焊接的注意事项。

15. 试叙述 SMT 印制板机器浸焊的工艺流程。

16. 试叙述 SMT 印制板波峰焊的工艺流程。

17. 试叙述 SMT 印制板再流焊的工艺流程。

18. 请叙述手工焊接 SMT 元器件与焊接 THT 元器件有哪些不同。手工焊接 SMT

元器件时，怎样设定电烙铁的温度？

19. SMT 焊接材料有哪些？

20. 试说明黏合剂种类和特点。黏合剂的涂敷方法和固化方法有哪些？

21. 什么是焊粉？什么是焊膏？常用的焊锡膏有哪些品种？选用焊锡膏的依据是什么？

22. 焊锡膏在管理和使用时应注意哪些问题？

23. 请总结焊接 SMT 电路板常用工具的种类及用途是什么？检修 SMT 电路板对工具提出哪些要求？

项目3

数字万年历的制作与调试

知识目标

1. 掌握集成电路、电声器件、表面组装元器件、其他元器件的种类和封装。
2. 了解常用电子材料基本知识，电子材料正确选择和合理使用方法。
3. 熟悉印制电路板的组装工艺和要求。
4. 熟悉面板、机壳装配、散热件、屏蔽装置的装配工艺及其他连接工艺。
5. 掌握数字万年历的组成及工作原理。

能力目标

1. 会集成电路、表面组装元器件的手工焊接。
2. 会集成电路、电声器件、表面组装元器件等的识别和检测。
3. 会导线加工与焊接。
4. 会电子线路制图与制版。
5. 能完成数字万年历的装接与调试。
6. 会数字万年历总装与性能测试。

3.1 数字万年历制作步骤

3.1.1 数字万年历工作原理分析

数字万年历是一种应用非常广泛的日常计时工具，在现代社会使用越来越多。它可以对年、月、日、星期、时、分、秒计时，还具有闰年补偿等多种功能。本系统选用日历时钟芯片 T2518DD3 作为实时时钟芯片，为本系统提供详细的年、月、日、星期、小时、分钟等时间信息。该电路采用 AT89S52 单片机作为核心，功耗小，能在 3V 的低压下工作，可选用 3～5V 电压供电。

本系统硬件部分由 AT89S52 单片机、T2518DD3 时钟芯片、数码管显示器、键盘、蜂鸣器系统等部分构成。用 C51 语言编写语音代码，包括时间设置、时间显示、定时设置、定时闹钟。采用 AT89S52 作为主控单片机，时钟模块选用 T2518DD3 作为时钟芯片，显示模块采用 LED 数码管，设置部分选用按键电路。数字万年历电路原理图如图 3-1 所示。

AT89S52 与 MCS-51 单片机产品兼容、8KB 在系统可编程 Flash 存储器、1000 次擦写周期、全静态操作、0～33Hz、三级加密程序存储器、32 个可编程 I/O 口线、3 个 16 位定时器/计数器、8 个中断源、全双工 UART 串行通道、低功耗空闲和掉电模式、掉电后中断可唤醒、看门狗定时器、双数据指针、掉电标识符。图 3-2 为 AT89S52 单片机引脚功能电路图。

T2518DD3 实时时钟芯片功能丰富，可以用来直接代替 IBM PC 上的时钟日历芯片 T2518DD3。由于 T2518DD3 能够自动产生世纪、年、月、日、时、分、秒等时间信息，其内部又增加了世纪寄存器，利用硬件电路解决了“千年”问题。其内部时间信息还能够保持 10 年之久。对于一天内的时间记录，有 12 小时制和 24 小时制两种模式。用户还可对 T2518DD3 进行编程以实现多种方波输出，并可对其内部的 3 路中断通过软件进行屏蔽。

1. 蜂鸣器闹铃电路

当单片机给蜂鸣器一个低电平时，晶体管导通，驱动蜂鸣器发出声音作为定时闹铃。其电路如图 3-3 所示。

2. 按键调整电路

系统 4 个独立键盘均采用查询方式，S2 用于设置年、月、日、时、分、秒、星期的数值加及闹钟开；S3 用于设置年、月、日、时、分、秒、星期的数值减及闹钟关；S1 用于具体设置时钟位数的切换；S4 键用于设置闹钟，其电路图如图 3-4 所示。

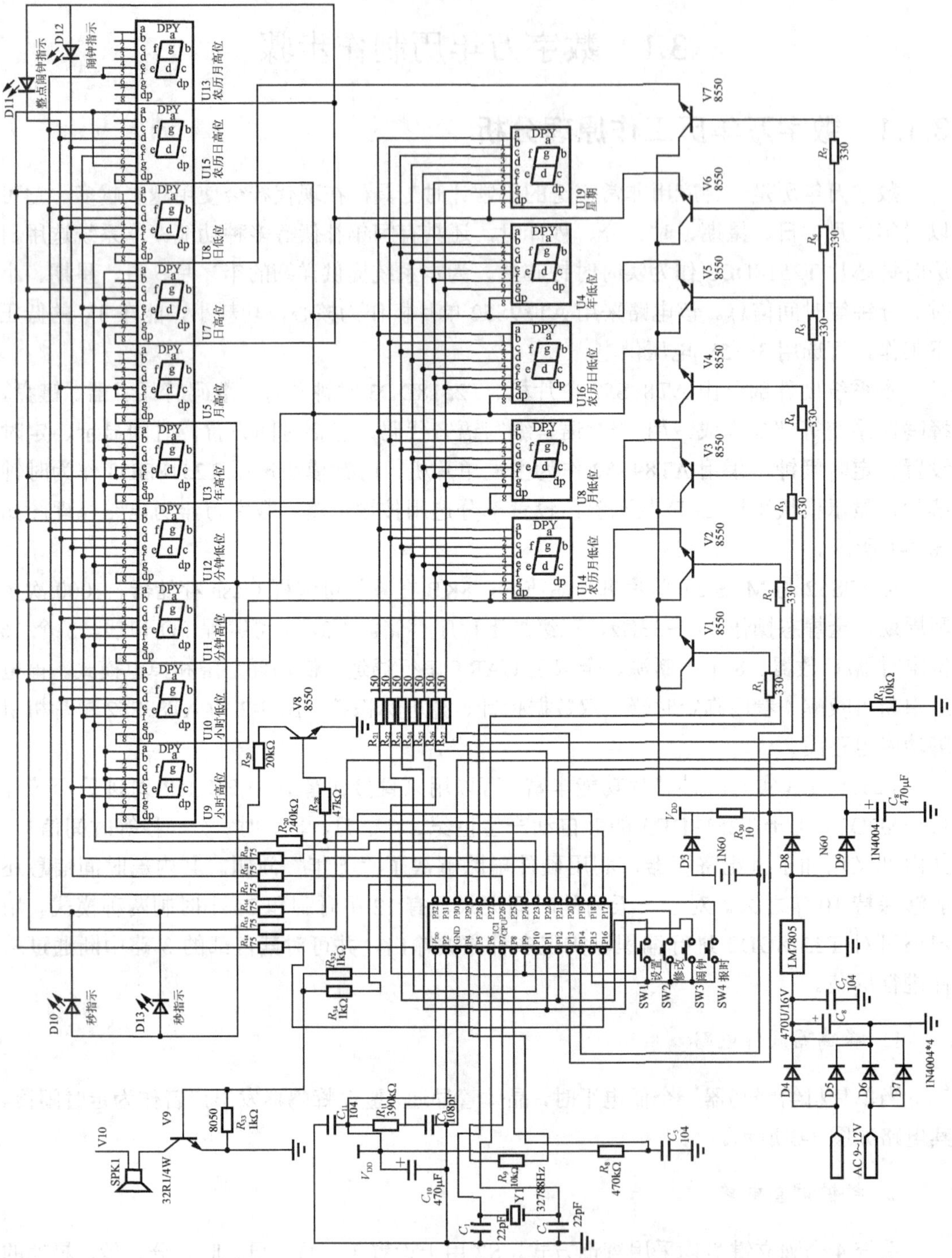

图 3-1 数字万年历电路原理图

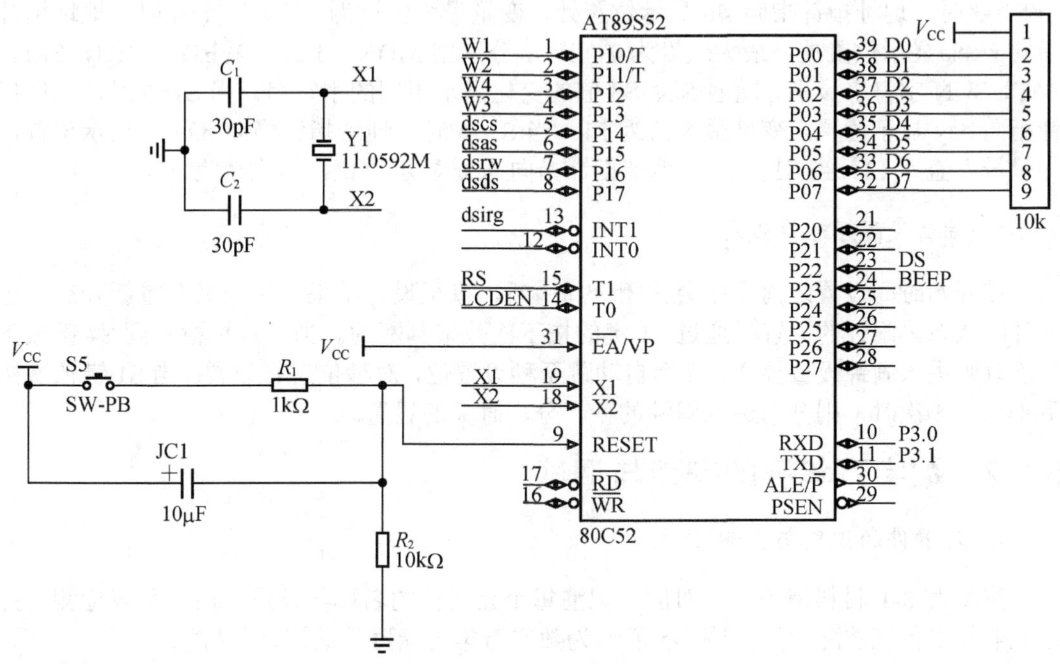

图 3-2　AT89S52 单片机引脚功能电路图

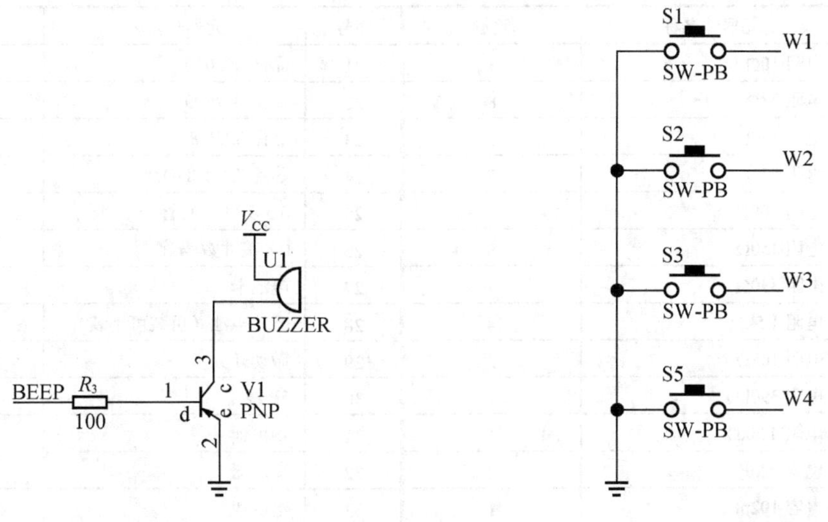

图 3-3　蜂鸣器连接电路

图 3-4　按键电路连接

3. 时间设置子程序流程

通过单片机判断 S1 按下的次数来设置，由 S1 num 标志位来记录次数，用 if 语句判断执行命令。系统程序不断扫描键盘，当 S1 按下后产生一个低电平，即 S1 num 加 1。在调节时间之前首先进行各个变量初始化，同时设置起始时间，为读取数据做好准备。当 S1=1 时进入秒的设置，地址指针指向 miao 显示位置处，通过两个 if 语句分别循环控制显示秒数的加和减。当 S1=2 时，地址指针指向 fen 显示位置处，变量最大值为 59。

当 S1=3 时，地址指针指向 shi 显示位置处，变量最大值设为 23。当 S1=4 时，地址指针指向 week 显示位置处，最大值设为 7，1～7 分别用 MON、TUE、WED、THU、FRI、SAT、SUN 字符串显示。随着 S2、S3 值的变化显示不同的字符串。当 S1=5 时，地址指针指向 day 显示位置，变量最大值为 31。当 S1=6 时，地址指针指向 month 显示位置，变量最大值为 12。当 S1=7 时，地址指针指向 year 显示位置，最大值为 99。

4. 闹钟设置子程序流程

在开始时间设置之前程序会关闭全局中断，直至设置结束，中断又会重新开启，进入计时状态。闹钟的设置时通过 S1 键的按下次数来判断的。当单片机检测到 S4 键按下一次时则进入闹钟设置界面，光标自动跳至秒设置位，对秒位进行设置。当 S1 键依次按下 1、2、3 次时，则分别进入闹钟的秒、分、时关的设置。

3.1.2 数字万年历的安装与调试

1. 元器件的识别与检测

按照表 3-1 材料清单一一对应，记清每个元器件的名称与外形，用万用表检测、筛选元器件以保证装配质量。图 3-5 所示为数字万年历元器件的识别与检测。

表 3-1 数字万年历材料清单

序号	元器件名称	数量	序号	元器件名称	数量
1	电阻 10Ω	1	21	晶体管 8050	1
2	电阻 33Ω	8	22	稳压器 7805	1
3	电阻 47Ω	3	23	晶振 32.768	1
4	电阻 75Ω	7	24	芯片 T2518DD3	1
5	电阻 100Ω	1	25	0.5 英寸数码管	11
6	电阻 150Ω	8	26	0.8 英寸数码管	4
7	电阻 330Ω	7	27	电池卡	1
8	电阻 1.5kΩ	4	28	圆片电池（可装可不装）	1
9	电阻 10kΩ	2	29	微动开关	4
10	电阻 390kΩ	1	30	5P 线	1
11	电阻 470kΩ	1	31	扬声器	1
12	电容 22pF	2	32	变压器	1
13	电容 102pF	1	33	电源线	1
14	电容 181pF	1	34	细线	2
15	电容 104pF	2	35	3×6 自动螺钉	8
16	电容 470μF/16V	3	36	3×6 带垫片自攻螺钉	2
17	二极管 4004	5	37	3×10 自攻螺钉	6
18	二极管 1N60	2	38	电路板	2
19	发光二极管	4	39	面板	4
20	晶体管 8550	8	40	机壳	1

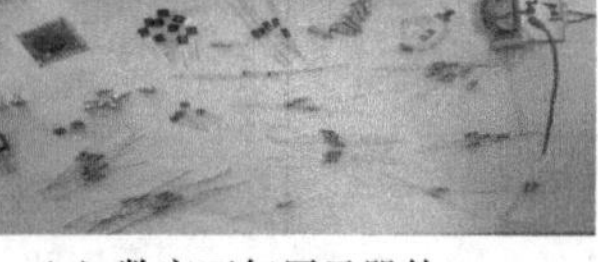

（a）数字万年历元器件　　　　（b）电子元器件的检测

图 3-5　数字万年历元器件的识别与检测

2. 印制电路板的设计与制作

利用 Protel 99SE 绘图软件，绘制电子线路原理图，设置元器件封装，创建网表，完成数字万年历 PCB 的设计，制作 PCB，如图 3-6 所示。

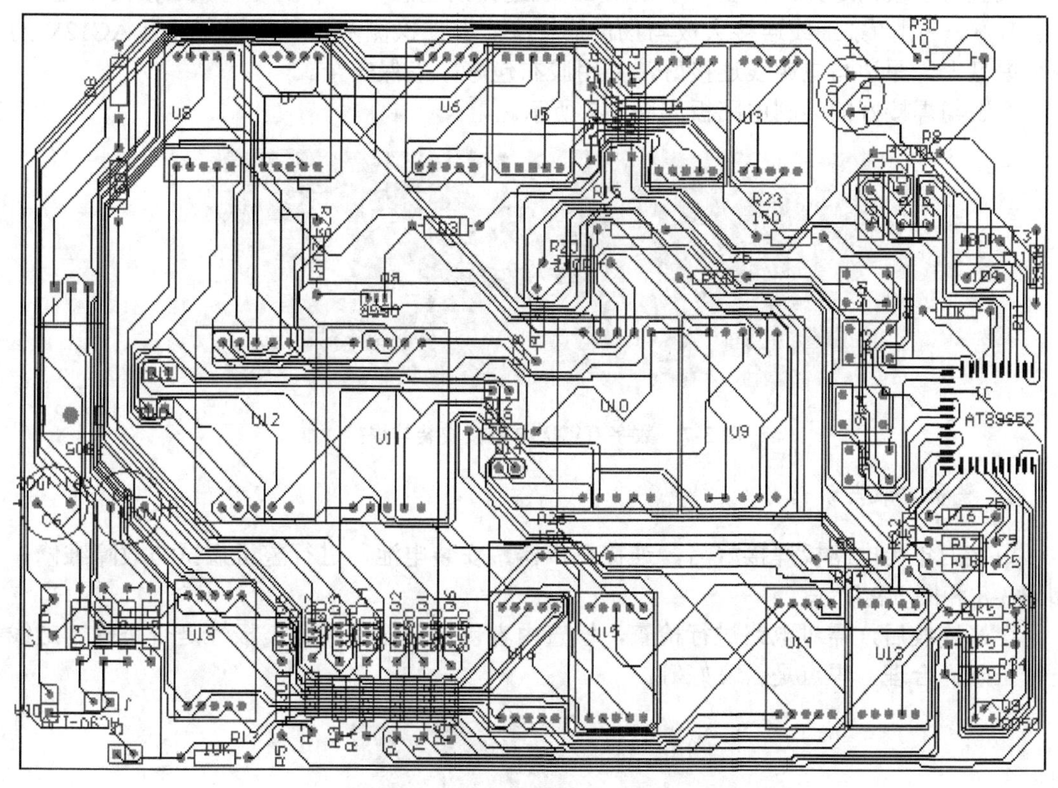

图 3-6　数字万年历的 PCB

通常，应根据电路板的尺寸选用元器件的型号、规格等进行布局，并且电路板上的所有元器件排列应均匀、整齐、紧凑，位于电路板边缘的元器件离边缘的距离应大于 2mm，元器件布局应使走线方便，不出现交叉，以方便电路的调试。刚开始学习元器件布局时，可以以电路原理图的元器件排列方式布放元器件。

3. 印制电路板的安装与焊接

通孔元器件安装的一般原则如下：

（1）从低到高对元器件进行整形。

（2）保持整齐，同类元器件高度要一致。

（3）元器件一般要贴紧电路板。

元器件的引脚长度要适中。首先安装 43 只电阻和 7 个二极管，用剪下来的电阻或二极管引脚制作 15 条过线并焊接在 PCB 上，再焊圆片电容、晶体管、数码管、……3 只电解电容器和三端稳压器（7805）（这 4 个元器件不能高过数码管的高度，所以应让这 4 个元器件平躺在电路板上焊接），最后焊接 CPU 芯片。焊 CPU 芯片时最好断电焊接，以免感应电压击穿 CPU。

大板与小板的连接：大板与小板用 5P 线连接，注意大、小板之间的连接要 1 连 1、2 连 2、……用两条细线连接大板与扬声器；变压器二次侧两条引线焊在标有 AC12V 的两个焊盘上，原边与电源线连接好，并用胶布包好，确保安全。

安装与焊接好的印制电路板如图 3-7 所示。

图 3-7　数字万年历电路板安装与焊接

4. 整机安装与调试

数字万年历电路板焊接好后，连接扬声器，安装电池，进行整机调试与故障维修，如图 3-8 和图 3-9 所示。

焊好连线后，需对电路进行检查，检查内容包括元器件参数、极性是否正确，走线是否正确、合理，焊点是否良好等。

图 3-8　整机安装

图 3-9　整机调试

5. 通电调试

焊接完毕后，先不要装机壳，平放在桌面上，接通电源，这时数码管显示出时间、扬声器也会发出声音。但是所显示的时间不是当时的时间，很可能显示“03 年 月 日……”，这时按小板上的设置键，会看到“年份”闪烁，再按修改键，将年份调到当时的年份；再按设置键，“月份”闪烁，按修改键将月份调整正确；再按设置键，“日期”闪烁，按修改键将日期调整正确；再按设置键，“小时”闪烁，按修改键将小时调整正确；再按设置键，“分钟”闪烁，按修改键将分钟调整正确；再按设置键，即时间调整完毕。这时中间的两个发光管闪烁，即秒闪。农历日期自动跟踪。

6. 定闹设定

按定闹键进入定闹设定状态，这时按设置键，此时“小时”闪烁，按修改键设定小时。再按设置键，此时“分钟”闪烁，按修改键设定分钟，再按退出键恢复正常显示。这时定闹指示灯常亮，即定闹设置完毕。

7. 取消定闹

按定闹键显示设定的定闹时间，这时连续按修改键直到时间显示“-：--”时按退出键，定闹指示灯熄灭即定闹被取消，恢复正常显示。

8. 整点报时

在正常状态下按修改键，整点指示灯亮，表示整点报时已设置完毕。再按修改键，整点指示灯熄灭，表示整点报时已被取消。在设置状态下，如果超过 10s 无操作将自动退出设置状态，恢复正常显示，所有数据有效。

9. 电池的作用与安装

电池只起断电后保持数据的作用，可以不安装，只是断电后再通电要重新调整时间。安装时将圆片电池推入电池卡，注意正极和电池卡连线，负极与其下边的一条过线连接。

10. 整机总装与调试

首先断电，把电源线与变压器的连线断开。将扬声器、变压器、小板、大板都用螺钉固定在后壳内，把电源线从后壳侧面的小孔穿入（打一个结，以防外力拉断电源线与变压器的连接），与变压器原边连接好，并用胶布包好确保安全。这时通电试一下，如果设置的时间正确，则说明主板上的电池起作用了（如果时间又恢复了设置前的显示，则说明电池没电或 D3 接反了）。这时即可放上面板盖上前壳，用 6 个螺钉拧紧即安装成功，如图 3-10 所示。

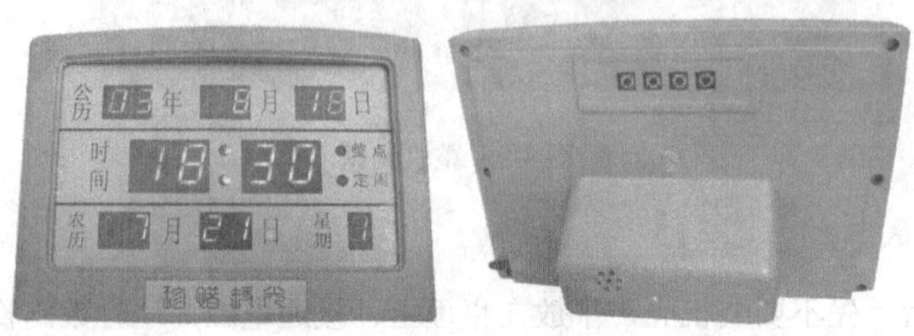

图 3-10　整机总装与调试

3.2　数字万年历制作与调试相关知识

3.2.1　常用开关、接插件、显示器件等的识别与检测

1. 开关和接插件

开关和接插件是用来完成电气连接和断开的元件，能实现信号和电能的传输。合理选择和正确使用开关和接插件，将会大大降低电路的故障率。

1）常用开关

开关在电子设备中做切断、接通或转换电路用。它们的种类、规格很多，且操作方便、价格低廉、工作可靠。这里主要介绍几种常见的机械结构开关，它的外形如图 3-11 所示。

（1）钮子开关：通常为单极双位和双极双位开关。它体积小，操作方便，主要用作电源开关和状态转换开关，其外形如图 3-11（a）所示。

（2）琴键开关：一种积木组合式结构，能做多极多位组合的转换开关，按锁紧形式可分自锁、互锁、无锁 3 种。琴键开关外形结构如图 3-11（b）所示。

（3）按钮开关、分为大、小型，形状有圆形和方形，按下或松开按钮开关，电路就接通或断开，如图 3-11（c）所示。此类开关常用于控制电子设备中的交流接触器。

（4）滑动开关：其内部置有滑块，操作时通过不同的方式带动滑块，使开关触点接通或断开。滑动开关有拨动式、杠杆式、旋转式、推动式及软带式等。其中拨动式和杠杆式最为常用，如图 3-11（d）所示。

（5）薄膜开关：即薄膜按键开关。按基材不同分为软性和硬性两种，按面板类型不同分为键位平面型和凹型两种，根据按键类型不同分为无手感键和有手感键（触觉反馈式）两种。

（6）船型开关：也称波形开关，结构与钮子开关相同。船型开关常用作电子设备的电源开关，有些开关还带有指示灯。

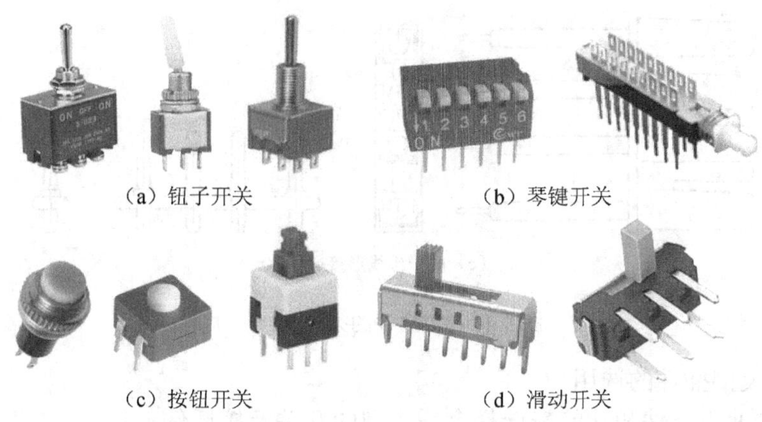
(a) 钮子开关　(b) 琴键开关
(c) 按钮开关　(d) 滑动开关

图 3-11　常见开关的外形

(7) 波段开关：有旋转式、拨动式和按键式 3 种。每种形式的波段开关又可分为若干种规格的刀和位。波段开关的刀和位通过机械结构，可以断开或接通。

(8) 键盘开关：多用于遥控器、计算器中数字信号的快速通断。键盘有数码键、字母键、符号和功能键或它们的组合。

2) 接插件

接插件又称连接器或插头插座。现代电子系统中，要求接插件接触可靠、导电性能好、能够达到一定的插拔寿命等。接插件一般分为插头和插座两部分。相同类型的接插件的插头和插座各自成套，不能与其他类型接插件互换使用。

按其频率可分为低频、高频接插件；按其外形特征可分为圆形、矩形、扁平排线接插件，如图 3-12 所示；按应用场合可分为印制电路板连接器、集成块插头插座，耳机、耳塞插头插座，电源插头插座等。

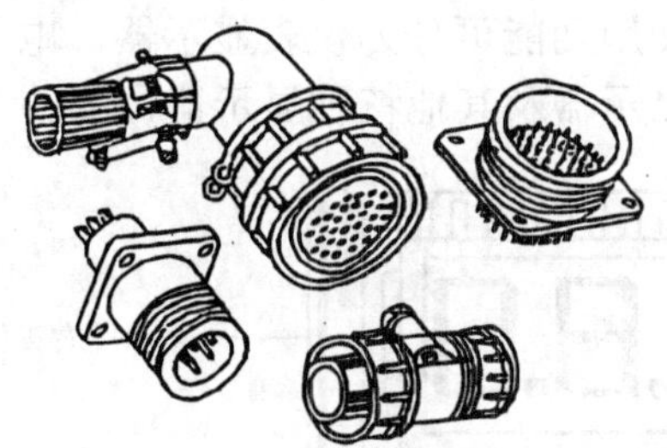
(a) 圆形接插件

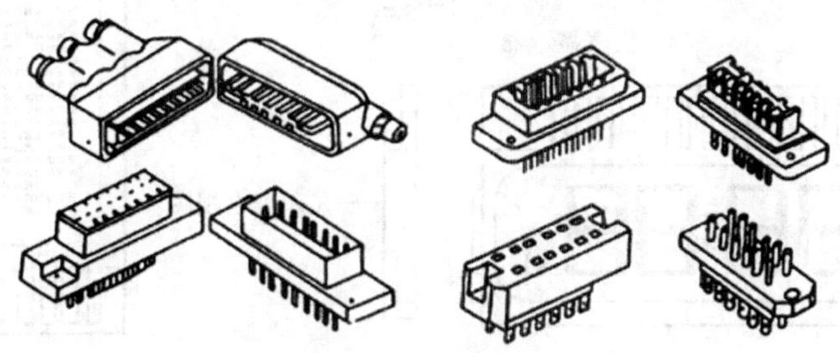
(b) 矩形接插件

图 3-12　接插件的外形

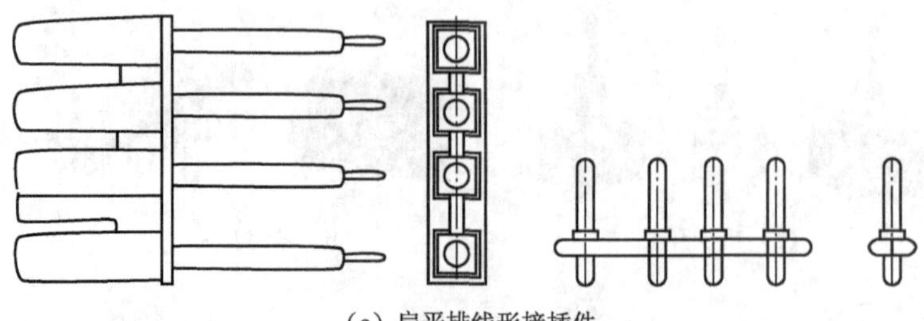

（c）扁平排线形接插件

图 3-12　接插件的外形（续）

3）开关及接插件的选用

（1）根据使用条件和功能来选择合适类型的开关及接插件。

（2）开关、接插件的额定电压、额定电流要留有一定的余量。

（3）尽量选用带定位的接插件，以免插错而造成故障。

（4）触点的接线和焊接要可靠，焊接处应加套管保护。

2. 显示器件

电子显示器件是指将电信号转换为光信号的光电转换器件，即用来显示数字、符号、文字或图像的器件。

1）液晶显示器

（1）特点：液晶显示器本身不会发光，它要借助自然光或外来光才能显示。它具有工作电压低（2～6V）、功耗小、体积小等优点，它的缺点是工作温度范围窄（－10～＋60℃），响应时间和余辉时间较长（ms 级）。

（2）分类：液晶显示器种类很多，按显示驱动方式可分为静态驱动、多路寻址驱动和矩阵式扫描驱动等，按使用功能可分为仪表显示器、电子钟表显示器、电子计算器显示器、点阵显示器、彩色显示器及其他特种显示器，如图 3-13 所示。

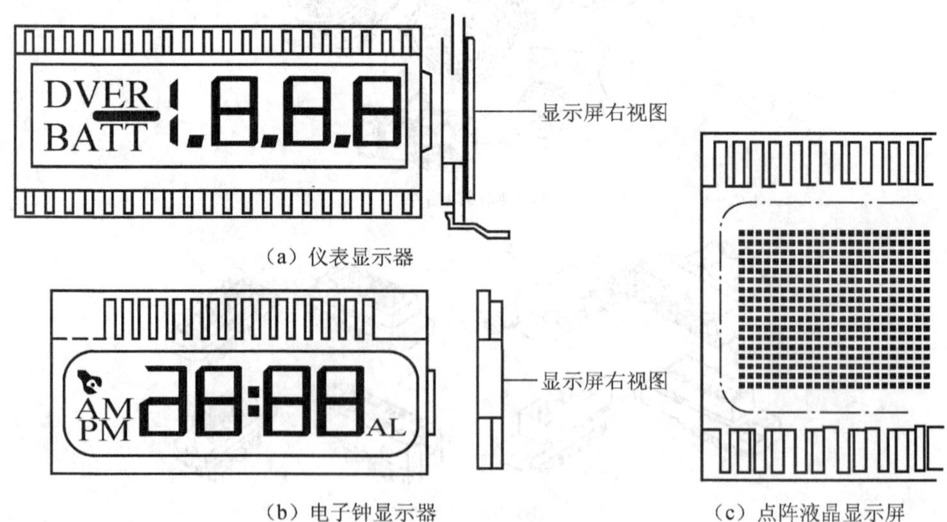

（a）仪表显示器

（b）电子钟显示器

（c）点阵液晶显示屏

图 3-13　常见的液晶显示器

2）LED 数码管

将发光二极管制成条状，再按照一定方式连接组成“8”即可构成 LED 数码管。使用时按规定使某些段上的发光二极管亮，就可组成 0～9 的数字。LED 数码管分共阳极和共阴极两种，内部结构如图 3-14 所示。

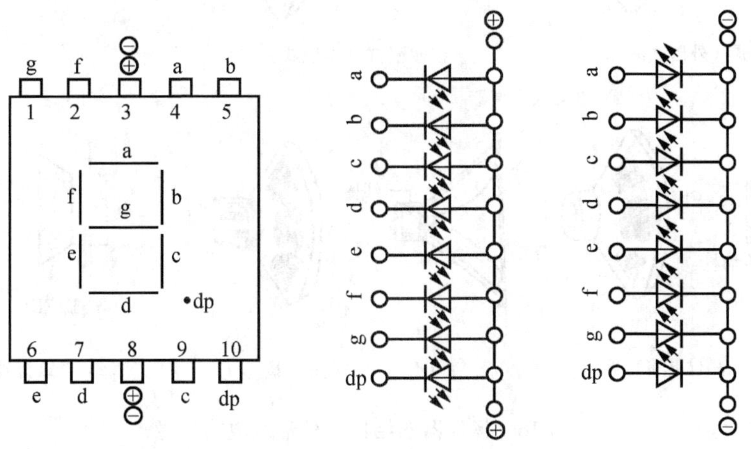

图 3-14　LED 数码管的内部结构

3）荧光显示器

（1）结构：荧光显示器由灯丝、栅极、阳极等组成，如图 3-15 所示。

（2）工作原理：它们组装在真空管中，灯丝电源将直热式阴极加热到 700℃左右，使灯丝表面的氧化物发射电子，电子从阴极射向阳极上的荧光粉涂层，使荧光粉发光。另外，荧光显示器用于显示电视图像时，采用了许多先进技术，大大地改善了图像效果。

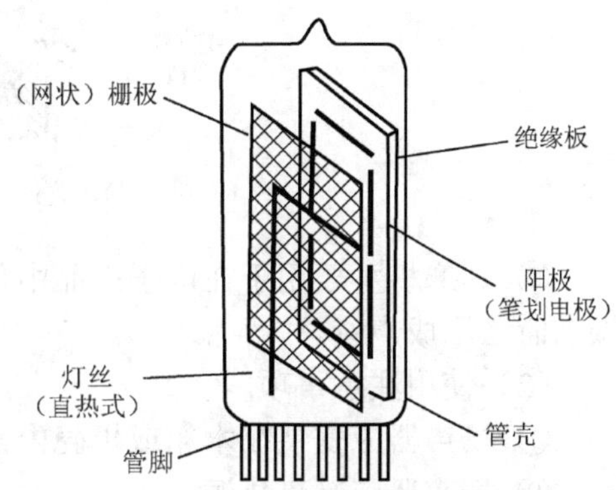

图 3-15　荧光显示器结构

3. 电声器件及磁头

电声器件：在电路中用于完成电信号与声音信号相互转换的元器件。

1）扬声器

扬声器（俗称喇叭），能将电信号转换成声音信号。

（1）扬声器的种类。扬声器根据结构不同可分为电动式、励磁式、舌簧式、晶体压电式。扬声器的结构、外形及电路符号如图 3-16 所示。

① 电动式扬声器按其所采用的磁性材料可分为永磁式和恒磁式两种。永磁式的特点是漏磁少、体积小但价格较贵。恒磁式的特点是漏磁大、体积大，但价格便宜。

电动式扬声器由纸盆、音圈、磁体等组成，如图 3-17 所示。

② 压电陶瓷扬声器主要由压电陶瓷片和纸盆组成，可以制成压电陶瓷扬声器及各种蜂鸣器。

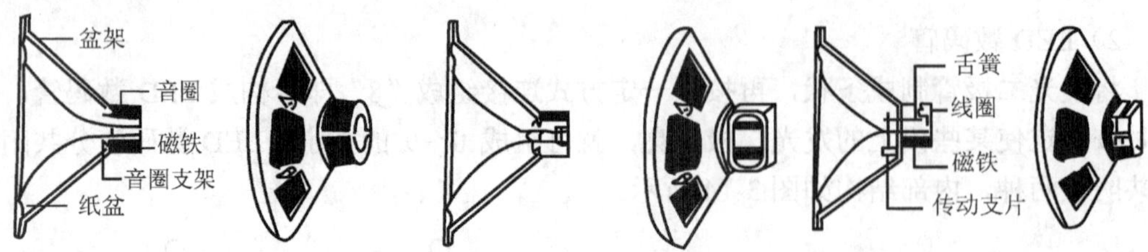

恒磁式（外磁式）　　永磁式（内磁式）

（a）电动式扬声器　　（b）舌簧式扬声器

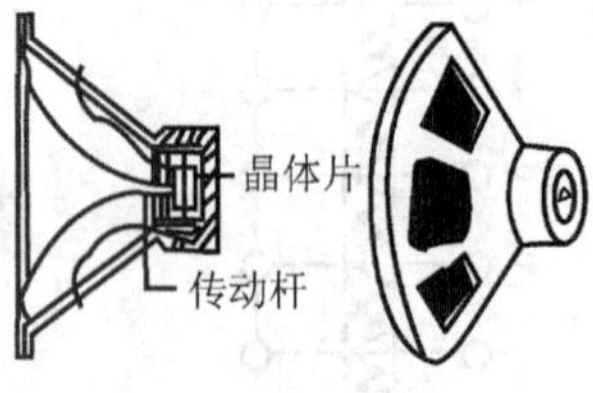

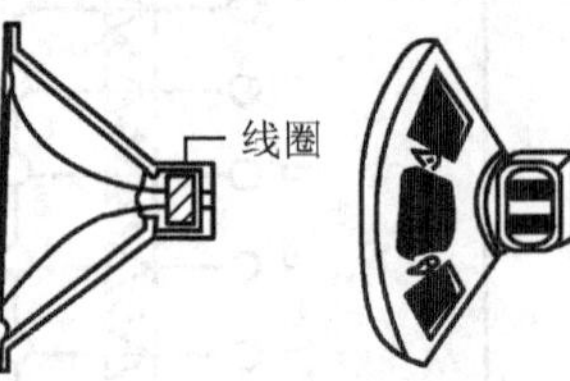

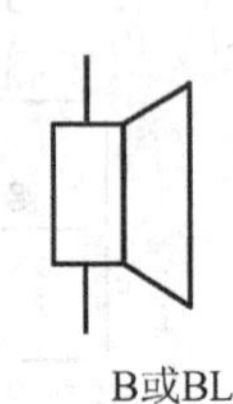

（c）晶体式扬声器　　（d）励磁式扬声器　　（e）电路符号

图 3-16　扬声器的结构、外形及电路符号

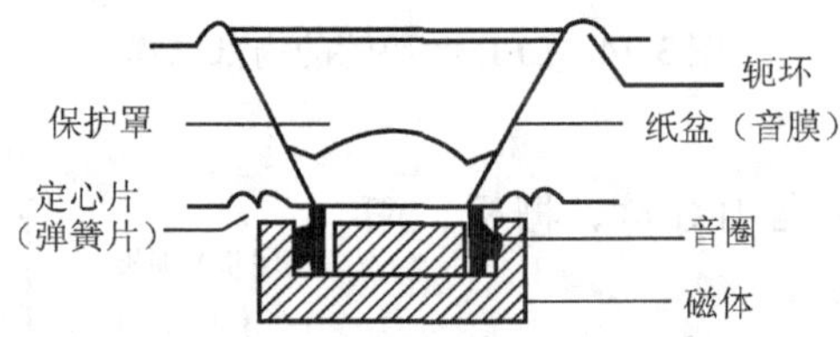

图 3-17　电动扬声器的结构

③ 耳塞机主要用于在电子产品中代替扬声器。它也是借助磁场将音频电流变为机械振动而还原成声音。

（2）使用注意事项。

① 扬声器应安装在木箱或机壳内，以利于扩展音量，改善音质，保护扬声器。

② 扬声器应远离热源。

③ 扬声器应防潮。

④ 扬声器严禁撞击和振动，以免损坏。

⑤ 扬声器长时间的输入电功率不应超过其额定功率。

2）传声器

传声器俗称话筒、麦克风，能将声能转换为电能。

常见传声器有动圈式、晶体式、铝带式、电容式、碳粒式，其中应用最广泛的是动圈式和驻极体电容式传声器。新国家标准规定了传声器的电路符号为 B 或 BM。传声器的电路符号如图 3-18 所示。

（1）动圈式传声器由永久磁铁、音圈、音膜、输出变压器等组成，如图 3-19 所示。动圈式传声器结构坚固，工作稳定，经济耐用，使用十分广泛。

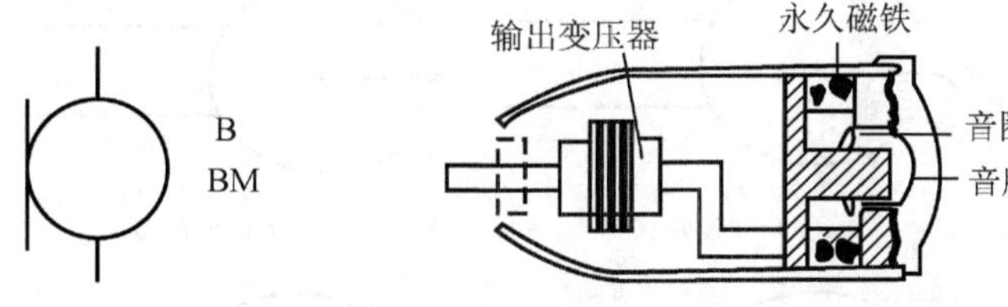

图 3-18　传声器的电路符号　　　图 3-19　动圈式传声器的结构

（2）普通电容式传声器由固定电极与振动膜组成，如图 3-20 所示。这种传声器频率响应好，输出阻抗极高，但结构复杂，又需要供电系统，适合在质量要求高的扩音、录音中使用。

（3）驻极体电容传声器的结构与普通电容式传声器相似，但是它的电极是驻极体，其结构如图 3-21 所示。除具备普通电容式传声器的优良性能外，它还具有结构简单、体极小、耐振、价格低廉、使用方便等特点，因而应用广泛。其缺点是在高温、高湿下寿命较短。

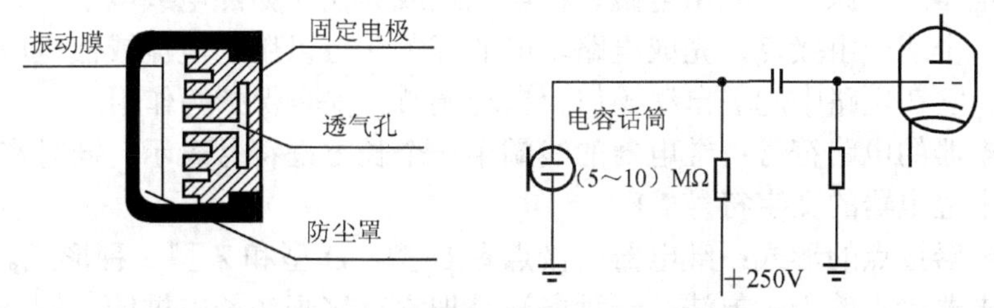

图 3-20　普通电容式传声器的结构

图 3-21　驻极体电容传声器的结构

3）磁头

磁头是磁带录音机和摄像机、录像机、放像机中的关键部件之一。录音机使用音频磁头，而其他则使用视频磁头。

音频磁头根据所起的作用可分为放音磁头、录音磁头、录放磁头、抹音磁头。放音磁头是将从磁带上拾取的剩磁信号转换成电信号；录音磁头是将录音信号（电信号）转换成磁信号；录放磁头既可作为放音磁头使用又可以作为录音磁头使用；抹音磁头又称消音磁头，是将磁带上原有的录音剩磁信号抹去，以便录上新的信号。磁头的电路符号如图 3-22 所示。

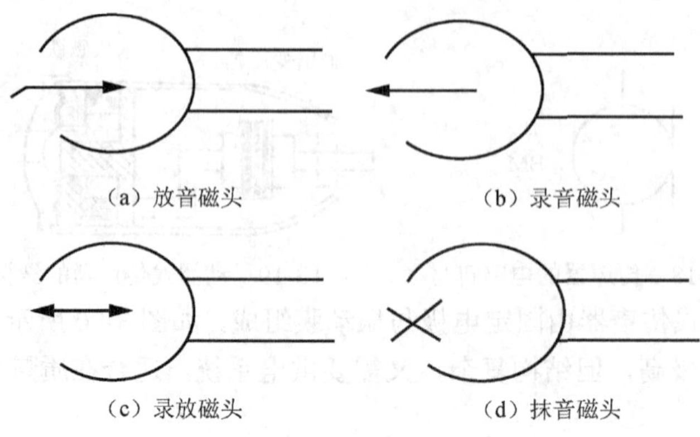

图 3-22　磁头的电路符号

4. 继电器

继电器是自动控制电路中一种常用的开关元件。

(1) 继电器工作原理：利用电磁、机电原理或其他（如热电或电子）方法实现自动接通或断开一个或一组接点，完成电路功能的开关。可以用小电流或低电压来控制大电流或高电压。它在电路中起着自动操作、自动调节、安全保护等作用。

(2) 继电器的电路符号：继电器的线圈用一个长方框符号表示，同时在长方框内或框旁标上这个继电器的文字符号“K”。

(3) 继电器接点的形式：继电器的接点有 H 型、D 型和 Z 型 3 种形式。

(4) 继电器接点的表示方法：一种方法是把它直接画在长方框的一侧，另一种方法是把各个接点分别画在各自的控制电路中。按规定，继电器的接点状态应按线圈不通电时的初始状态画出。

继电器的电路符号及接点表示方法如图 3-23 所示。

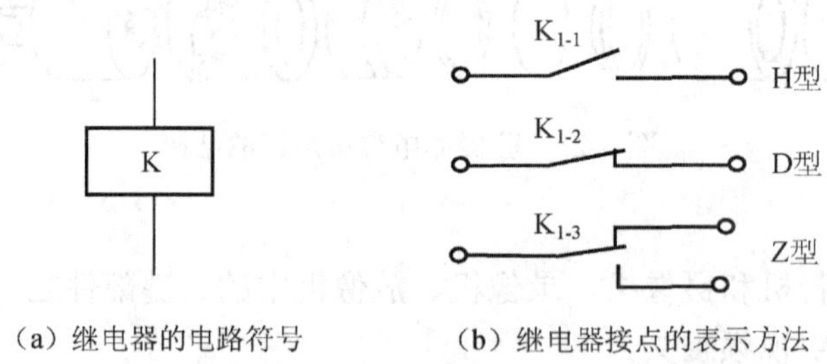

图 3-23　继电器的电路符号及接点表示方法

1) 电磁继电器

电磁继电器一般由一个带铁心的线圈，一组或几组带触点的簧片和衔铁组成。当线圈通电时，线圈中的铁心吸动衔铁，就使“常开接点”闭合，而“常闭接点”断开，使继电器“释放”或“复位”。其典型结构如图 3-24 所示。

2) 固态继电器

特点：固态继电器（SSR）是一种由固态半导体器件组成的新型无触点的电子开关

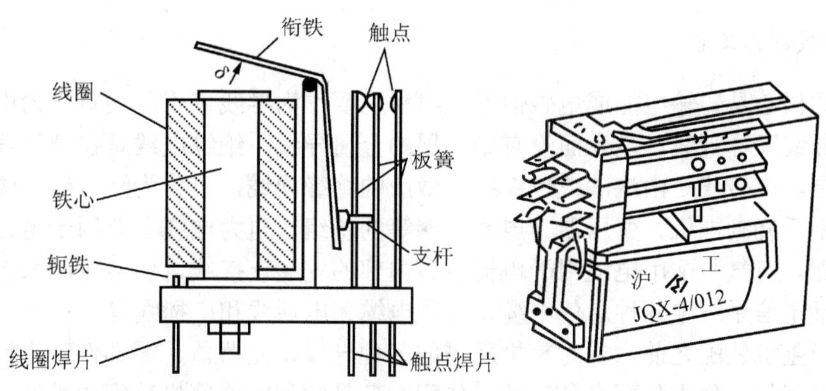

图 3-24　电磁继电器的典型结构

器件，能达到无触点、无火花的接通或断开电路的目的。

分类：固态继电器按使用场合不同可分为直流型（DC-SSR）和交流型（AC-SSR）两种，交流固态继电器又分为过零型和非过零型两种。

5. 霍尔集成电路

1）工作原理

霍尔集成电路是一种利用霍尔效应工作的磁敏元器件。霍尔集成电路具有将磁信号转换成电信号的能力。

霍尔效应：指给元器件加上相互垂直的控制电流 I 和磁场 B 后，便会产生既垂直于磁场方向又垂直于电流方向的感应电压，如图 3-25 所示。

2）外形

图 3-26 所示是两种霍尔集成电路外形示意图，其中 1 脚为电源引脚，3 脚为输出脚，4 脚为接地脚。

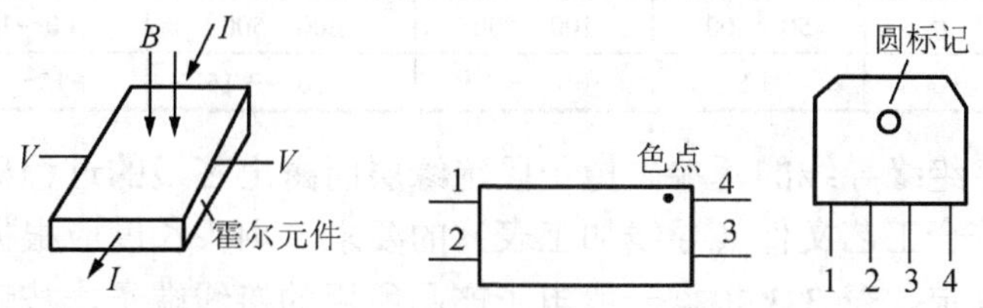

图 3-25　霍尔效应　　　图 3-26　霍尔集成电路外形示意图

3）质量判定

检测霍尔集成电路好坏可以通过通路时测它有无输出电压来判断，方法是用数字式万用表直流电压挡。

3.2.2　导线制作与焊接工艺

电子整机生产常用的电子材料包括线材、绝缘材料、印制电路板、磁性材料、黏合剂、焊接材料等。

1. 导线制作工艺

线材的核心是传输电能或电磁信号，线材主要作为导线使用。线材分为电线类和电缆类。裸导线又称裸线，是表面没有绝缘层的金属导线。绝缘电线是在裸导线表面裹上绝缘材料层。电磁线是由涂漆或包缠纤维做成的绝缘导线，可分为绕包线和漆包线两大类，主要用于绕制电机、变压器、电感线圈等的绕组。电力电缆主要用于电力系统中的传输和分配。电气装配用电缆用于电器设备内部的安装连接线、信号控制系统中等。通信电缆包括电信系统中各种通信电缆、射频电缆、电话线和广播线等。

在电子整机装配之前，要对整机所需的各种导线、元器件、零部件等进行预先加工处理等准备工作，称为装配准备工艺。装配准备是顺利完成整机装配的重要保障，准备通常包括导线和电缆的加工、元器件引线的成形、线扎的制作及组合件的加工等。

导线在无线电整机中是必不可少的线材，它起到在整机的电路之间、分机之间进行电气连接与相互间传递信号的作用。在整机装配前必须对所使用的线材进行加工，导线加工工艺一般包括绝缘导线加工工艺和屏蔽导线端头加工工艺。

1）绝缘导线加工工艺

绝缘导线加工工序：剪裁→剥头→清洁→捻头（对多股线）→浸锡。现将主要加工工序分述如下。

（1）剪裁。导线应按先长后短的顺序，用斜口钳、自动剪线机或半自动剪线机进行剪裁。剪裁绝缘导线时要拉直再剪。剪线要按工艺文件中的导线加工表规定进行，长度应符合公差要求（如无特殊公差要求可按表 3-2 选择公差）。导线的绝缘层不允许损伤，否则会降低其绝缘性能。导线的芯线应无锈蚀，否则影响导线传输信号的能力，因此绝缘层已损坏或芯线有锈蚀的导线不能使用。

表 3-2　导线长度与公差要求

导线长度/mm	50	50～100	100～200	200～500	500～1000	1000 以上
公差/mm	+3	+5	+5～+10	+10～+15	+15～+20	+30

（2）剥头。将绝缘导线的两端去掉一段绝缘层而露出芯线的过程称为剥头。在生产中，剥头长度应符合工艺文件（导线加工表）的要求。剥头长度应根据芯线截面积和接线端子的形状来确定。表 3-3 根据一般电子产品所用的接线端子，按连接方式列出了剥头长度及调整范围。

剥头时不应损伤芯线，多股芯线应尽量避免断股，一般可按表 3-4 进行检查。常用的方法有刃截法和热截法两种。

① 刃截法。刃截法就是用专用剥线钳进行剥头，在大批量生产中多使用自动剥线机，手工操作时也可用剪刀、电工刀。其优点是操作简单易行，只要把导线端头放进钳口并对准剥头距离，握紧钳柄，然后松开，取出导线即可。为了防止出现损伤芯线或拉不断绝缘层的现象，应选择与芯线粗细相配的钳口。刃截法易损伤芯线，故对单股导线不宜用刃截法。

表 3-3　剥头长度及调整范围

连接方式	剥头长度/mm	
	基本尺寸	调整范围
搭焊	3	+2.0
勾焊	6	+4.0
绕焊	15	±5.0

表 3-4　芯线股数与允许损伤芯线的股数

芯线股数	允许损伤芯线的股数
<7	0
7～15	1
16～18	2
19～25	3
26～36	4
37～40	5
>40	6

② 热截法。热截法就是使用热控剥皮器进行剥头，热控剥皮器如图 3-27 所示。使用时将剥皮器预热一段时间，待电阻丝呈暗红色时便可进行截切。为使切口平齐，应在截切的同时转动导线，待四周绝缘层均被切断后用手边转动边向外拉，即可剥出端头。热截法的优点是操作简单，不损伤芯线，但加热绝缘层时会放出有害气体，因此要求有通风装置。操作时应注意调节温控器的温度。温度过高易烧焦导线，温度过低则不易切断绝缘层。

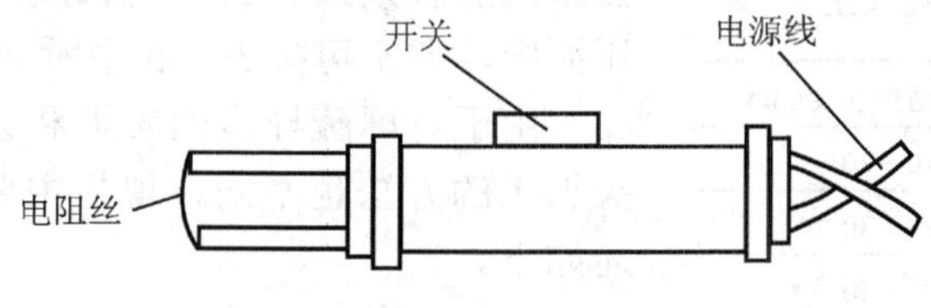

图 3-27　热控剥皮器

（3）清洁。绝缘导线在空气中长时间放置，导线端头易被氧化，也有些芯线上有油漆层。故在浸锡前应进行清洁处理，除去芯线表面的氧化层和油漆层，提高导线端头的可焊性。清洁的方法有两种：一种是用小刀刮去芯线的氧化层和油漆层，在刮时注意用力适度，同时应转动导线，以便全面刮掉氧化层和油漆层；另一种是用砂纸清除掉芯线上的氧化层和油漆层，用砂纸清除时，砂纸应由导线的绝缘层端向端头单向运动，以避免损伤导线。

（4）捻头。多股芯线经过清洁后，芯线易松散开，因此必须进行捻头处理，以防止浸锡后线端直径太粗。捻头时应按原来合股方向扭紧。捻线角一般为 30°～45°，如图 3-28 所示。捻头时用力不宜过猛，以防捻断芯线。大批量生产时可使用捻头机进行捻头。

（5）浸锡。经过剥头和捻头的导线应及时浸锡，以防止氧化。通常使用锡锅浸锡。锡锅通电加热后，锅中的焊料熔化。将导线端头蘸上助焊剂，然后将导线垂直插入锅中，并且使浸锡层与绝缘层之间有 1～2mm 间隙，待浸润后取出即可，浸锡时间为 1～3s。应随时清除残渣，以确保浸锡层均匀、光亮。

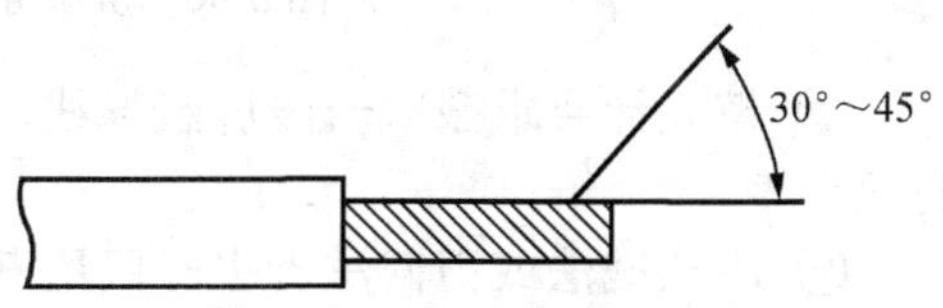

图 3-28　多股导线的捻头角度

对较粗、较硬屏蔽层的屏蔽导线的加工如图 3-29 所示。首先，事先剪去适当长的屏蔽层，在屏蔽层下面缠黄蜡绸布 2 或 3 层（或用适当直径的玻璃纤维套管）；其次，用直径为 0.5～0.8mm 的镀银铜裸线密绕在屏蔽层的端头，宽度为 2～6mm；再次，用烙铁将绕好的铜线焊在一起（注意，焊接时间不宜过长，否则会将绝缘层烫坏），再空绕一圈并留出一定的长度；最后，套上收缩套管。

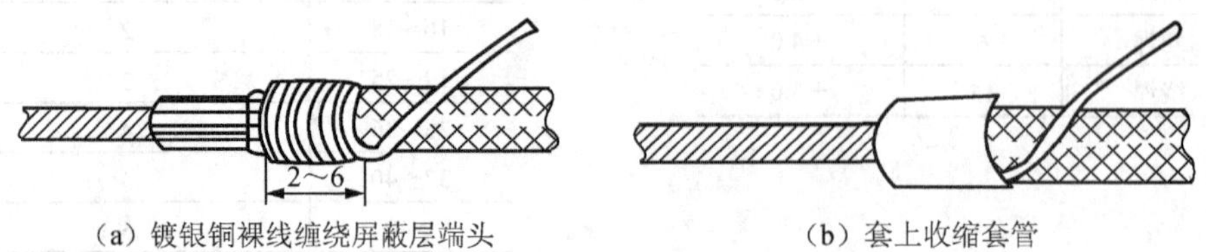

（a）镀银铜裸线缠绕屏蔽层端头　　（b）套上收缩套管

图 3-29　较粗、较硬屏蔽导线的加工

2）屏蔽导线端头的加工工艺

为了防止导线周围的电场或磁场干扰电路正常工作而在导线外加上金属屏蔽层，这就构成了屏蔽导线。在对屏蔽导线进行端头处理时应注意去除的屏蔽层不宜太多，否则会影响屏蔽效果。去除的长度应根据导线的工作电压而定，通常可按表 3-5 中所列的数据进行选取。

表 3-5　去屏蔽层长度

工作电压/V	去除屏蔽层长度/mm
600 以下	10～20
600～3000	20～30
3000 以上	30～50

由于对屏蔽导线的质地和设计要求不同，线端头加工的方法也不同，现将主要加工方法和步骤分述如下。

（1）屏蔽导线不接地端的加工步骤如图 3-30 所示。

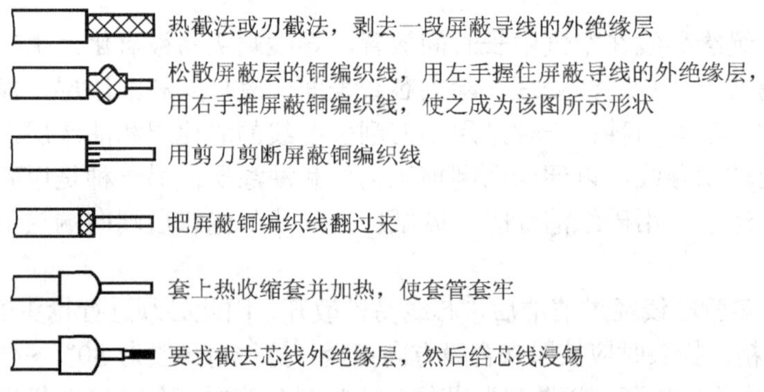

图 3-30　屏蔽导线不接地端的加工示意图

① 按设计要求截取一段屏蔽导线，导线长度只允许有 5%～10%的正误差，不允许有负误差。

② 用热截法或刃截法剥去一段屏蔽导线的外绝缘层。

③ 松散屏蔽层的铜编织线，用左手握住屏蔽导线的外绝缘层，用右手推屏蔽铜编织线，再用剪刀剪断屏蔽铜编织线。

④ 将屏蔽铜编织线翻过来，套上热收缩套并加热，使套管套牢。

⑤ 要求截去芯线外绝缘层，然后给芯线浸锡。

（2）屏蔽导线接地端的加工步骤如图 3-31 所示。

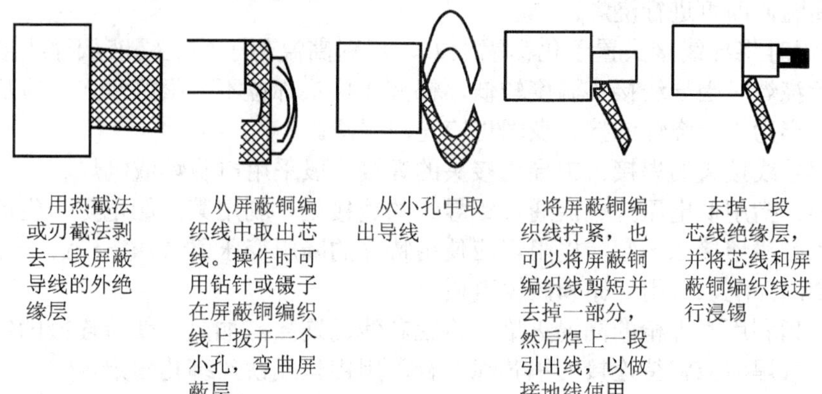

图 3-31　屏蔽导线接地端的加工示意图

① 按设计要求，截取一段屏蔽导线。

② 用热截法或刃截法剥去一段屏蔽导线的外绝缘层。

③ 从屏蔽铜编织线中取出芯线。操作时可用钻针或镊子在屏蔽铜编织线上拨开一个小孔，弯曲屏蔽层，从小孔中取出导线。

④ 将屏蔽铜编织线去掉一部分并拧紧、浸锡，同时去掉一段芯线绝缘层并将芯线和屏蔽铜编织线浸锡，也可以将屏蔽铜编织线剪短并去掉一部分，然后焊上一段引出线，以做接地线使用。

对较粗、较硬屏蔽导线接地端的加工，采用镀银金属导线缠绕引出接地端的方法。线端经过加工的屏蔽导线，一般需要在线端套上绝缘套管，以保证绝缘和便于使用。使用热收缩套管时，可用灯泡或电烙铁烘烤，收缩套紧即可；用稀释剂软化套管时，可将套管泡在香蕉水中半个小时后取出套上，待香蕉水挥发尽后便可套紧。

2. 导线焊接工艺

1）导线的焊接

焊接指将金属（焊锡等焊料或导线本身）熔化融合而使导线连接。

电工技术中导线连接的焊接种类有锡焊、电阻焊、电弧焊、气焊、钎焊等。

（1）铜导线放入焊接。较细的铜导线接头可用大功率（如 150W）电烙铁进行焊接，适用于线径较小的导线的连接及用其他工具焊接困难的场所。

焊接前应先清除铜芯线接头部位的氧化层和污物。为增加连接可靠性和机械强度，可将待连接的两根芯线先行绞合，再涂上无酸助焊剂，用电烙铁蘸焊锡进行焊接即可。

注意：焊接中应使焊锡充分熔融渗入导线接头缝隙，焊接完成的接点应牢固光滑，导线焊好后呈蘑菇状。

较粗（一般指截面面积 16mm^2 以上）的铜导线接头可用浇焊法连接。

① 浇焊前同样应先清除铜芯线接头部位的氧化层和污物。

② 涂上无酸助焊剂并将线头绞合。

③ 将焊锡放在化锡锅内加热熔化，当熔化的焊锡表面呈磷黄色时，说明锡液已达符合要求的高温，即可进行浇焊。

④ 浇焊时将导线接头置于化锡锅上方，用耐高温勺子盛上锡液从导线接头上面浇下。刚开始浇焊时因导线接头温度较低，锡液在接头部位不会很好渗入，应反复浇焊，直至完全焊牢为止。浇焊的接头表面也应光洁平滑。

（2）铝导线接头的焊接。铝导线接头的焊接一般采用电阻焊或气焊。

电阻焊：指用低电压大电流通过铝导线的连接处，利用其接触电阻产生的高温高热将导线的铝芯线熔接在一起。电阻焊应使用特殊的降压变压器（1kV·A、一次 220V、二次 6～12V），配以专用焊钳和碳棒电极。

气焊：指利用气焊枪的高温火焰，将铝芯线的连接点加热，使待连接的铝芯线相互熔融连接，气焊前应将待连接的铝芯线绞合，用铝丝或铁丝绑扎固定。

2）导线连接处的绝缘处理

导线连接完成后，必须对所有绝缘层已被去除的部位进行绝缘处理，以恢复导线的绝缘性能，恢复后的绝缘强度应不低于导线原有的绝缘强度。

导线连接处的绝缘处理通常采用绝缘胶带进行缠裹包扎。

一般电工常用的绝缘带有黄蜡带、涤纶薄膜带、黑胶布带、塑料胶带、橡胶胶带等。

电工常用的绝缘胶带的宽度常为 20mm，使用较为方便。

（1）一般导线接头的绝缘处理。一字形连接的导线接头：先包缠一层黄蜡带，再包缠一层黑胶布带。工艺步骤如下：

① 将黄蜡带从接头左边绝缘完好的绝缘层上开始包缠，包缠两圈后进入剥除了绝缘层的芯线部分。包缠时黄蜡带应与导线成 55° 左右倾斜角，每圈压叠带宽的 1/2，直至包缠到接头右边两圈距离的完好绝缘层处。

② 将黑胶布带接在黄蜡带的尾端，按另一斜叠方向从右向左包缠，仍每圈压叠带宽的 1/2，直至将黄蜡带完全包缠住。

提示

包缠处理中应用力拉紧胶带，注意不可稀疏，更不能露出芯线以确保绝缘质量和用电安全；对于 220V 线路，也可不用黄蜡带，只用黑胶布带或塑料胶带包缠两层；在潮湿场所应使用聚氯乙烯绝缘胶带或涤纶绝缘胶带。

（2）T 字分支接头的绝缘处理。导线分支接头的绝缘处理基本方法同上，只是要走一个 T 字形的来回，使每根导线上都包缠两层绝缘胶带，每根导线都应包缠到完好绝缘层的两倍胶带宽度处。

（3）十字分支接头的绝缘处理。对导线的十字分支接头进行绝缘处理时，要走一个十字形的来回，使每根导线上都包缠两层绝缘胶带，每根导线也都应包缠到完好绝缘层的两倍胶带宽度处。

3.2.3 PCB 的制图

1. 电路板设计步骤

一般而言，设计电路板最基本的过程可以分为三大步骤，即电路原理图的设计、产

生网络表、印制电路板的设计。

1）电路原理图的设计

电路原理图的设计主要是使用 Protel 99 的原理图设计系统来绘制一张电路原理图。在这一过程中，要充分利用 Protel 99 所提供的各种原理图绘图工具、各种编辑功能，来实现我们的目的，即得到一张正确、精美的电路原理图。

2）产生网络表

网络表是电路原理图设计与印制电路板设计之间的一座桥梁，它是印制电路板自动的灵魂。网络表可以从电路原理图中获得，也可从印制电路板中提取。

3）印制电路板的设计

印制电路板的设计主要是针对 Protel 99 的另外一个重要的部分——PCB 而言的，在这个过程中，我们借助 Protel 99 提供的强大功能实现电路板的板面设计等工作。

2. 创建 SCH 文件

（1）建立一个数据库文件，学习 Protel 99 SE 的第一步就是建立一个 DDB 文件，即使用 Protel 99 SE 进行电路图和 PCB 设计。其数据都存放在一个统一的 DDB 数据库中。打开 Protel 99 SE 后，选择“File 文件→New 新建”选项，如图 3-32 所示。

（2）选择新建的项目存放方式为 DDB 及文件存放目录，如图 3-33 所示。

图 3-32　新建 DDB 文件

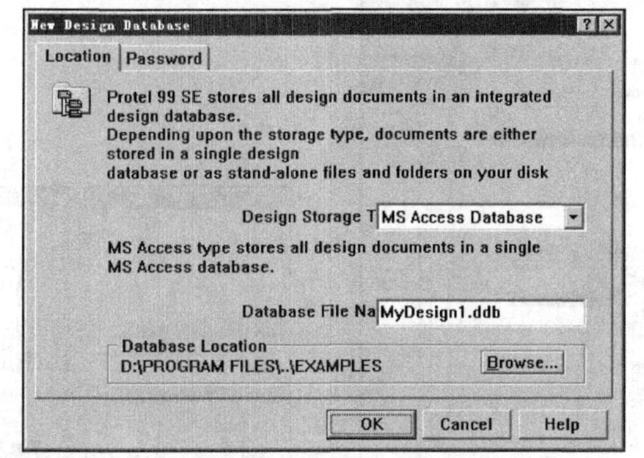

图 3-33　建立 DDB 文件并选择文件存放目录

（3）建立好 DDB 文件后，我们就可进入 Documents 目录，如图 3-34 所示。

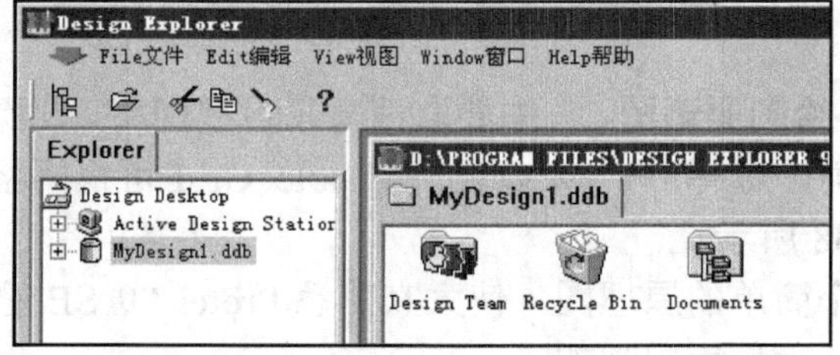

图 3-34　进入 Documents 目录

（4）新建 SCH 文件，即电路图设计项目。选择“File 文件→New 新建文件”选项，弹出“New Documents”对话框，选择“Schem atic Document”选项即可新建 SCH 文件，如图 3-35 所示。

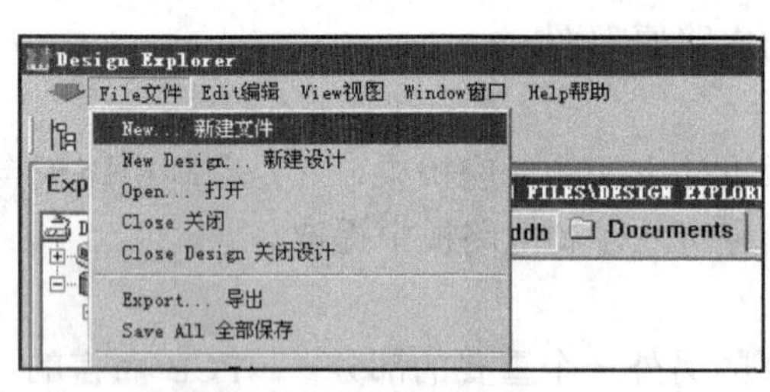

（a）选择新建 SCH 文件

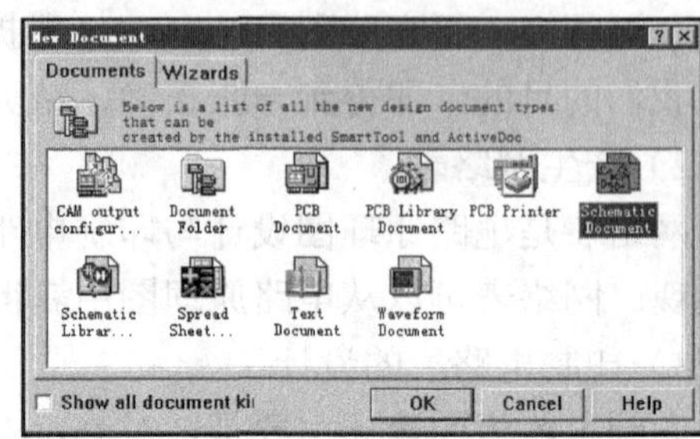

（b）选择电路原理文件

图 3-35　新建 SCH 文件

（5）创建好 SCH 文件后，在默认的一个 Protel 99 SE 元件库中，可以选择合适的元件放到电路图中，如图 3-36 所示。

（6）选择“ADD→Remove”选项，打开 Protel 99 SE/Sch 图文框添加元件库，如图 3-37 所示。

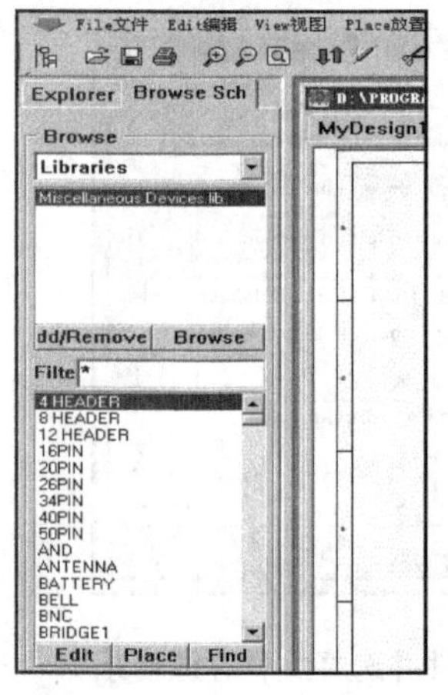

图 3-36　默认 Protel 99 SE 元件库

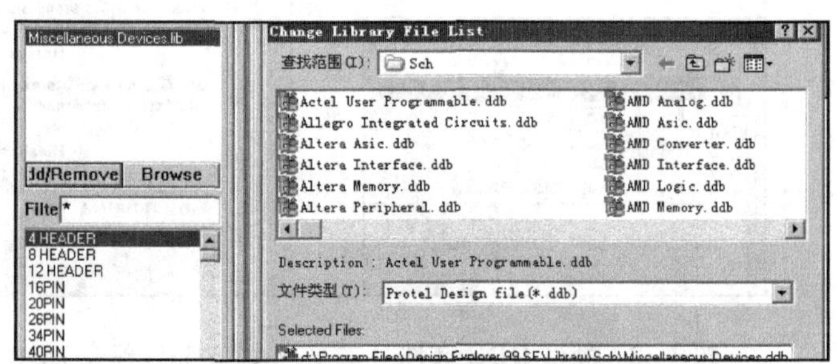

图 3-37　增加元件库

3. 使用 Protel 99 SE 软件绘制电路原理图

使用 Protel 99 SE 绘制原理图，首先要取消显示可视网格，此操作可以根据个人习惯决定，并不一定要取消。选择“View 视图→Visible Grid 可视网格”选项，可以选择是否显示网格，如图 3-38 所示。

下面我们绘制一个简单的原理图，使大家熟悉 Protel 99 SE 的原理图操作。此 SCH 原理图的所有元件都从元件库中添加。

（1）将元件放进 SCH 原理图中，并且设计元件的属性，如图 3-39 所示。

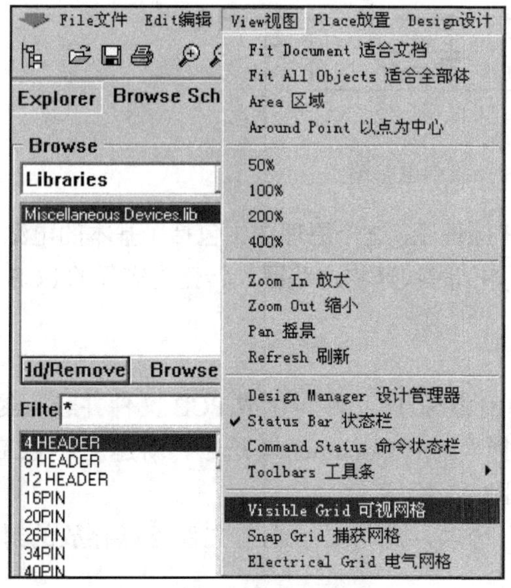

图 3-38　网格设置

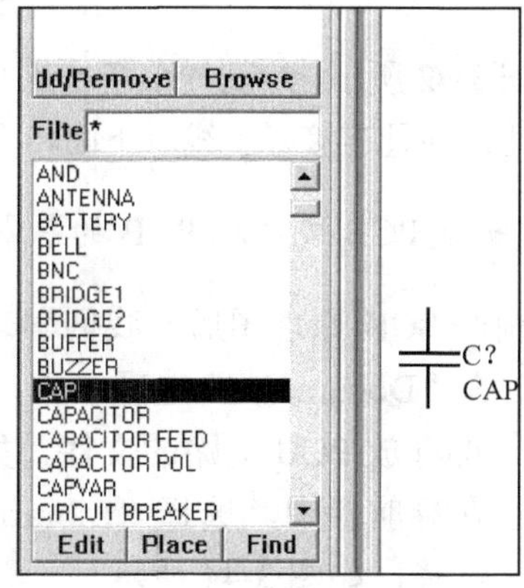

图 3-39　放置元件

（2）设置元件的属性，包括封装、名称、元件属性等，如图 3-40 所示。

（3）在 Protel 99 SE 设计原理图中放入网络标号。在同一原理图中的所有相同的网络标号在图样中均表示同一网络结点。

（4）选中电源、接地并双击，分别弹出“Het Label”和“Power Port”对话框，如图 3-41 所示。

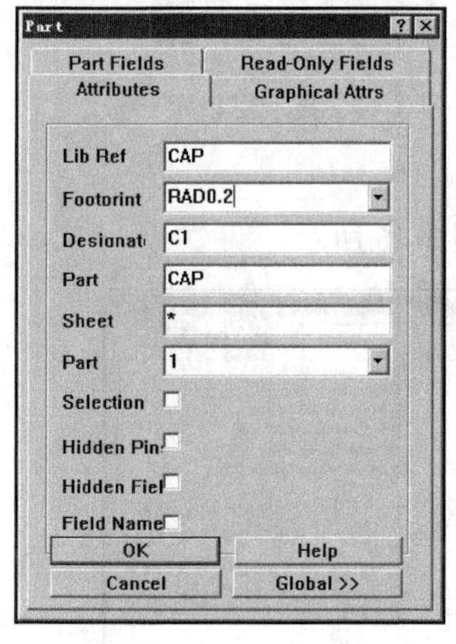

图 3-40　设置元件的属性

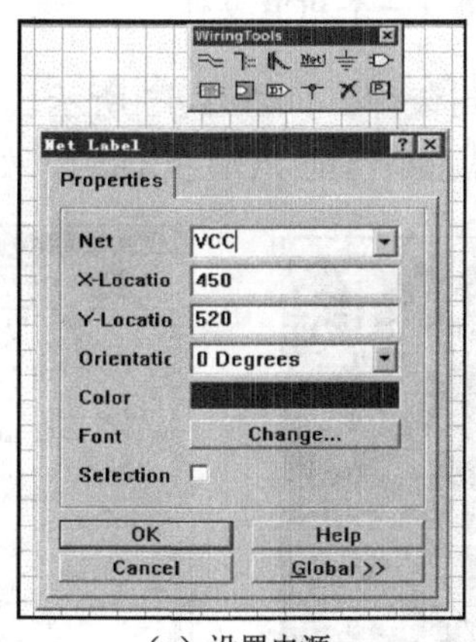

（a）设置电源

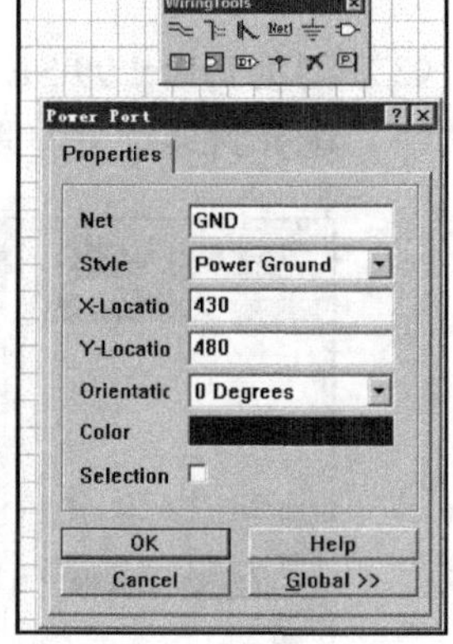

（b）设置接地

图 3-41　设置电源、接地

（5）在 Protel 99 SE 中，放好元件，设计好电源和接地后即可画线，如图 3-42 所示。

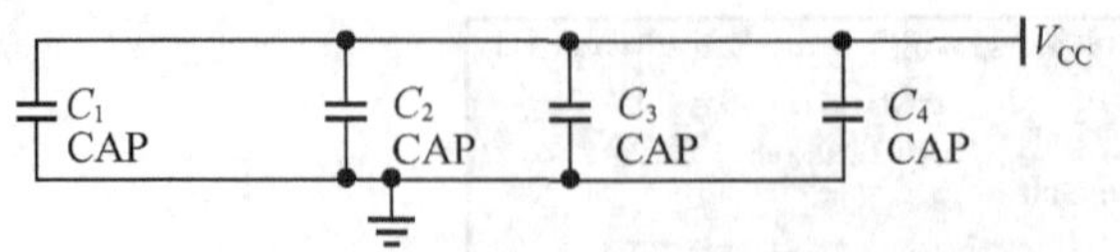

图 3-42　绘制电路图

如图 3-42 所示，绘制一个基本的 SCH 原理图，这个原理图中包括了基本的电源、负载，以及接地，并且连接好了线。下面将介绍如何时快速将这些图，转化为实际的 PCB 图形。

4. 新建 PCB 文件及 PCB 的基本设定

绘制好 SCH 原理图后，我们学习如何将 SCH 文件转化成 PCB 文件并载入封装图。

（1）在“Documents”选项卡中，选择“PCB Document”选项，新建一个 PCB 文件，PCB 文件即存放 PCB 电路的文件，如图 3-43 所示。

（2）在导航栏中，选择“Libraries”选项，此时显示当前文件可以存放的封装库，以供用户选择，如图 3-44 所示。

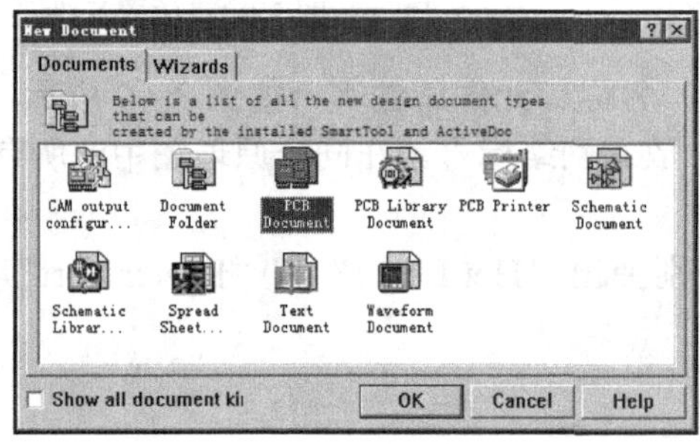

图 3-43　新建一个 PCB 文件

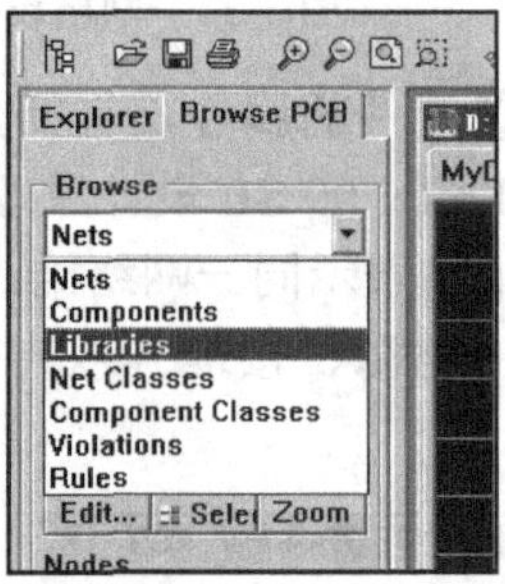

图 3-44　显示封装库

（3）浏览 Protel 99 SE 封装库，如图 3-45 所示。

（4）选择封装库并且增加到当前 PCB 文件中，如图 3-46 所示。

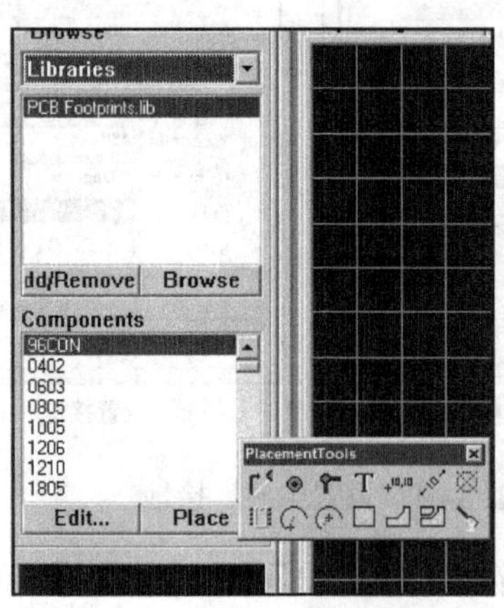

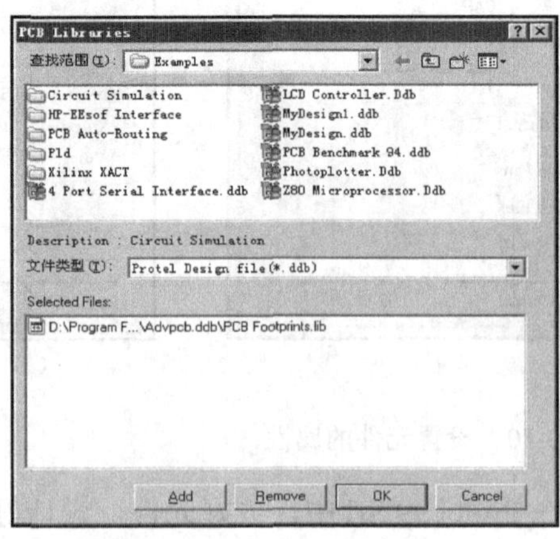

图 3-45　浏览封装库

图 3-46　增加封装库

（5）增加好封装库后，即可选择和使用这些元件，如图 3-47 所示。

（6）在 Protel 99 SE 绘制 PCB 图时，可以通过选择“View 视图→Toggle Units 公/英制转换”选项，以选择使用公制或英制的单位，如图 3-48 所示，也可以通过 Protel 99 SE 快捷键 Q 来切换。

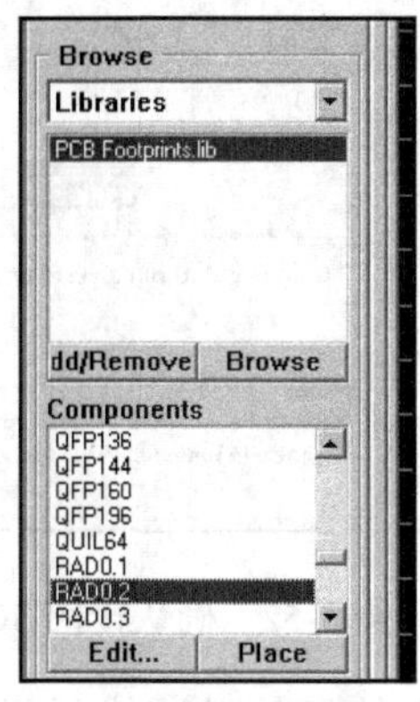

图 3-47　选择和使用元件

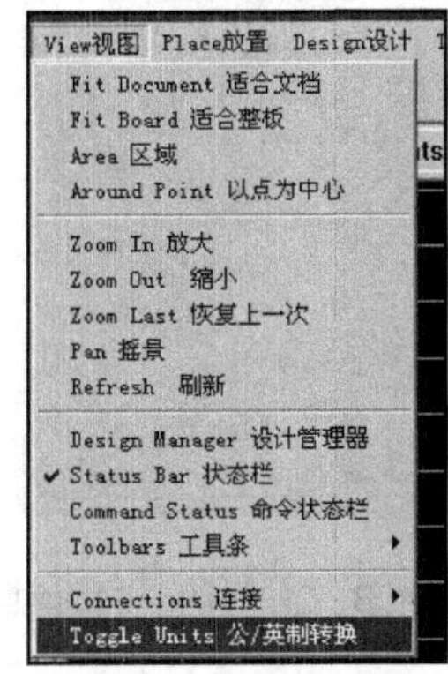

图 3-48　公/英制的切换

经过上面的设置后，即可将所绘的原理图转成需要的 PCB 文件图。

5. 将 SCH 文件转为 PCB 文件

下面介绍如何快速地将绘制好的 SCH 文件转为 PCB 文件。首先，打开刚开始时绘制的 SCH 原理图，选择 Protel 99 SE“View 视图→Fit All Objects 适合全部体”选项，以查看所有的元件，如图 3-49 所示。也可以使用 Protel 99 SE 快捷键 V+F 快速实现这项功能。

（1）将 SCH 原理图转为 PCB 图，如图 3-50 所示。Protel 99 SE 中有一个非常实用的选项，就是 Update PCB（更新 PCB），选择“Design 设计→Update PCB 更新 PCB”选项，就可直接将 SCH 文件转为 PCB 文件，而不用生成网络表再导入。

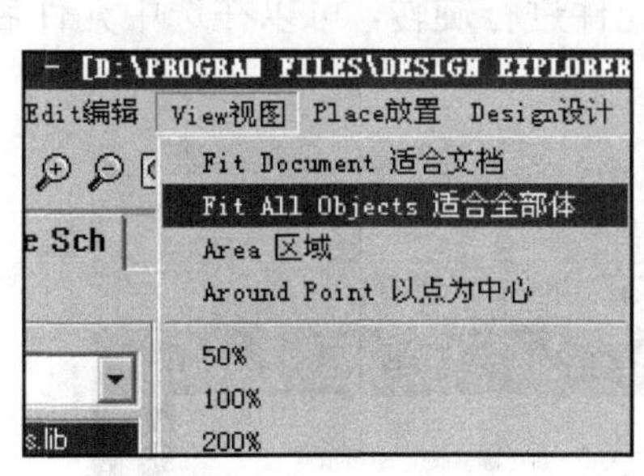

图 3-49　使用 Fit All Objects 命令

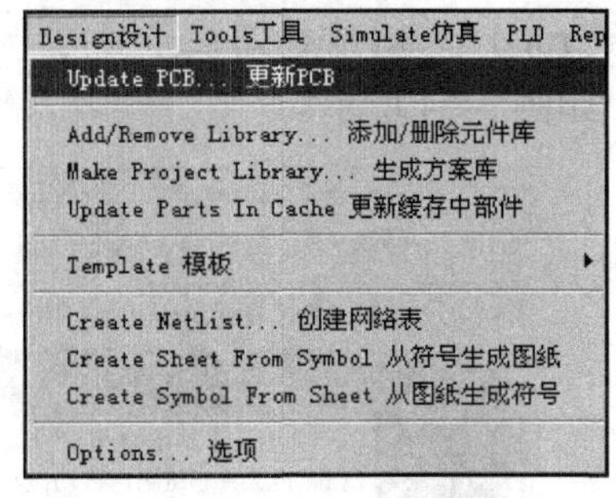

图 3-50　SCH 文件转为 PCB 文件

（2）SCH 文件转换为 PCB 文件时的一些选项如图 3-51 所示。

（3）确认转换 SCH 文件为 PCB 文件，如图 3-52 所示。

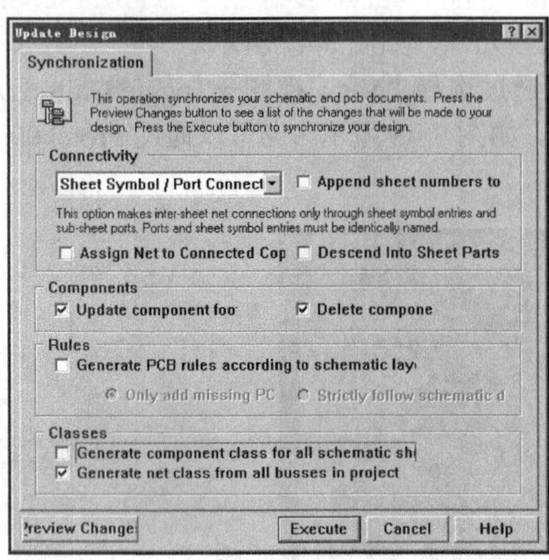

图 3-51　SCH 文件转换为 PCB 文件时的一些选项

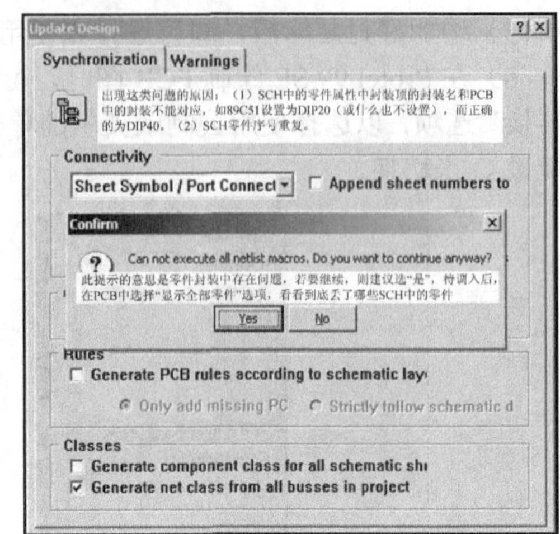

图 3-52　确认转换 SCH 文件为 PCB 文件

（4）返回 PCB 设计界面，可以看到 SCH 中的元件及连线已经转换为 PCB 文件，如图 3-53 所示。

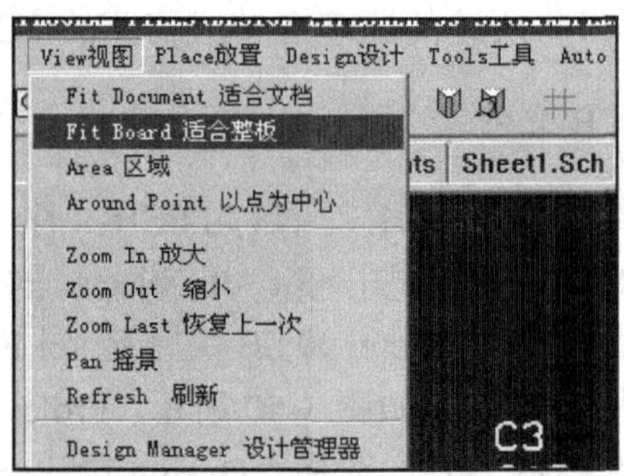

图 3-53　SCH 文件已转换为 PCB 文件

（5）在 Protel 99 SE 中，如果需要对一个元件进行旋转，可以在选中元件后按空格键进行旋转，如图 3-54 所示。

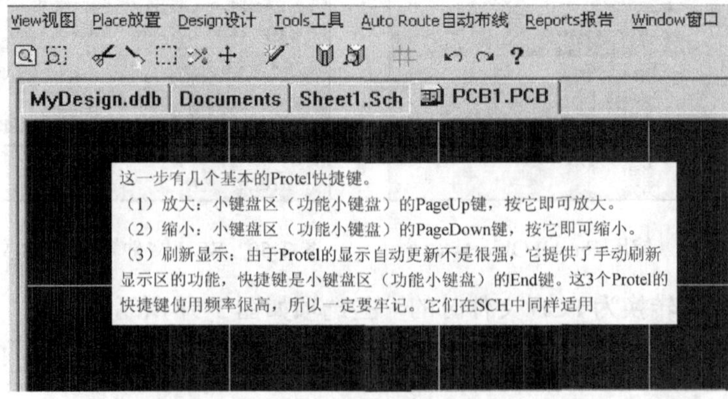

图 3-54　元件进行旋转

（6）绘制 PCB 图的外形，如图 3-55 所示。绘制 PCB 的外形图时，我们需要在 PCB 的外形层 Keep-Out Layer 中画线，画出的紫色线即 PCB 的外形。

（7）用鼠标拖动元件，将元件放进 PCB 中，如图 3-56 所示。

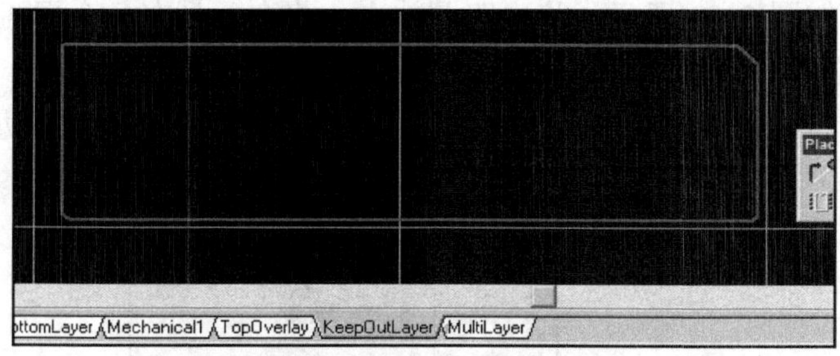

图 3-55　绘制 PCB 的外形

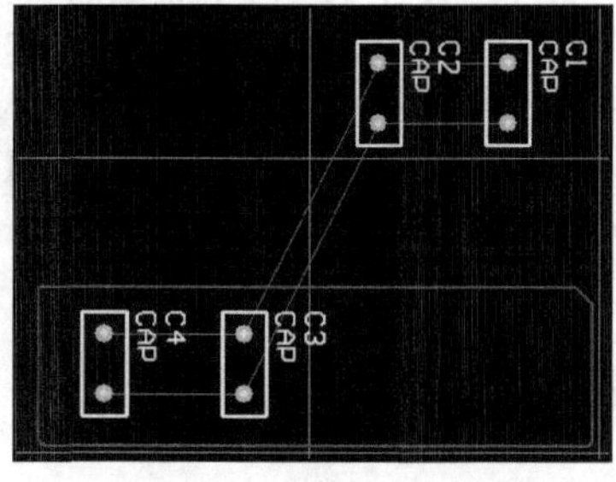

图 3-56　将元件放进 PCB 中

6. Protel 99 SE 的自动布线

前面已讲述了如何快速地将 SCH 原理图转换为 PCB，也就是将元件转到 PCB 中。下面主要讲解的是如何用 Protel 99 SE 快速布线，这里主要使用的是自动布线功能，在实际的 PCB 布线工作当中，多数情况下使用手工布线，这些内容也会给大家详细讲解。

（1）测量 PCB 板外形大小。在前面已讲解了如何画一个 PCB 的外形，这里需要测量一下 PCB 外形大小，看是否合适。

首先要将系统单位转为公制，通过选择“View 视图→Toggle Units 公/英制转换”选项转换，如图 3-57 所示，也可以使用 Protel 99 SE 快捷键 Q 切换。

使用测试工具，在 Protel 99 SE 中选择“Reports 报告→Measure Distance 距离测量”选项，如图 3-58 所示，可以测试两点的距离；也可以使用 Protel 99 SE 快捷键 Ctrl＋M 快速测试两点的距离。

在 Protel 99 SE 测量的时候，需要注意的是，测量层中两点的距离时，需要将测量的层置为当前工作层，这样在测量的过程当中即可捕捉端点。

图 3-57　单位转换为公制

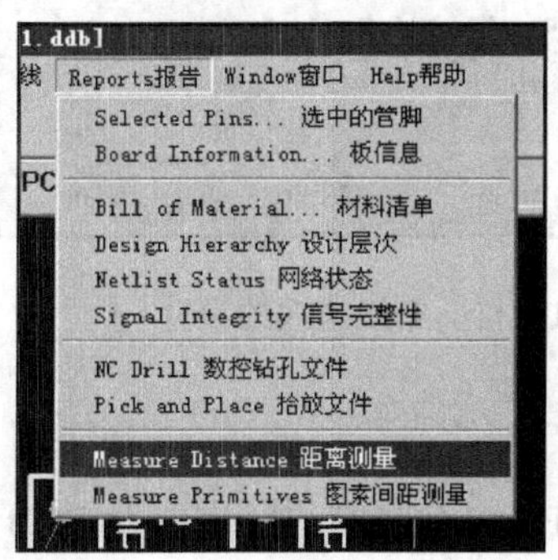

图 3-58　测试两点的距离

（2）在 Protel 99 SE 中调整元件位置。在 Protel 99 SE 中拖动元件，即可移动元件。需要旋转元件时，需要对准元件并按下，然后按空格键，即可把 PCB 图中的所有元件调整到如图 3-59 所示的位置。

（3）检查 PCB 文件及连接。如图 3-59 所示，将电路图放大，将会看到在各个焊盘上都有标示元件的网络结点号，这可使我们知道实际的连接是否正确。

（4）使用 Protel 99 SE 的自动布线功能。在 Protel 99 SE 中，选择“Auto Route 自动布线→All 全部”选项，如图 3-60 所示，将会进入自动布线工作界面。

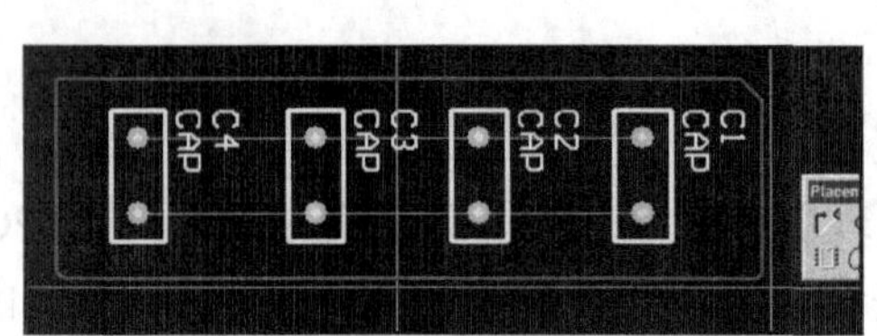

图 3-59　调整元件位置

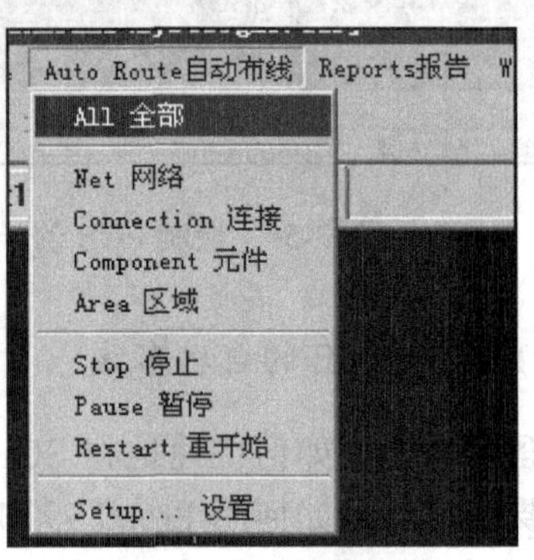

图 3-60　自动布线

（5）自动布线选项的设置如图 3-61 所示。

（6）自动布线完成后弹出提示对话框，如图 3-62 所示。

至此，使用 Protel 99 SE 自动布线已经完成。

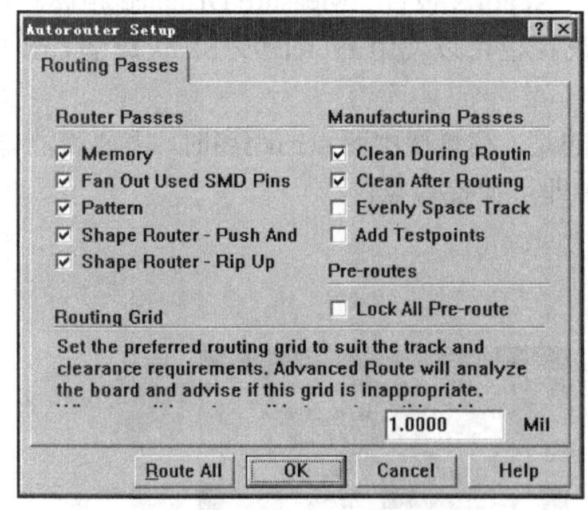

图 3-61　自动布线选项的设置

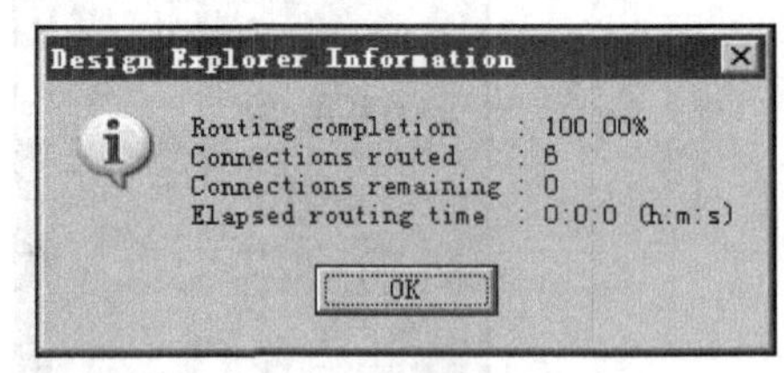

图 3-62　自动布线完成

7. 创建原理图元件库

当平时使用 Protel 99 SE 进行电路及 PCB 设计时，系统自带的元件库和 PCB 封装库只有一小部分，大部分元件的元件库及封装库需要使用者自己创建，使用 Protel 99 SE，可以

很容易地制作自己需要的元件库，以供使用。下面讲解如何创建自己需要的 SCH 元件库。

（1）进入 Protel 99 SE 的原理图编辑器，如图 3-63 所示。

（2）选择“Tools 工具→New Component 新建元件”选项，新建一个元件，如图 3-64 所示。

（3）绘制 SCH 元件并放入元件的引脚，如图 3-65 所示。

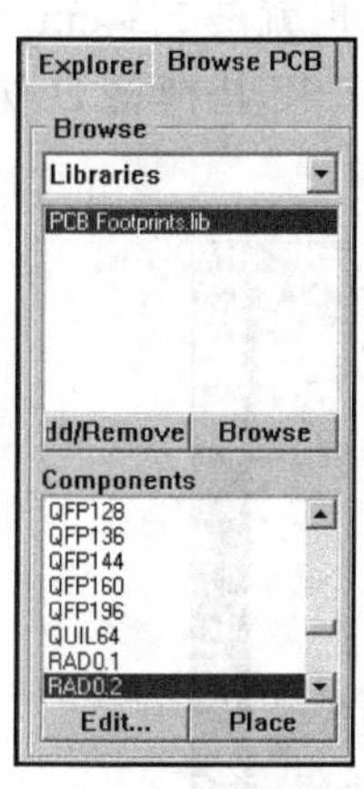

图 3-63　原理图编辑器

图 3-64　新建元件

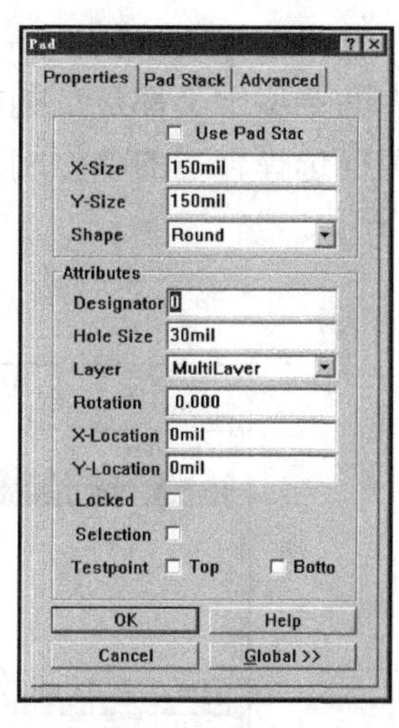

图 3-65　绘制元件

（4）选择“Tools 工具→Rename Component 元件重命名”选项，重命名新建的元件，如图 3-66 所示。

（5）选择“Toolbars 工具条→Main Toolbar 主工具条”选项，绘制元件的外形并放入说明文字，如图 3-67 所示。

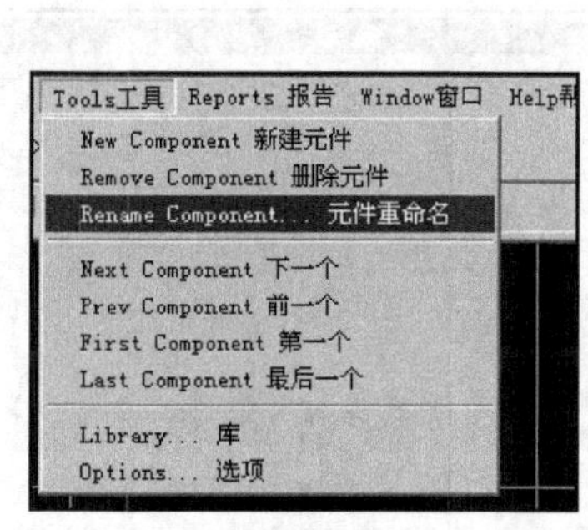

图 3-66　重命名元件

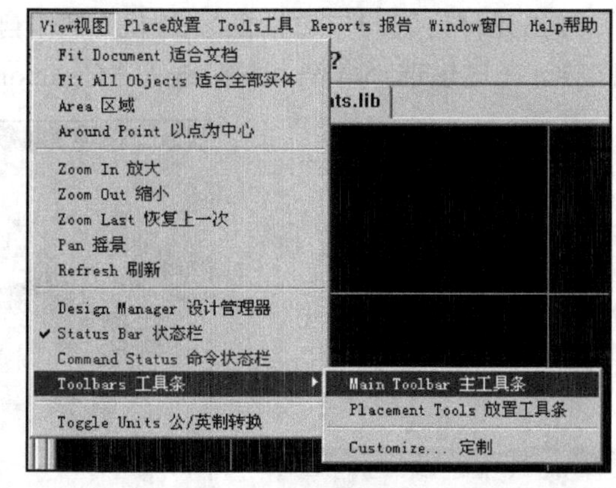

图 3-67　绘制元件外形并放入说明文字

绘制好元件库后进行保存。绘制好的元件将会保存到元件库中，在画 SCH 原理图的时候即可调用这些元件。

8. 创建PCB元件封装库

在制作好元件后，需要制作对应的封装库，以供PCB设计所用。前面已讲解了如何创建SCH原理图的元件库，这里讲解的是如何创建PCB元件封装库。

（1）在PCB设计界面中，可以在封装选择器中进行如图3-68所示操作，进入Protel 99 SE封装制作界面。

（2）选择编辑的单位。单位有英制和公制。这是因为单位不一定是公制的，因为有很多元件的单位定义都是英制的，如PIN的引脚距离是10mil，也就是2.54cm，可以根据实际情况选择合适的单位制。在操作中，我们可以用Protel 99 SE快捷键Q切换，如图3-69所示。

图3-68　进入封装制作界面

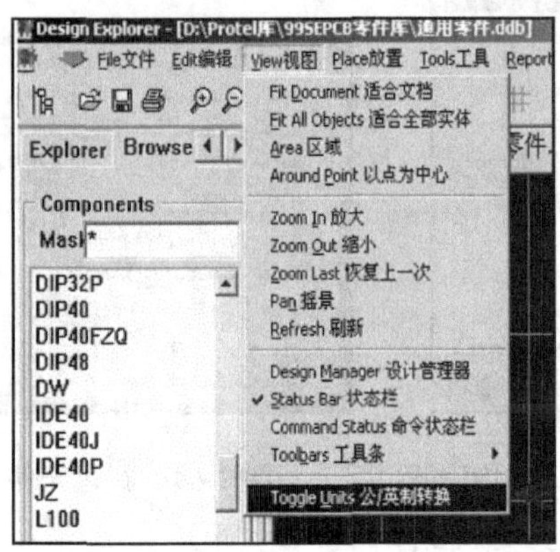

图3-69　公/英制转换

（3）选择“Tools工具→New Component新建元件”选项，新建一个元件封装，如图3-70所示。

（4）弹出元件封装向导对话框。由于是制作自己的元件，所有东西都是制作的，也不需要向导。在这里选择取消，直接进入“Component Wizard”对话框，如图3-71所示。

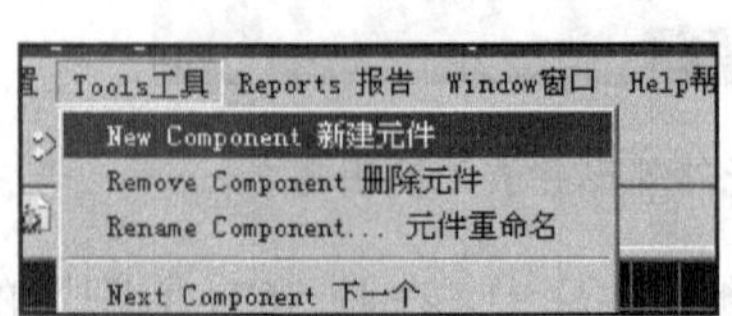

图3-70　新建元件封装

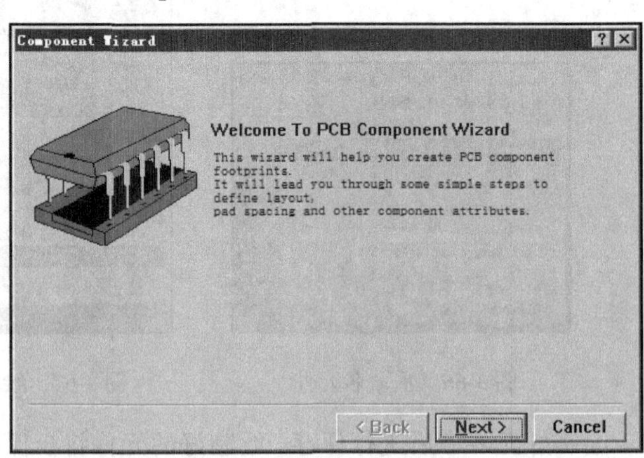

图3-71　“Component Wizard”对话框

（5）确认操作中心。选择“Edit 编辑→Jump 跳转→Reference 参考点”选项，确认要操作的中心。这一步是为了使制作的元件封装在绝对中心，在以后调用元件封装的时候即可在元件的中心中拖动，如图 3-72 所示。

（6）重命名元件。修改元件的封装名后，在原理图中编辑元件、填入封装名时就可填入更改的名称，如图 3-73 所示。

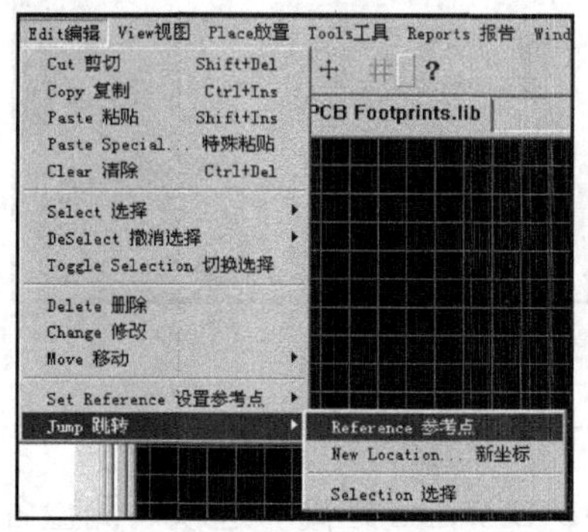

图 3-72　确认操作中心

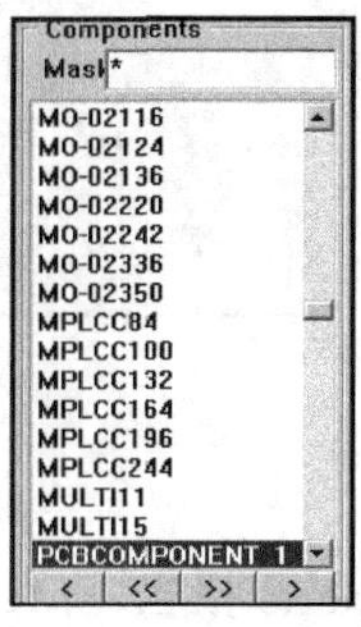

图 3-73　重命名元件

（7）选择“Tools 工具→Library 库”选项，弹出“Document Options”对话框，在“Layers”和“Options”选项卡中对元件进行设置，如图 3-74 所示。

（8）元件的编辑及引脚的命名。放入的元件焊接脚需要和元件库中的序号对应，建立起对应的引脚对应关系，如图 3-75 所示。

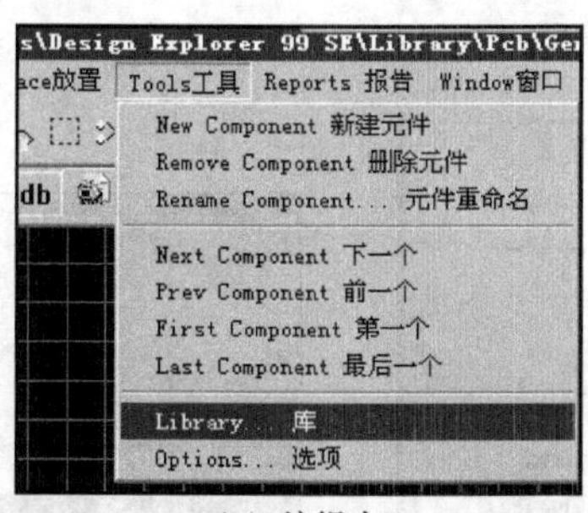

（a）编辑库

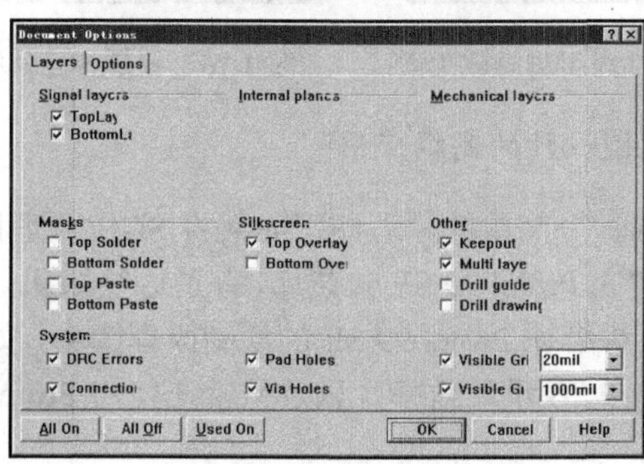

（b）“Layers”选项卡

图 3-74　设置库

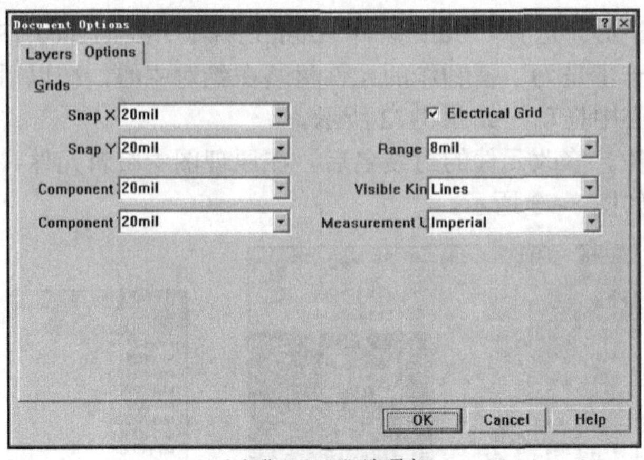

（c）“Options”选项卡

图 3-74　设置库（续）

（9）选择“Reports 报告→Measure Distance 距离”选项，测量各元件的距离。各元件画完后，需要测量一下各引脚的距离，检查一下与实际元件是否相符，如图 3-76 所示。

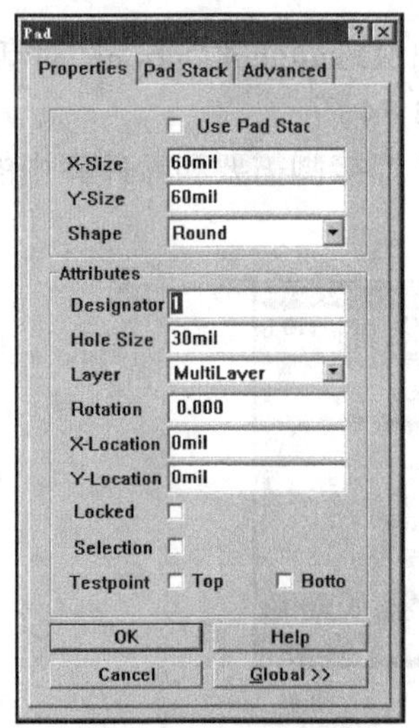

图 3-75　元件与引脚对应关系

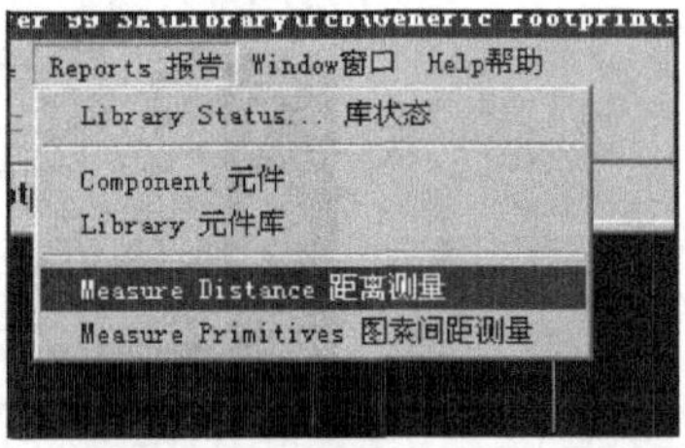

图 3-76　测量各元件的距离

9. Protel 99 SE 原理图设计的高级应用

前面讲解了如何绘制一个简单的原理图，如何将 SCH 原理图转为 PCB 图，如何创建 SCH 元件，以及如何建立 Protel 99 SE 封装库，有了这些知识，大家可以对 Protel 99 SE 进行一些操作。这里主要讲解在 Protel 99 SE 的绘制原理图中，如何通过一些设置，使我们的工作更加方便，提升 PCB 设计效率，以及平常在使用 Protel 99 SE 时的一些高级技巧的应用。

高级技巧 1：进入 SCH 设置菜单。

在原理图设计环境中，选择“Design 设计→Options 选项”选项，如图 3-77 所示，将会弹出“Document Options”对话框。

高级技巧 2：设置 Protel 99 SE 原理图的对话框，对照图 3-78，对 SCH 环境进行设置。

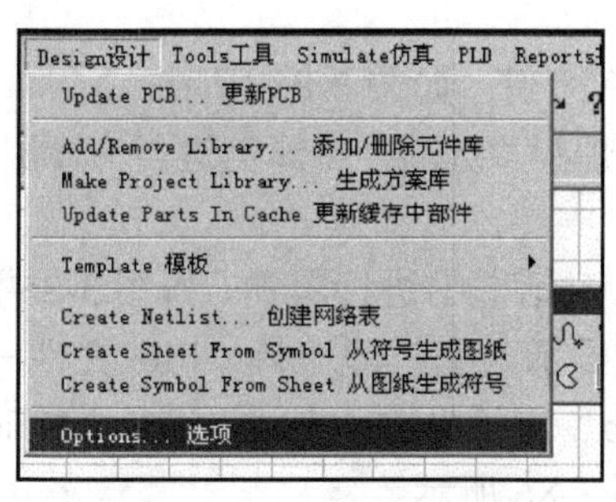

图 3-77　选择选项

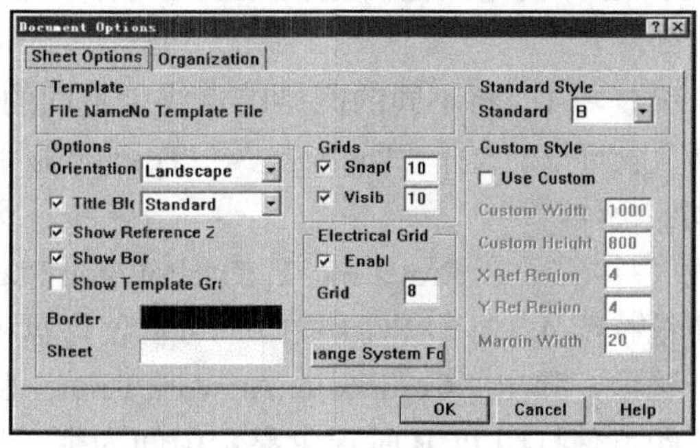

图 3-78　对 SCH 环境进行设置

高级技巧 3：对元件单方向 3 脚零件的反转操作。

高级技巧 4：在元件库中搜索元件，如图 3-79 所示。

高级技巧 5：退出时，分步关闭各个原理图的设计窗口，如图 3-80 所示。

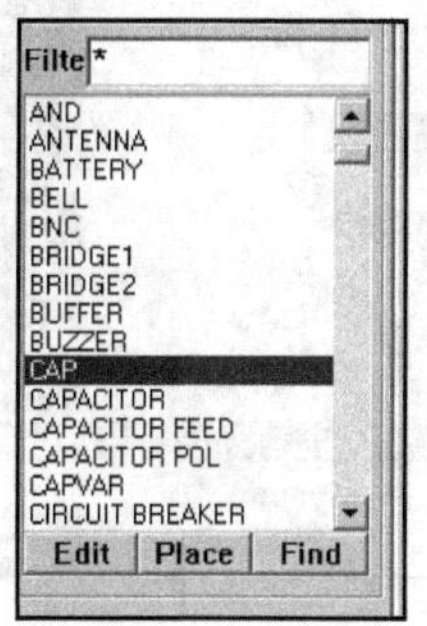

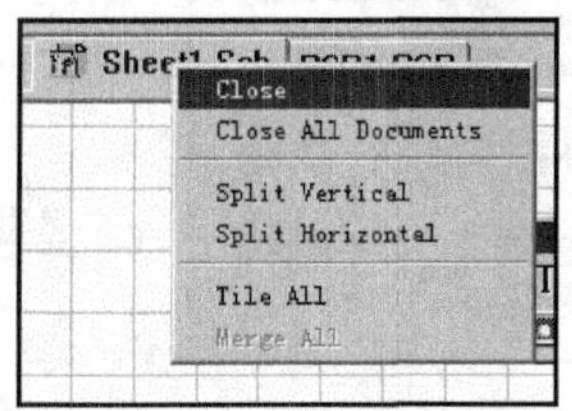

图 3-79　在元件库中搜索元件　图 3-80　关闭原理图设计窗口

高级技巧 6: 使用 DDB 数据库中的文件到 Protel 99 SE 中进行管理，如图 3-81 所示。

高级技巧 7：右击“Sheet1.Sch”选项，弹出快捷菜单，选择“Export 导出”选项，对需要的文件进行单独输出，如图 3-82 所示。

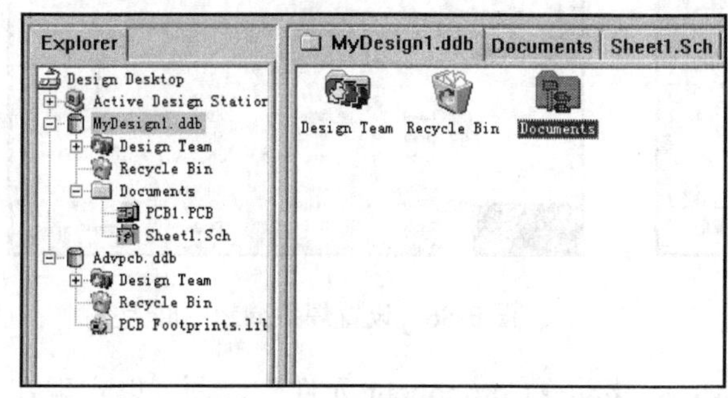

图 3-81　选择 DDB 文件

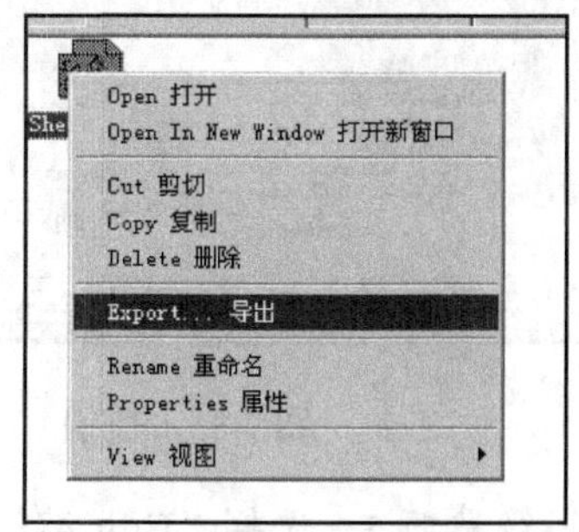

图 3-82　文件输出

10. Protel 99 SE 中 PCB 设计的高级应用

前面讲解了用 Protel 99 SE 进行原理图设计中的一些高级应用技巧，下面讲解在 Protel 99 SE 中的电路图，也就是 PCB 设计中的一些高级应用技巧，使大家在设计 PCB 时提高效率。

高级技巧 1：将不同的网络结点线用不同的颜色标识，如图 3-83 所示。

高级技巧 2：选择“Tools 工具→Teardrops 泪滴焊盘”选项，对焊盘进行“补泪滴”，如图 3-84 所示。

高级技巧 3：在 Protel 99 SE 的“Polygon Plane”对话框中进行覆铜，如图 3-85 所示。

高级技巧 4：打印 PCB 图时，可以使焊盘中间显示为空，即选择“File 文件→Print 打印”选项，弹出“Composite Artwork Printer Setup”对话框中，勾选“Show Hole”复选框，即可使打印 PCB 时焊盘显示中间为空，如图 3-86 所示。

图 3-83　网络结点线的标识

图 3-84　对焊盘进行“补泪滴”

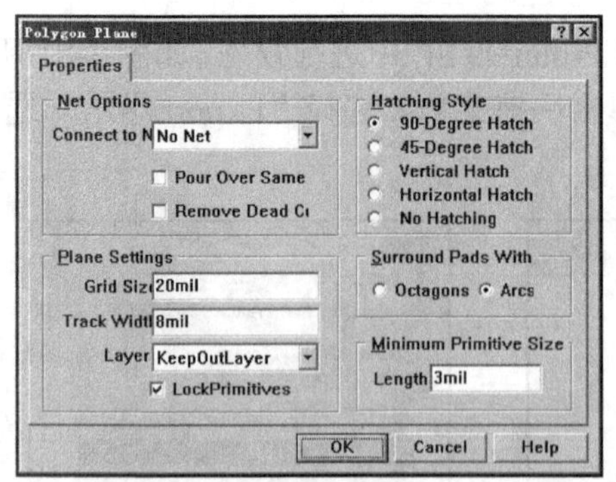

图 3-85　覆铜

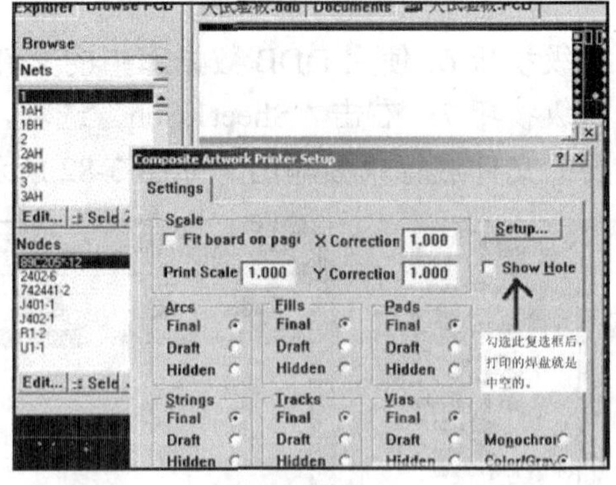

图 3-86　设置焊盘显示中间为空

高级技巧 5：选择“Edit 编辑→Move 移动→Component 元件”选项，以实现在 PCB 中快速找到要找的元件的功能，如图 3-87 所示。

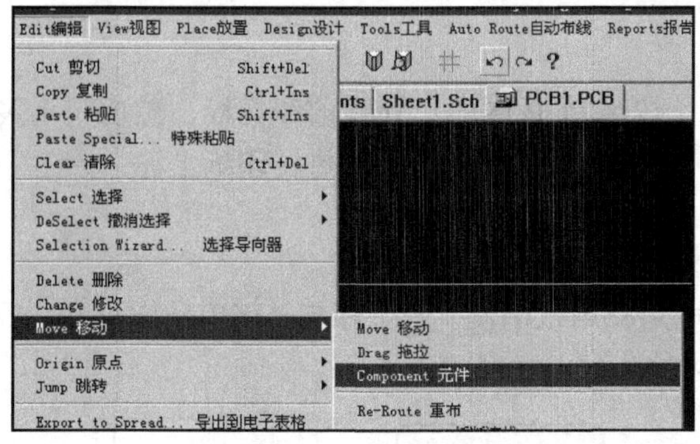

图 3-87　快速查找元件

高级技巧 6：在 Protel 99 SE 中增加汉字。其具体步骤如下：

（1）安装好 Protel 99 SE，选择“Place 放置→chinese 汉字”，如图 3-88 所示。

（2）弹出“Advanced Text System”对话框，进行相应的设置：设置要输入的汉字，设置汉字所在的层，设置字体和字号，选择文字为空心还是实心，设置好后，单击“OK”按钮，系统就已经记下了用户的设置，以备随时调用，如图 3-89 所示。

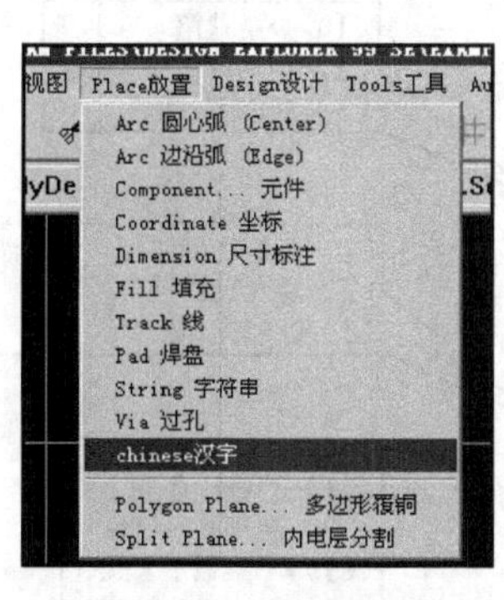

图 3-88　放置汉字

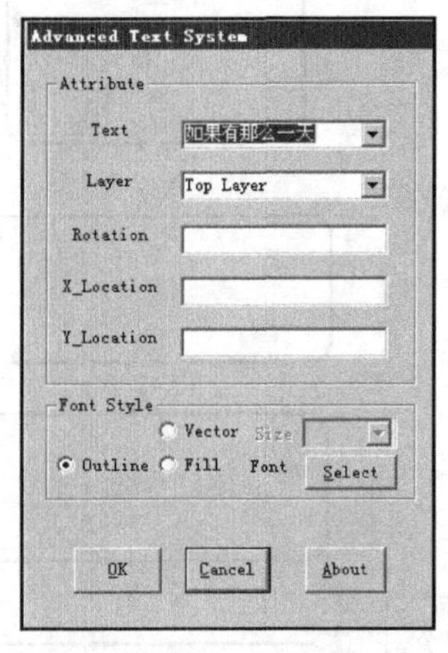

图 3-89　设置汉字

（3）此时再次选择“Place 放置→chinese 汉字”选项，把鼠标指针定位在要加汉字的位置几秒，就会出现刚才设置好的汉字的虚影，此时单击会将汉字定位，右击则会取消此次操作，如图 3-90 所示。

至此，设置的方法大致已经讲完，希望大家都能轻松地在自己的 PCB 作品加上漂亮的汉字。下面是两个实际效果，一个是虚线的效果，一个是实线的效果，如图 3-91 所示。

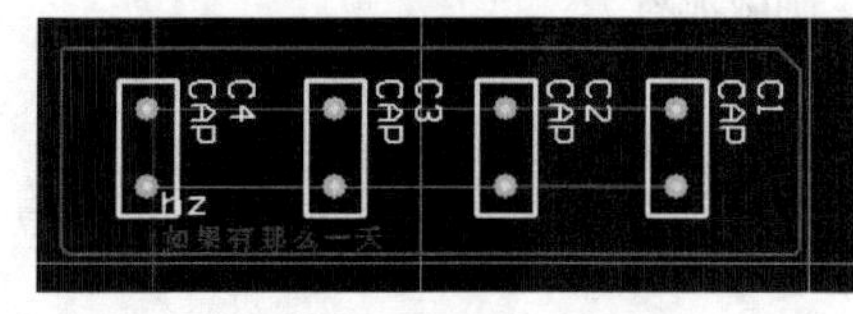

图 3-90　汉字定位

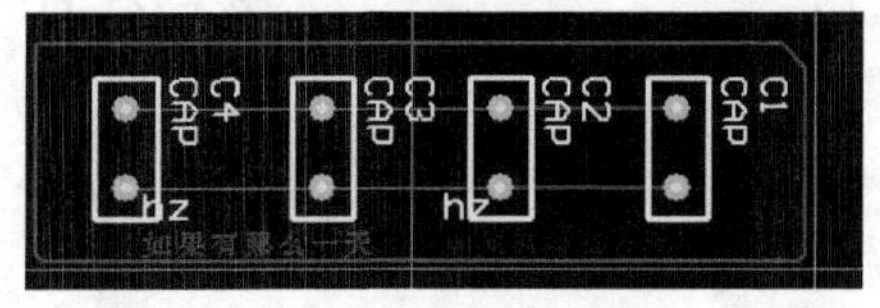

图 3-91　汉字虚线和实线的效果

11. PCB 手工制版

（1）使用裁版机，按照 PCB 图的尺寸裁剪覆铜板，然后用木炭清洗覆铜板表面。

（2）用打印机将 PCB 底层布线图打印在热转印纸上。

（3）将热转印纸上的图转印到覆铜板上。

（4）用三氯化铁溶液进行腐蚀。

（5）将腐蚀好的电路板用水清洗。洗干净后，再用钻床打孔，最后涂覆助焊剂。PCB 手工制版流程如图 3-92 所示。

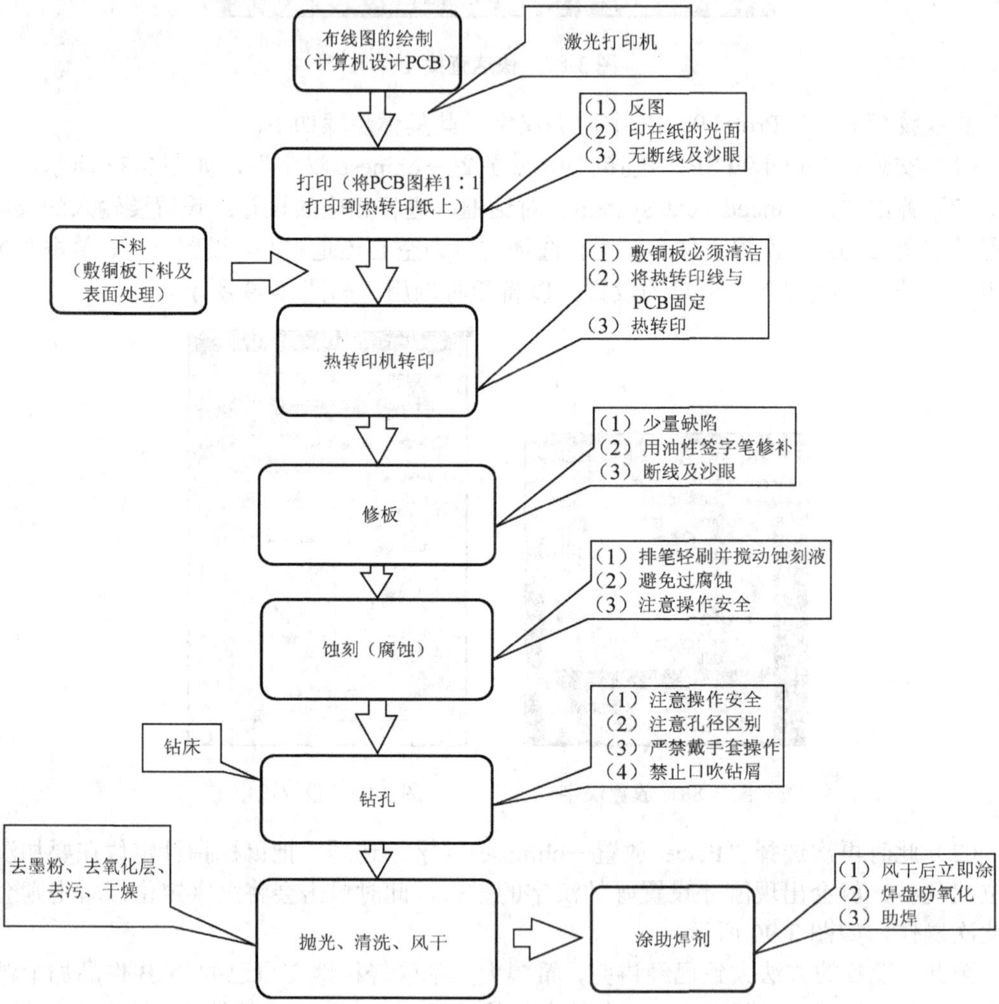

布线图的绘制（计算机设计PCB）
激光打印机
打印（将PCB图样1∶1打印到热转印纸上）
（1）反图
（2）印在纸的光面
（3）无断线及沙眼
下料（敷铜板下料及表面处理）
热转印机转印
（1）敷铜板必须清洁
（2）将热转印线与PCB固定
（3）热转印
修板
（1）少量缺陷
（2）用油性签字笔修补
（3）断线及沙眼
蚀刻（腐蚀）
（1）排笔轻刷并搅动蚀刻液
（2）避免过腐蚀
（3）注意操作安全
钻床
钻孔
（1）注意操作安全
（2）注意孔径区别
（3）严禁戴手套操作
（4）禁止口吹钻屑
去墨粉、去氧化层、去污、干燥
抛光、清洗、风干
涂助焊剂
（1）风干后立即涂
（2）焊盘防氧化
（3）助焊

图 3-92　PCB 手工制版流程

项目考核

项目内容	配分	评分标准
数字万年历的制作与调试	80分	（1）工具及仪表使用不当　每次扣5分 （2）元器件识别与检测的方法不正确　扣20分 （3）不能检测出元器件的好坏及类别　每只扣10分 （4）损坏元器件　每只扣10～20分 （5）焊点质量不好　每次扣5分 （6）不会绘制电子线路图　扣20分 （7）不会绘制PCB图　扣10分 （8）产品总装不合格　扣10分 （9）整机测试功能不合格　扣20分 （10）作业一次未完成　每次扣20分
学习态度、协作精神和职业道德	20分	
安全文明生产与6S生产管理	违反安全文明操作规程扣10～60分	
定额时间	训练时不允许超时，每超5min（不足5min时以5min计）扣5分	
备注	除额定时间外，各项内容的最高扣分不得超过配分数	
自我总结	1）请总结在整个项目完成过程中做得好的是什么？有什么不足？有何打算？ 2）在整个项目完成中出现了哪些问题？如何解决的？还有什么问题未解决？	
项目评价	自评： 本人签字：　日期：	
	同组互评： 组长签字：　日期：	
	教师评价： 教师签字：　日期：	

思考练习题

1. 简述开关的种类，列举常用开关的结构、特点及用途。
2. 简述接插件的种类，列举常用接插件的结构、特点及用途。
3. 简述显示器件的种类、结构、特点及用途。
4. 请说明电动式扬声器和压电陶瓷扬声器的结构和主要特点。
5. 分别说明动圈式传声器、驻极体电容式传声器的结构和主要特点。选用电声元件时应注意哪些问题？
6. 什么是继电器？它的接点形式有哪几种？
7. 简述继电器的特点、分类和工作原理。
8. 试叙述常用绝缘导线的加工工艺流程。

9. 试叙述屏蔽导线端头的加工工艺流程。
10. 什么是电磁线？它的作用是什么？
11. 试叙述导线连接处的绝缘处理。
12. 请说明常用覆铜板的基板材料及各自的性能是什么？
13. 列举 FET、MOSFET、集成电路的焊接注意事项是什么。
14. 请总结出导线连接的几种方式及焊接技巧是什么。
15. 设计电路板最基本的过程是什么？
16. 写出 PCB 图的设计流程。
17. 画出 PCB 手工制版流程图。

项　目 4

生产工艺文件编制

知识目标

1. 熟悉电子产品生产装配过程。
2. 了解电子产品生产的基本要求、组织形式。
3. 掌握电子产品装配工艺流程、电子产品生产流程和工序。
4. 掌握生产工艺文件的编制及注意事项。
5. 了解生产工艺文件制定的原则、方法、要求和格式。

能力目标

1. 会电子产品生产工艺流程的设计原理与方法。
2. 会设计 EDT-2031 贴片收音机的工艺文件。
3. 会 EDT-2031 贴片收音机工艺文件的填写与更改。
4. 能进行贴片收音机工艺文件的审核与管理。
5. 能熟练操作计算机办公软件。

4.1 工艺文件编制实例

编制 ZX2031FM 微型贴片收音机的工艺文件，见表 4-1～表 4-15。

表 4-1 工艺文件封面

工 艺 文 件

第 1 册
共 1 册
共 8 页

产品型号：ZX2031

产品名称：ZX2031FM 微型贴片收音机

产品图号：AAA

本册内容：了解贴片收音机的工作原理（会装配、调整、测试），会检修收音机；熟练掌握 SMT 的焊接技术。

班级：×××
姓名：×××
批准：×××
××年 × 月 × 日

表 4-2　工艺文件目录

<table>
<tr><td rowspan="2"></td><td colspan="2" rowspan="2">工艺文件目录</td><td colspan="2">产品名称</td><td colspan="2">计划生产件数</td></tr>
<tr><td colspan="2"></td><td colspan="2"></td></tr>
<tr><td></td><td>序号</td><td colspan="2">工艺文件名称</td><td>页数</td><td colspan="2">备注</td></tr>
<tr><td></td><td>1</td><td colspan="2">工艺文件封面</td><td>1</td><td colspan="2"></td></tr>
<tr><td></td><td>2</td><td colspan="2">工艺文件目录</td><td>1</td><td colspan="2"></td></tr>
<tr><td></td><td>3</td><td colspan="2">配套明细表</td><td>2</td><td colspan="2"></td></tr>
<tr><td></td><td>4</td><td colspan="2">仪器仪表明细表</td><td>1</td><td colspan="2"></td></tr>
<tr><td></td><td>5</td><td colspan="2">电路原理图</td><td>1</td><td colspan="2"></td></tr>
<tr><td></td><td>6</td><td colspan="2">PCB 版图</td><td>1</td><td colspan="2"></td></tr>
<tr><td></td><td>7</td><td colspan="2">工艺过程表</td><td>1</td><td colspan="2"></td></tr>
<tr><td></td><td>8</td><td colspan="2">工艺流程图</td><td>1</td><td colspan="2"></td></tr>
<tr><td></td><td>9</td><td colspan="2">装配准备工艺卡</td><td>3</td><td colspan="2"></td></tr>
<tr><td></td><td>10</td><td colspan="2">基板再流焊焊接工艺</td><td>2</td><td colspan="2"></td></tr>
<tr><td></td><td>11</td><td colspan="2">基板安装与焊接</td><td>1</td><td colspan="2"></td></tr>
<tr><td></td><td>12</td><td colspan="2">整机安装与调试</td><td>2</td><td colspan="2"></td></tr>
<tr><td></td><td>13</td><td colspan="2">整机故障检修</td><td>1</td><td colspan="2"></td></tr>
<tr><td></td><td>14</td><td colspan="2">整机装配工艺</td><td>2</td><td colspan="2"></td></tr>
<tr><td></td><td>15</td><td colspan="2">整机检验工艺</td><td>1</td><td colspan="2"></td></tr>
</table>

旧底图总号	更改标记	数量	更改单号	签名	日期		签名	日期	第　页
						拟制			共　页
底图总号						审核			第　册
						标准化			共　册

表 4-3　配套明细表

配套明细表			产品名称	产品图号
序号	器件类型	器件参数	数量	备注
1	贴片集成块	SC1088	1	IC
2	贴片晶体管	9014	1	V3
3	贴片晶体管	9012	1	V4
4	二极管	BB910	1	D1
5	二极管	LED	1	D2
6	磁珠电感	4.7μH	1	L_1
7	色环电感	4.7μH	1	L_2
8	空心电感	78nH，8 圈	1	L_3
9	空心电感	70nH，5 圈	1	L_4
10	贴片电阻	153	1	R_1
11	贴片电阻	154	1	R_2
12	贴片电阻	122	1	R_3
13	贴片电阻	562	1	R_4
14	插件电阻	681	1	R_5
15	电位器	51kΩ	1	R_P
16	贴片电容	222	1	C_1
17	贴片电容	104	4	C_2、C_{10}、C_{12}、C_{16}
18	贴片电容	221	2	C_3、C_5
19	贴片电容	331	1	C_4
20	贴片电容	332	1	C_6
21	贴片电容	181	1	C_7
22	贴片电容	681	1	C_8
23	贴片电容	683	1	C_9
24	贴片电容	223	1	C_{11}
25	贴片电容	471	1	C_{13}
26	贴片电容	33	1	C_{14}
27	贴片电容	82	1	C_{15}
28	插件电容	332	1	C_{17}
29	电解电容	100μF，$\phi 6\times 6$	1	C_{18}
30	插件电容	223	1	C_{19}
31		前框	1	
32		后盖	1	
33	内、外	电位器钮	2	
34	有缺口	开关按钮	1	SCAN 键
35	无缺口	开关按钮	1	RESET 键
36		挂钩	1	
37	正、负、连体片	电池片	各 1	3 件
38	55mm×25mm	印制电路板	1	

续表

配套明细表			产品名称	产品图号
序号	器件类型	器件参数	数量	备注
39	6×6 二脚	轻触开关	2	S1、S2
40	ϕ3.5	耳机插座	1	XS
41	ϕ1.6×5	电位器螺钉	1	
42	ϕ2×8	自攻螺钉	2	
43	ϕ2×5	自攻螺钉	1	
44	ϕ0.8×6mm	正、负极导线	2	各 1
45	32Ω×2	耳机	1	EJ

旧底图总号	更改标记	数量	更改单号	签名	日期		签名	日期	第　页
						拟制			共　页
底图总号						审核			第　册
						标准化			共　册

表 4-4　仪器仪表明细表

仪器仪表明细表			产品名称	产品图号
			贴片收音机	
序号	型号	名称	数量	备注
1	TY-960	指针式万用表	1	
2		数字式万用表	1	
3	Create-SMT500	再流焊机	1	

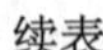

续表

仪器仪表明细表			产品名称		产品图号
			贴片收音机		
序号	型号	名称		数量	备注
4		稳压电源		1	
5		电烙铁		1	

旧底图总号	更改标记	数量	更改单号	签名	日期		签名	日期	第 页
						拟制			共 页
底图总号						审核			第 册
						标准化			共 册

表 4-5　电路原理

电路原理图	产品名称	调试项目
	贴片收音机	2

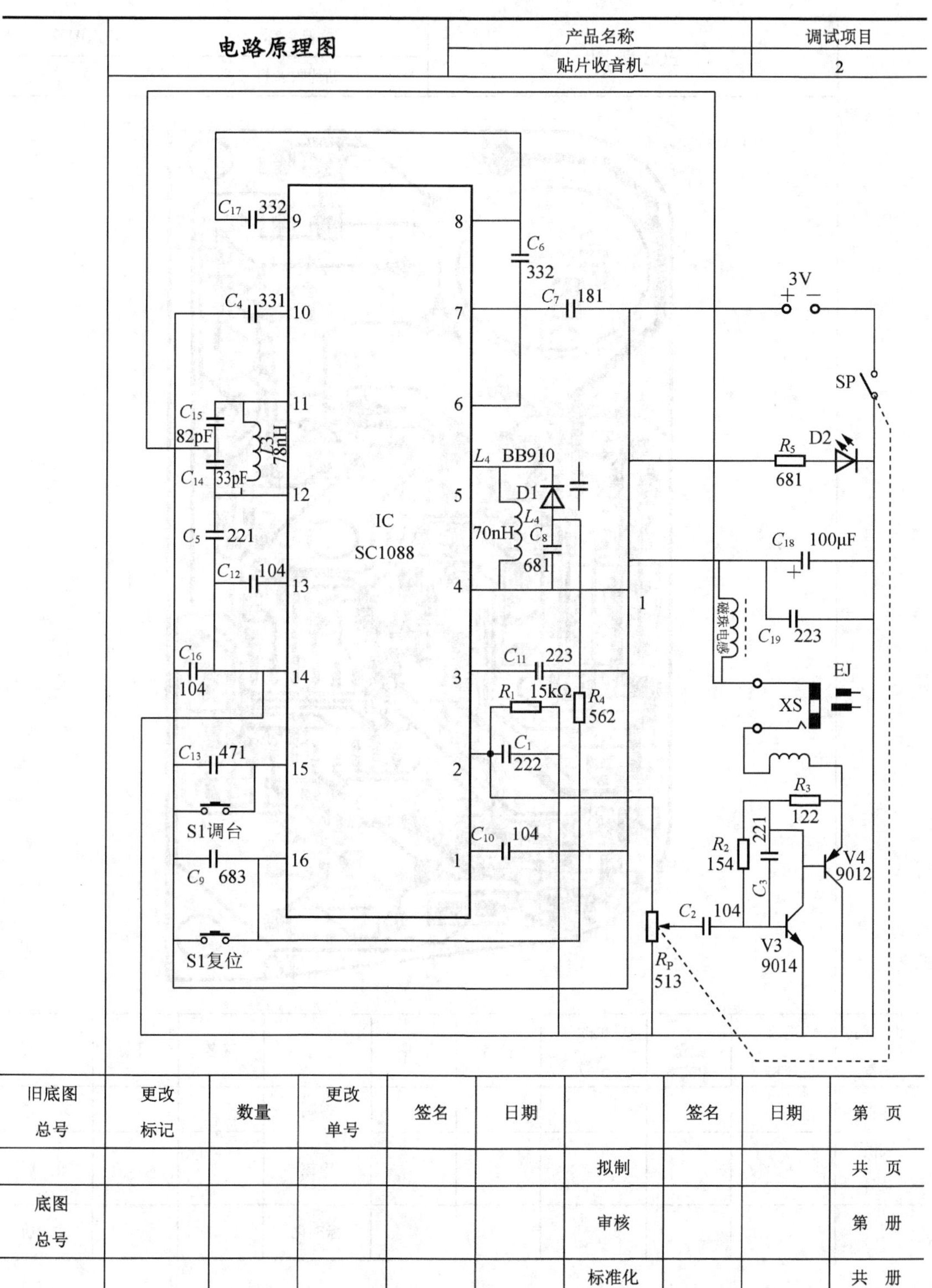

旧底图总号	更改标记	数量	更改单号	签名	日期		签名	日期	第　页
						拟制			共　页
底图总号						审核			第　册
						标准化			共　册

表 4-6　PCB 版图

	PCB 版图	产品名称	产品图号
		贴片收音机	3

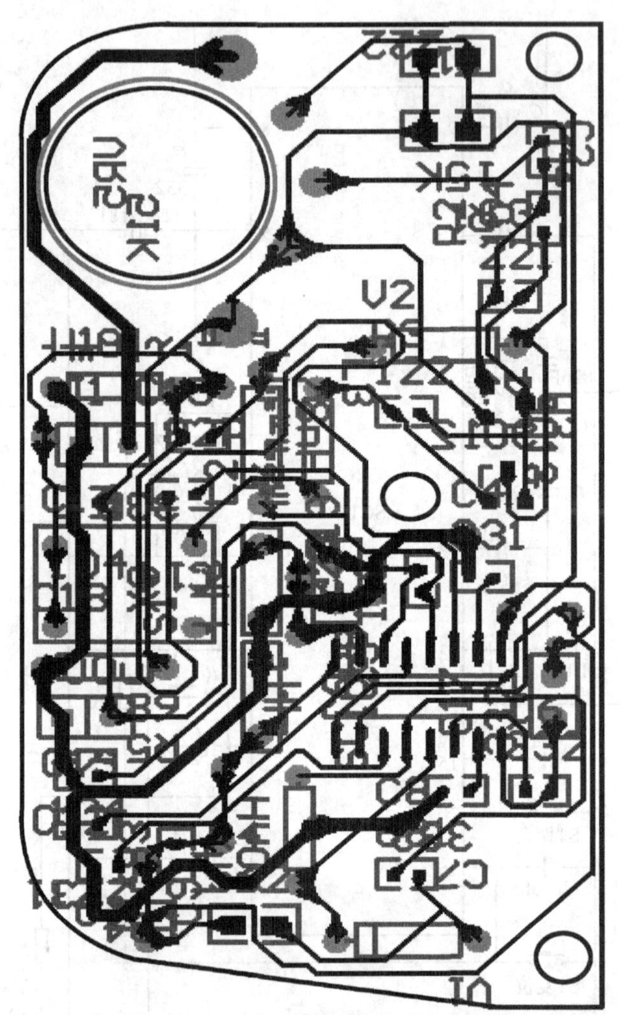

旧底图总号	更改标记	数量	更改单号	签名	日期		签名	日期	第　页
						拟制			共　页
底图总号						审核			第　册
						标准化			共　册

表 4-7 工艺过程表

<table>
<tr><td rowspan="2" colspan="3">工艺过程表</td><td colspan="2">产品名称</td><td colspan="2">产品图号</td></tr>
<tr><td colspan="2">贴片收音机</td><td colspan="2"></td></tr>
<tr><td>序号</td><td colspan="2">型号</td><td colspan="2">名称</td><td>数量</td><td>备注</td></tr>
<tr><td>1</td><td colspan="2">贴片 1</td><td colspan="2">贴片集成块 IC、贴片晶体管 V3、V4</td><td></td><td></td></tr>
<tr><td>2</td><td colspan="2">贴片 2</td><td colspan="2">贴片电阻 R_1、R_2、R_3、R_4
贴片电容 C_1、C_2、C_3、C_4、C_5、C_6、C_7、C_8、C_9、C_{12}、C_{13}、C_{14}、C_{15}、C_{16}</td><td></td><td></td></tr>
<tr><td>3</td><td colspan="2">插件 1</td><td colspan="2">插入电阻，二极管</td><td></td><td></td></tr>
<tr><td>4</td><td colspan="2">插件 2</td><td colspan="2">插入插件电容</td><td></td><td></td></tr>
<tr><td>5</td><td colspan="2">插件 5</td><td colspan="2">插入电位器、电解电容</td><td></td><td></td></tr>
<tr><td>6</td><td colspan="2">插件 7</td><td colspan="2">插入电池夹引线、喇叭引线</td><td></td><td></td></tr>
<tr><td>7</td><td colspan="2">插件检验</td><td colspan="2">检验插件工艺质量</td><td></td><td></td></tr>
<tr><td>8</td><td colspan="2">浸焊</td><td colspan="2">印制电路板焊接</td><td></td><td></td></tr>
<tr><td>9</td><td colspan="2">补焊 1</td><td colspan="2">修补焊点</td><td></td><td></td></tr>
<tr><td>10</td><td colspan="2">补焊 2</td><td colspan="2">修补焊点</td><td></td><td></td></tr>
<tr><td>11</td><td colspan="2">装硬件 2</td><td colspan="2">装开关电位器</td><td></td><td></td></tr>
<tr><td>12</td><td colspan="2">装硬件 3</td><td colspan="2">装焊线圈、磁珠</td><td></td><td></td></tr>
<tr><td>13</td><td colspan="2">开口</td><td colspan="2">量工作点、整机电流</td><td></td><td></td></tr>
<tr><td>14</td><td colspan="2">基板调试</td><td colspan="2">调中频</td><td></td><td></td></tr>
<tr><td>15</td><td colspan="2">总装 1</td><td colspan="2">装拉线，焊线</td><td></td><td></td></tr>
<tr><td>16</td><td colspan="2">总装 2</td><td colspan="2">焊扬声器线，整理，进壳</td><td></td><td></td></tr>
<tr><td>17</td><td colspan="2">整机调试 1</td><td colspan="2">调频率范围</td><td></td><td></td></tr>
<tr><td>18</td><td colspan="2">整机调试 2</td><td colspan="2">统调，检查跟踪点</td><td></td><td></td></tr>
<tr><td>19</td><td colspan="2">整机调试 3</td><td colspan="2">装旋钮，后盖，包装</td><td></td><td></td></tr>
<tr><td></td><td colspan="2"></td><td colspan="2"></td><td></td><td></td></tr>
<tr><td></td><td colspan="2"></td><td colspan="2"></td><td></td><td></td></tr>
</table>

旧底图总号	更改标记	数量	更改单号	签名	日期		签名	日期	第 页
						拟制			共 页
底图总号						审核			第 册
						标准化			共 册

表 4-8　工艺流程图

工艺流程图	产品名称	产品图号
	贴片收音机	

元器件检测　元器件检测　外壳与结构检测

丝印焊膏

贴片

再流焊

检验、补焊

THT元器件装焊

部件装配

检测调试

总装、交验

旧底图总号	更改标记	数量	更改单号	签名	日期		签名	日期	第　页
						拟制			共　页
底图总号						审核			第　册
						标准化			共　册

表 4-9　装配准备工艺卡

装配准备工艺卡	产品名称	产品图号
	贴片收音机	

1. 准备目的

电子产品装配之前，应做好与整机装配密切相关的各项准备工作，包括识图、材料的清点和元器件的成型等，这是顺利完成整机装配的重要保障。

2. 工具与仪器仪表

镊子（1 把）、锯条（1 把）、钢皮尺（1 把）、尖嘴钳（1 把）、万用表（1 台）。

3. 准备的方法与步骤

1）技术准备

（1）了解 SMT 基本知识。

① SMC 及 SMD 的特点及安装要求。

② SMB 设计及检验。

③ SMT 工艺过程。

④ 再流焊工艺及设备。

（2）实习产品简单原理。

（3）实习产品结构及安装要求。

2）安装前检查

（1）SMB 检查，如下图所示。

续表

装配准备工艺卡	产品名称	产品图号
	贴片收音机	

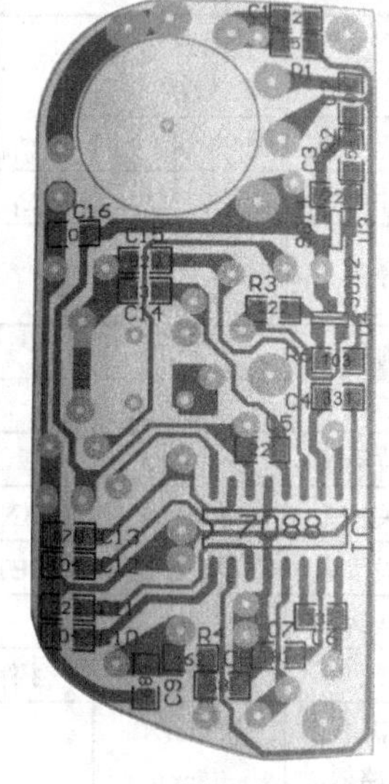
（a）SMT贴片安装图

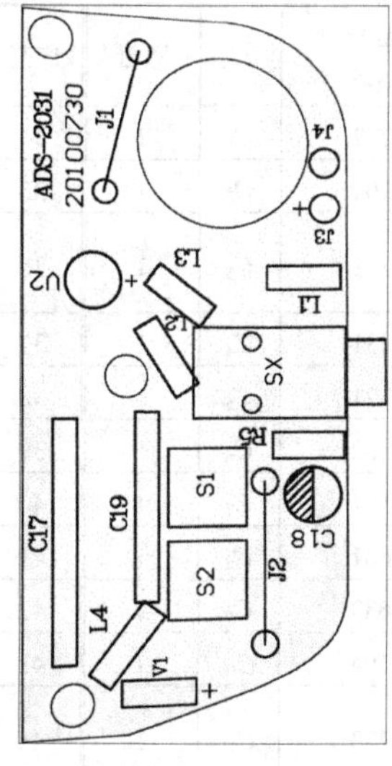

（b）THT插件安装图

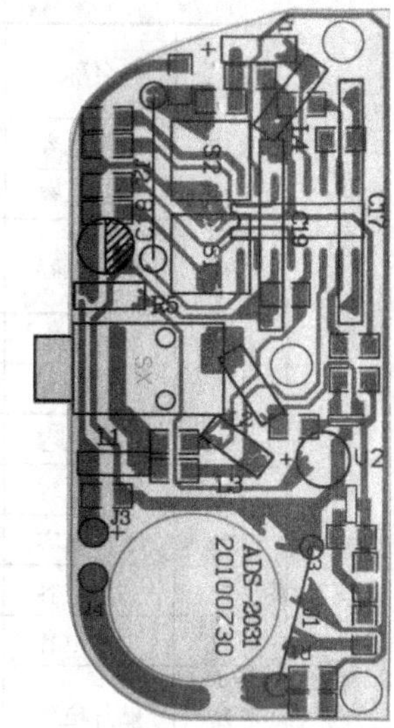
（c）SMT、THT综合安装图

对照图检查：图形是否完整，有无短、断缺陷；孔位及尺寸；表面涂覆（阻焊层）。

（2）外壳及结构件检查。

① 按材料单清查零件品种规格及数量（表贴元器件除外）。

参考如下所示的材料配套清单，并注意如下事项：

按材料清单一一对应，记清每个元器件的名称与外形；

打开时请小心，不要将塑料袋撕破，以免材料丢失；

清点材料时请将表箱后盖当容器，将所有的东西都放在里面；

清点完后请将材料放回塑料袋备用，暂时不用的请放在塑料袋里。

序号	名称	型号规格	位号	数量	序号	名称	型号规格	位号	数量
1	贴片集成块	SC1088	IC	1	9	空心电感	70nF 5圈	L_4	1
2	贴片晶体管	9014	V3	1	10	耳机	32kΩ×2	EJ	1
3	贴片晶体管	9012	V4	1	11	贴片电阻	15kΩ	R_1	1
4	二极管	BB910	D1	1	12	贴片电阻	154	R_2	1
5	二极管	LED	D2	1	13	贴片电阻	122	R_3	1
6	磁珠电感	4.7μF	L_1	1	14	贴片电阻	562	R_4	1
7	色环电感	4.7μF	L_2	1	15	插件电阻	681	R_5	1
8	空心电感	70nF 8圈	L_3	1	16	电位器	51kΩ	R_P	1

续表

装配准备工艺卡	产品名称	产品图号
	贴片收音机	

序号	名称	型号规格	位号	数量	序号	名称	型号规格	位 号	数量
17	贴片电容	222	C_1	1	34	电解电容	100μF，ϕ6×6	C_{18}	1
18	贴片电容	104	C_2	1	35	插件电容	223	C_{19}	1
19	贴片电容	221	C_3	1	36	导线	0.8×6mm		2
20	贴片电容	331	C_4	1	37	前盖			1
21	贴片电容	221	C_5	1	38	后盖			1
22	贴片电容	332	C_6	1	39	电位器钮	（内，外）		各 1
23	贴片电容	181	C_7	1	40	开关按钮	有缺口	SCAN 键	1
24	贴片电容	681	C_8	1	41	开关按钮	无缺口	RESET 键	1
25	贴片电容	683	C_9	1	42	挂钩			1
26	贴片电容	104	C_{10}	1	43	电池片	正负连体片	3 件	各 1
27	贴片电容	223	C_{11}	1	44	印制电路板	55mm×25mm		1
28	贴片电容	104	C_{12}	1	45	轻触开关	6×6 二脚	S1、S2	各 2
29	贴片电容	471	C_{13}	1	46	耳机插座	3.5	XS	1
30	贴片电容	33	C_{14}	1	47	电位螺钉	ϕ1.6×5		1
31	贴片电容	82	C_{15}	1	48	自攻螺钉	ϕ2×8		2
32	贴片电容	104	C_{16}	1	49	自攻螺钉	ϕ2×5		1
33	插件电容	332	C_{17}	1					

② 检查外壳有无缺陷及外观是否损伤。

③ 耳机。

（3）THT 元器件检测。

① 电位器阻值调节特性。

② LED、线圈、电解电容、插座、开关的好坏。

③ 判断变容二极管的好坏及极性，如下图所示。

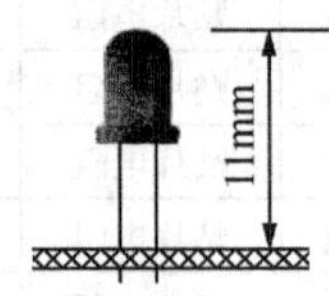

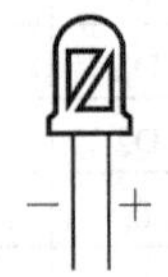

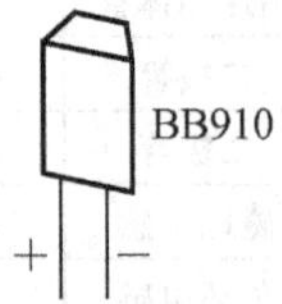

旧底图总号	更改标记	数量	更改单号	签名	日期		签名	日期	第 页
						拟制			共 页
底图总号						审核			第 册
						标准化			共 册

表 4-10　基板再流焊焊接工艺

基板再流焊焊接工艺	产品名称	产品图号
	贴片收音机	

1. 焊接目的

焊接用于融合两种或两种以上的金属面，使它们成为一个整体的金属或合金。

焊接的工具与仪器仪表：回流焊机、镊子（1 把）、尖嘴钳（1 把）、改锥（1 把）。

2. 焊接的方法与步骤

焊接前的准备：在焊接之前，应用万用表进行校验，检查每个元器件插放是否正确、整齐，二极管、电解电容极性是否正确，电阻读数的方向是否一致，全部合格后方可进行元器件的焊接。

焊接的步骤如下。

（1）参见下图，丝印焊膏，并检查印刷情况。

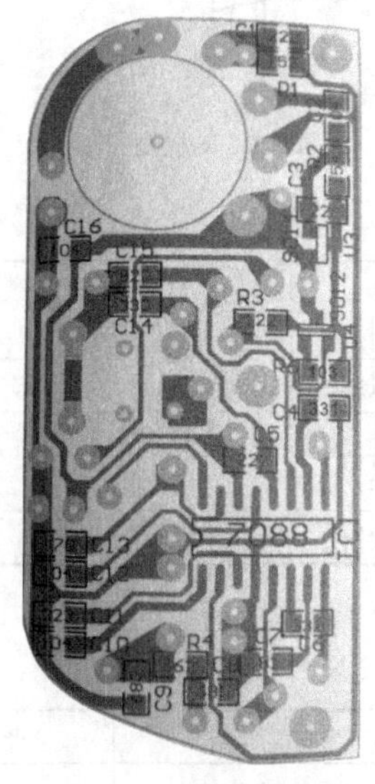

（a）SMT 贴片安装图

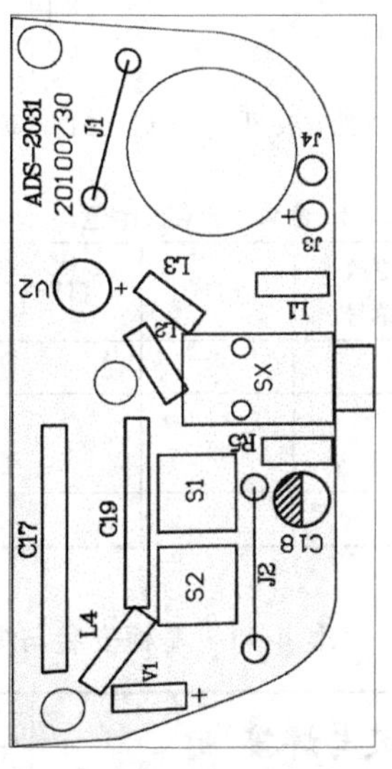

（b）THT 插件安装图

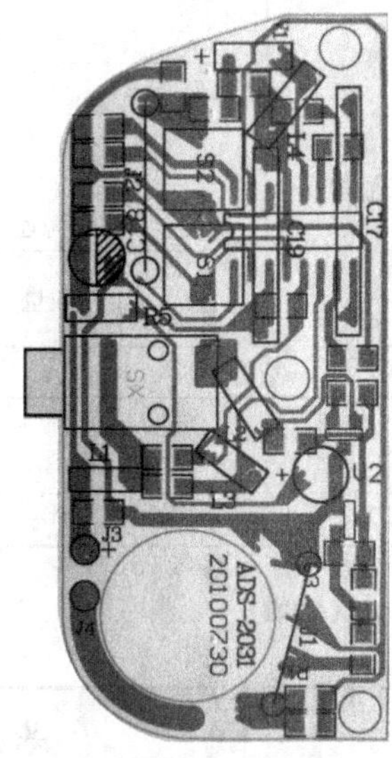

（c）SMT、THT 综合安装图

（2）按工序流程贴片。

流程：$C_1/R_1 \to C_2/R_2 \to C_3/\mathrm{V}_3 \to C_4/\mathrm{V}_4 \to C_5/R_3 \to C_6/\mathrm{SC1088} \to C_7 \to C_8/R_4 \to C_9 \to C_{10} \to C_{11} \to C_{12} \to C_{13} \to C_{14} \to C_{15} \to C_{16}$。

焊接注意事项：SMC 和 SMD 不得用手拿；用镊子夹持不可夹到引线上；SC1088 标记方向；贴片电容表面没有标签，一定要保证准确及时贴到指定位置。

（3）检查贴片数量及位置。

（4）再流焊机焊接。

（5）检查焊接质量及修补。

补焊的工序：将摆放不整齐的元器件扶正；补虚焊点、漏焊点及漏插的元器件。

补焊注意事项：必须要明确哪些焊点是不符合实际要求的，针对这些焊点进行补焊；必须知道电烙铁的正确使用方法，明确焊接时间控制在 2～4s；剪脚的时候不能将引脚对准别人或自己，防止意外事故发生。

续表

	基板再流焊焊接工艺	产品名称	产品图号
		贴片收音机	

(6) 安装 THT 元器件，参见图（b）、图（c）。

① 安装并焊接电位器 R_P，注意电位器与印制电路板平齐。

② 耳机插座 XS。

③ 轻触开关 S1、S2，跨接线 J1、J2（可用剪下的元件引线）。

④ 变容二极管 D1（注意极性方向标记），如下图图（c）所示。

⑤ 电感线圈 L_1～L_4，L_1用磁环电感，L_2用色环电感，L_3用 8 匝空心线圈，L_4用 5 匝空心线圈。

⑥ 电解电容 C_{18}（100μF）贴板装。

⑦ 发光二极管，注意高度，极性如下图图（b）所示。

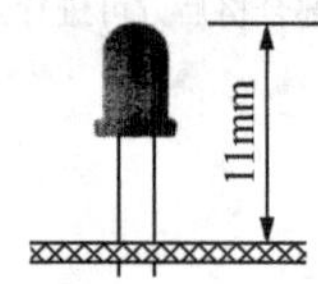

（a）LED 的安装图

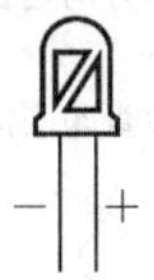

（b）LED 的极性图

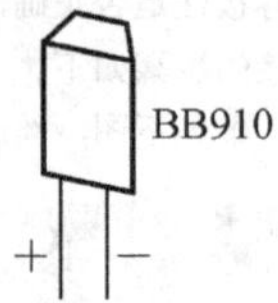

（c）D1 的极性图

⑧ 焊接电源连接线 J3、J4，注意正负连线颜色。

旧底图总号	更改标记	数量	更改单号	签名	日期		签名	日期	第　页
						拟制			共　页
底图总号						审核			第　册
						标准化			共　册

表 4-11　基板安装与焊接

	基板安装与焊接	产品名称	产品图号

通孔元器件安装的一般原则如下：

（1）从低到高，要对元器件进行整形。

（2）保持整齐，同类元器件高度要一致。

（3）元器件一般要贴紧电路板。

（4）元器件的引脚长度要适中。

贴息收音机电路板安装与焊接好后如下图所示。

（a）贴片收音机电路板正面（元器件面）

续表

基板安装与焊接	产品名称	产品图号

（b）贴片收音机电路板背面（焊接面）

按照布局图将元器件成型后插入相应位置，并用电烙铁焊接固定好。插放元器件时应注意元器件参数、极性，不能接错；相似元器件的高度应保持一致；反面过长的引脚剪掉，或保留作为连线使用。

元器件插放好后，应根据电路原理图将各元器件引脚用导线连接起来，使其实现预想的性能。走线时应注意横平竖直、走线最短、不走斜线、不能交叉。

旧底图总号	更改标记	数量	更改单号	签名	日期		签名	日期	第　页
						拟制			共　页
底图总号						审核			第　册
						标准化			共　册

表 4-12　整机安装与调试

整机安装与调试	产品名称	调试项目
	贴片收音机	

1. 外观检查

检查单元电路板、紧固螺钉、旋钮开关、插座等有无机内异物，有无破损等现象。顺序为先外后内。具体包括：直观检查电路板有无虚焊、连焊的现象，用万用表检查电路有无短路或开路现象。

2. 结构调试

检查整机装配的牢固可靠性及可调电位器的灵活性。

3. 通电前检测

采用直观法，检查印制电路板上有无明显元器件插错、漏焊、拉丝焊和引脚相碰短路等情况，保证无假焊和虚焊现象。

采用电阻测量法测量印制电路板各元器件两端阻值。

4. 通电后检查

1）测整机电流

将万用表置于直流 200mA 挡，把两表笔并接在电源开关两端（断开开关），注意表笔极性，测量贴片收音机的整机电流，如果测得的整机电流在 10mA 左右，则整机电流正常。将音量开到最大（将电源开关顶开），此时电流应为 20mA 左右。如果电流太大，超过 35mA 则说明电路存在短路等故障，应仔细查找分析，一般情况是电容器 C_{18} 漏电，或者是集成电路内部击穿。

正常电流应为（7～30）mA（与电源电压有关），并且 LED 正常点亮。

2）搜索电台广播

如果电流在正常范围，可按 S1 开关搜索电台广播。只要元器件质量完好，安装正确，焊接可靠，不

续表

<table>
<tr><td rowspan="2"></td><td rowspan="2">整机安装与调试</td><td>产品名称</td><td>调试项目</td></tr>
<tr><td>贴片收音机</td><td></td></tr>
<tr><td></td><td colspan="3">
用调任何部分即可收听到电台广播。

如果收听不到广播应仔细检查电路，特别要检查有无错装、虚焊、漏焊等缺陷。

3）调覆盖

调频广播的频率为（87～108）MHz。用一个有频率标示的调频收音机，接收一个当地能接收到的频率最低的 FM 广播电台，然后打开被调测收音机，按 RESET 键，再按一次 SCAN 键，听听接收的第一个电台是不是本地能接收到的频率最低的广播电台信号。如果不能接收到最低频率电台，可用无感螺钉旋具小心调整 L_4 的线圈的匝间距离，使其间距增大。

L_4 为调谐电感，与变容二极管一起组成调谐回路，当电感的匝间距离变化时，电感量也随之变化，电路的调谐频率也随之变化。细心调整线圈的匝间距离就可以接收到本地最低频段的 FM 广播台。

4）调高段频率

调试好低频段频率后就可以调高段频率，同样用正常的 FM 收音机接收本地能接收到的频率最高的广播电台。因本机集成度很高，绝大多数的功能电路都集成在 SC1088 集成电路内部，所以调节高端频率也只能微调 L_4，使之能大致兼顾低频段与高频段频率的接收。最后用石蜡将 L_4 线圈封住。

5）调灵敏度

灵敏度的调测主要是调信号接收回路，信号接收回路由天线、L_1、L_3 、C_{14} 、C_{15} 组成。先接收一个弱一点的电台信号，细心调整线圈匝间距离，使声音最清晰，音量最大。

5. 整机调试

整机统调，电源开关手感良好，音量正常可调，收听正常，表面无损伤，见下图。

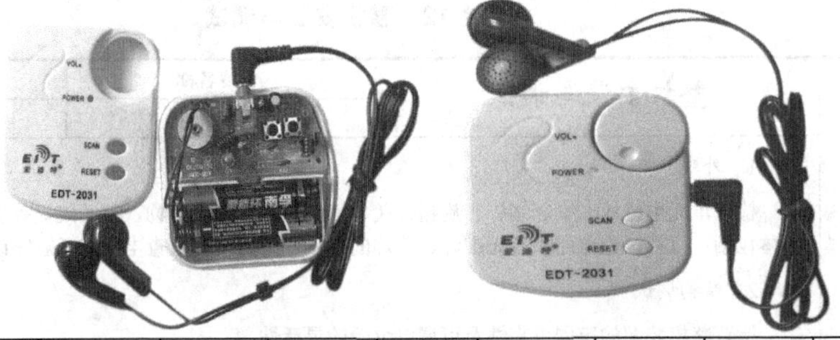

</td></tr>
</table>

旧底图总号	更改标记	数量	更改单号	签名	日期		签名	日期	第　页
						拟制			共　页
底图总号						审核			第　册
						标准化			共　册

表 4-13 整机故障检修

整机故障检修	产品名称	调试项目
	贴片收音机	

1. 故障一

故障现象：收不到电台信号。

故障分析：当收音机收不到电台信号时，应首先根据收音机的信号流程，进行分段检查，检测是否有故障点。可以检测 6～10 脚有无中频信号。如果检测到 6、7 脚没有中频信号，那么问题应该是混频与接收电路有故障。

检修流程：收不到电台信号可以采用波形测试法，检修流程如下图所示。

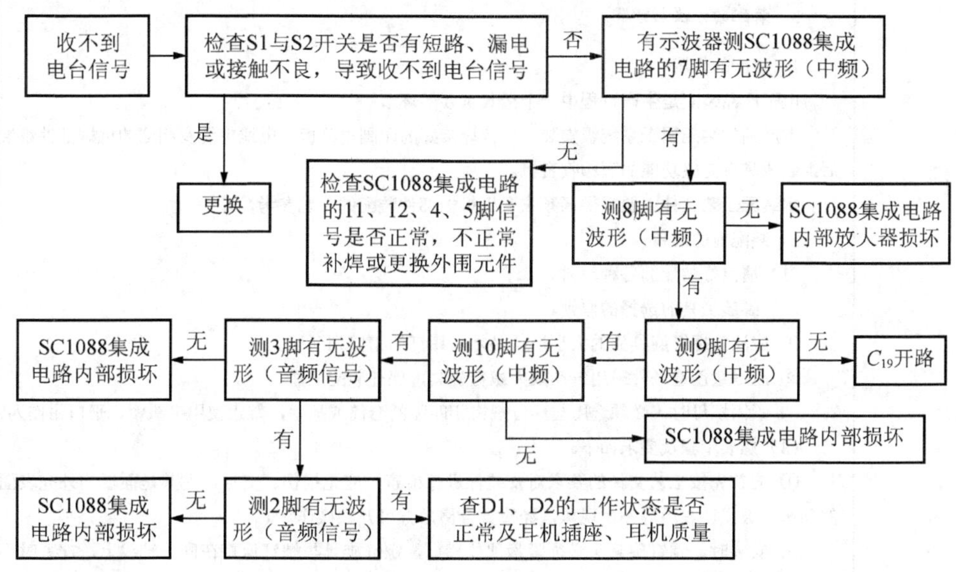

2. 故障二

故障现象：收不到低端与高端频段电台。

故障分析：收音机收不到低端与高端频段电台，实际是收音机的频率覆盖不完整，即不能覆盖整个调频广播频率段［(87～108) MHz］，与此有关的元器件是变容二极管、L_4与 SC1088 集成电路。

检修过程：首先应该细心调整线圈匝间距离，一般整个电路如果能覆盖低频段则也能覆盖高频段，然后应该检查变容二极管的质量与 SC1088 集成电路的 4 脚、5 脚电压是否正常，即可排除故障。

旧底图总号	更改标记	数量	更改单号	签名	日期		签名	日期	第 页
						拟制			共 页
底图总号						审核			第 册
						标准化			共 册

表 4-14　整机装配工艺

<table>
<tr><td rowspan="2"></td><td rowspan="2">整机装配工艺</td><td>产品名称</td><td rowspan="2">产品图号</td></tr>
<tr><td>贴片收音机</td></tr>
<tr><td></td><td colspan="3">

1. 装配目的

电子产品整机装配是按照设计要求，将各种元器件、零部件、整件装接到规定的位置上，组成具有一定功能的电子产品的过程。电子产品装配包括机械装配和电气装配两大部分。

2. 装配的工具与仪器仪表

螺钉旋具、套筒等。

3. 装配的方法与步骤

1）装配的作用

电子产品装配是生产过程中一个极其重要的环节。

本产品的装配属于系统级安装，是将焊接好的印制电路板、电线电缆及相应的机械部件组装起来，最后组装成具有完整功能的调频收音机。

本装配工艺文件主要提供调频收音机机械部件装配的工艺参考。

2）装配前的准备

（1）清点好装配的各种材料。

（2）螺装工具的选择的原则。

① 应注意螺钉旋具头的大小形状必须与螺钉的槽口相匹配。

② 应尽量创造条件采用气动限力螺钉旋具，保证装配质量。

③ 紧固螺母时，必须选用与螺母规格相匹配的套筒或扳手，禁止使用尖头钳、平口钳作为紧固工具。

（3）螺装步骤及要求如下。

① 应首先按工艺文件的要求对安装件进行检查，应无损伤、变形，尤其是面板、外壳表面应无明显的划伤、破损、沾污等不良现象，经检查合格后方可开始操作。

② 安装时，螺钉旋具头必须紧紧顶住槽口，螺钉旋具与螺钉保持在同一轴线上，拧紧时不得损伤槽口，以免出现毛刺、变形等不良现象。

3）总装

（1）蜡封线圈：调试完成后将适量泡沫塑料填入线圈 L_4（注意不要改变线圈形状及匝距），滴入适量蜡使线圈固定。

（2）固定 SMB/装外壳的方法。

① 将外壳面板平放到桌面上（注意不要划伤面板）。

② 将 2 个按键帽放入孔内，如下图所示。

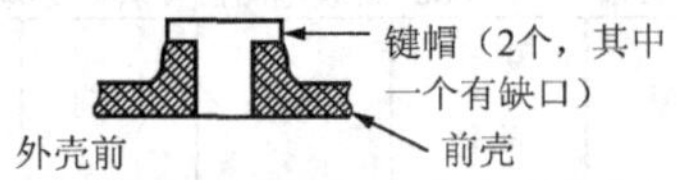

注意：SCAN（S2）键帽上有缺口，放键帽时要对准机壳上的凸起（即放在靠近耳机插座侧按键孔内），RESET 键帽上无缺口（即放在靠近 R_4 侧按键孔内）。

</td></tr>
</table>

续表

<table>
<tr><td rowspan="2"></td><td rowspan="2">整机装配工艺</td><td>产品名称</td><td>产品图号</td></tr>
<tr><td>贴片收音机</td><td></td></tr>
<tr><td></td><td colspan="3">③ 将 SMB 对准位置放入壳内。此时应注意：对准 LED 位置，若有偏差可轻轻扳动，偏差过大必须重焊；3 个孔与外壳螺柱的配合，如下图；电源线不妨碍机壳装配。
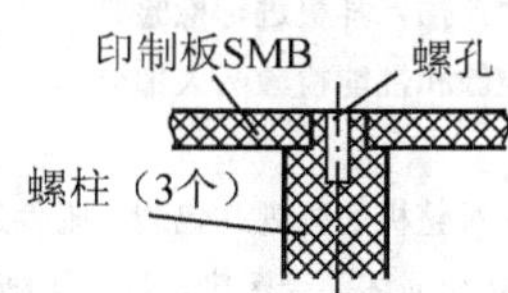

④ 装上中间螺钉，注意螺钉旋入手法。
⑤ 装电位器旋钮，注意旋钮上凹点位置（参见下图）。
⑥ 装后盖，安装两边的两个螺钉。
⑦ 装卡子。

</td></tr>
</table>

旧底图总号	更改标记	数量	更改单号	签名	日期		签名	日期	第　页
						拟制			共　页
底图总号						审核			第　册
						标准化			共　册

表 4-15　整机检验工艺

<table>
<tr><td rowspan="2"></td><td rowspan="2">整机检验工艺</td><td>产品名称</td><td>产品图号</td></tr>
<tr><td>贴片收音机</td><td></td></tr>
<tr><td></td><td colspan="3">1. 检验目的
产品检验是现代电子企业生产中必不可少的质量监控手段，主要起到对产品生产的过程控制、质量把关、判定产品的合格性等作用。
2. 检验工具与仪器仪表
万用表、示波器、信号发生器、万用表检验器、绝缘电阻表。</td></tr>
</table>

续表

<table>
<tr><td rowspan="3"></td><td colspan="5" rowspan="2">整机检验工艺</td><td colspan="2">产品名称</td><td colspan="2">产品图号</td></tr>
<tr><td colspan="2">贴片收音机</td><td colspan="2"></td></tr>
<tr><td colspan="9">3. 检验方法与步骤
总装完毕后装入电池，插入耳机进行检验。
整机检验包括外观检验和性能检验两大部分。
1）外观检验
外观检验是用目测法对整机的外观、包装、附件进行检验。
（1）外观：要求外观无损坏，无污染，标志清晰；机械装配符合技术要求。
（2）包装：要求包装无损伤，无污染，各标志清晰完好。
（3）附件：附件、连接件等齐全、完好且符合要求。
（4）要求：电源开关手感良好，表面无损伤。
2）性能检验
（1）电气性能检验：调节音量旋钮，检查音量是否正常可调；调节调谐旋钮，检查收听是否正常。
（2）安全性能检验：绝缘电阻的检测。
（3）机械性能检测：面板操作机构及旋钮按键等操作的灵活性、可靠性检验，整机机械结构及零部件的安装紧固性检验。</td></tr>
<tr><td>旧底图
总号</td><td>更改
标记</td><td>数量</td><td>更改
单号</td><td>签名</td><td>日期</td><td></td><td>签名</td><td>日期</td><td>第　页</td></tr>
<tr><td></td><td></td><td></td><td></td><td></td><td></td><td>拟制</td><td></td><td></td><td>共　页</td></tr>
<tr><td rowspan="2">底图
总号</td><td></td><td></td><td></td><td></td><td></td><td>审核</td><td></td><td></td><td>第　册</td></tr>
<tr><td></td><td></td><td></td><td></td><td></td><td>标准化</td><td></td><td></td><td>共　册</td></tr>
</table>

4.2　生产工艺文件编制相关知识

4.2.1　电子产品生产工艺流程设计

1. 概述

电子产品的生产装配过程包括从元器件、零件的产生到整件、部件的形成，再到整机装配、调试、检验、包装、入库、出厂等多个环节。

由于电子产品的复杂程度、设备场地条件、生产数量（规模）、技术力量及操作工人技术水平等情况的不同，生产的组织形式和工序也会根据实际情况有所变换，但产品生产的基本过程并没有变化，组织生产的方式也基本相同。

要生产出优质、高产、低耗的产品，生产过程必须执行统一的严格标准，实行严格的规范管理，这就要用到一种“工程语言”文件——技术文件，它具有生产法规的效力，是组织生产时技术交流的依据，是根据相关国家标准制定出来的文件。

技术文件的种类、数量随电子产品的不同而不同，总体上分为设计文件和工艺文件。

2. 电子产品的生产过程

1）电子产品生产的主要阶段

（1）设计。产品设计在整个产品实现过程中是一个非常重要的组成部分。

设计应从市场调查开始，通过调查了解，分析用户心理和市场信息，掌握用户对产品的质量性能需求。然后，制定出产品设计方案，并对设计方案进行可行性论证，找出该设计的技术关键及技术难点，并对设计方案进行原理试验，在试验基础上修改设计方案，进行样机设计。

（2）试制。产品设计完成后，进入产品试制阶段。试制阶段是正式投入批量生产的前期工作，试制一般分为样品试制和小批试制两个阶段。样品试制即根据样品设计资料进行试制，实现产品的设计性能指标，验证产品的工艺设计，制定产品的生产工艺技术资料。小批试制是在样品试制的基础上进行的，它的主要目的是考核产品工艺性，验证全部工艺文件和工艺装备，同时修改和完善工艺技术资料。

（3）批量生产。开发产品的最终目的是达到批量生产，生产批量越大，生产成本越低，经济效益也越高。批量生产的过程中，应根据全套工艺技术资料进行生产组织。

2）产品生产的基本要求

（1）生产企业的设备情况。电子产品的生产企业应该具备与所生产的产品相配套的、完善的仪器设备和生产场所。

（2）技术和工艺水平。生产企业需配备相关的技术科研人员，能够根据产品的不同特点、消费者的不同要求，研制开发产品，完善产品的性能；还应具有相当的工艺水平，能够根据设计要求生产出合格的产品。

（3）生产能力和生产周期。产品定型后，要进入批量生产阶段，生产企业应具有配套的仪器设备、加工材料、熟练的技术工人和完备的生产程序，并应合理安排各工序，以缩短生产周期，提高生产效率，降低生产成本。

（4）生产管理水平。在电子产品的制造过程中，科学的管理已成为第一要素。管理不善将出现生产混乱、原材料浪费、工序时间拉长等情况，导致生产效率降低，生产成本上升。管理不善还将使产品质量下降，影响企业形象。

3）对电子元器件等材料的基本要求

（1）产品中的零部件、元器件品种和规格应尽可能少。

（2）产品中的机械零部件，必须具有较好的结构工艺性，能够采用先进的工艺方法和流程，以节省原材料，缩短加工工时，利于实现工序自动化。

（3）产品中的零部件、元器件及其各种技术参数、形状、尺寸等应实现最大限度的标准化和规格化。

（4）产品所使用的原材料，其品种规格越少越好，应尽可能用国产材料，少用或不用贵重材料，以降低产品的成本。

（5）产品的加工精度要与技术条件要求相适应，不应过分追求高精度。

4）产品生产的组织形式

根据电子产品的特点和产品生产的基本要求，产品应按以下组织形式生产。

（1）配备完整的技术文件、各种定额资料和工艺装备，为正常生产提供依据和保证。

（2）制定批量生产的工艺方案，进行工艺质量评审。它包括以下内容：

① 对产品试制阶段的工艺设计、工艺技术资料、工艺装备进行验证的情况小结。

② 工序控制点的安排及设置意见。

③ 工艺文件和工艺装备的进一步修改、完善意见。

④ 专用设备和生产线的设计制造意见。

⑤ 有关新材料、新工艺和新技术的采用意见。

⑥ 对生产节拍的安排和投产方式的建议。

⑦ 装配、调试方案和车间平面布置的调整意见。

⑧ 对特殊生产线及工作环境的改造与调整意见。

（3）按照生产现场工艺管理的要求，积极采用现代化的、科学的管理办法，组织并指导产品的批量生产。

（4）生产总结，以便于改进产品质量和弥补产品的缺陷。

5）产品批量生产的过程

产品经过设计、试制两个阶段后，即可进入批量生产阶段。在批量生产过程中，主要应根据全套工艺技术资料来组织生产。首先要采购原材料、组织零部件的外协加工，然后还需要准备好工具设备，布置好生产场地，在一切前期准备工作就绪后，方可进入产品生产装配过程。

电子产品装配过程大致可分为装配准备、装连、调试、检验、包装、入库或出厂等几个阶段。电子产品装配过程中各生产阶段是密切相关的。

（1）装配准备。与整机装配密切相关的是各项准备工序，即对整机所需的各种导线、元器件、零部件等进行预先加工处理的过程，它是顺利完成整机装配的重要保障。

① 元器件的分类。一般分前期工作与后期工作。

前期工作是指按元器件、部件、零件、标准件、材料等分类入库，按要求存放、保管。

后期工作是指按流水线作业的装配工序所用元器件、材料等分类，并配送到每道工序位置。

② 元器件的筛选。元器件的筛选是为整机装配所需的元器件提供可靠的质量保证。

元器件的筛选是多方面的。它包括对筛选操作人员的考核，对供货单位的考查和认证，对元器件和材料的定期测试和一定温度条件下的性能参数测试及功率老化等的筛选。

一般情况下的筛选，主要是查对元器件的型号、规格，并进行外观检查。

③ 导线端头处理。导线需经过剪裁、剥头、捻头、清洁等过程的加工处理。端头处理包括普通导线的端头加工和屏蔽导线的线端加工两种。

④ 元器件引线成型。为了方便地将元器件插到印制电路板上，提高插件效率，应预先将元器件的引线加工成一定的形状。

⑤ 浸锡。浸锡是为了提高导线及元器件在整机安装时的可焊性，是防止产生虚焊、假焊的有效措施之一。

⑥ 线把扎制。在整机总装前，根据整机的结构及安装工艺要求，用线绳或线扎搭扣等将导线扎束成型，制成各种不同形状的线扎（扎把）。

⑦ 组合件的加工。组合件是指由两个以上的元器件、零件经焊接、安装等方法构成的部件。

（2）印制电路板的装配。完成准备工序的各项任务后，即可进行印制电路板的组装（装连）。这是将电子元器件按一定方向和次序装插（或贴装）到印制电路板规定的位置上，并用一定的连接工艺（紧固件或锡焊方法）把元器件固定的过程。这个过程分两个步骤完成，一是插装，二是连接，因此也将此过程称为装连。

产品批量生产时大都采用流水线进行印制电路板装配。生产流水线有 3 种形式：第 1 种是手工插件、手工焊接；第 2 种是手工插件、自动焊接；第 3 种是大部分元器件由机器自动插装、自动焊接。

如果是产品样机试制或学生整机安装实习，则常采用手工独立插装、焊接完成印制电路板的装配。

① 插装元器件。一般有以下几种插装形式，即悬空插装、贴板插装、垂直插装、嵌入式插装、有高度限制时的插装、支架固定插装等，部分插装形式如图 4-1 所示。

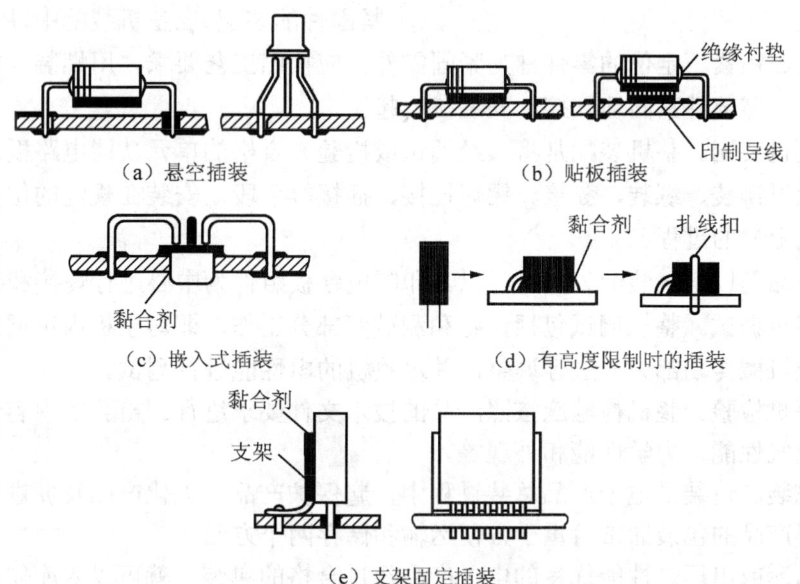

图 4-1　元器件的插装形式

插装元器件有不同的电路板插装工艺，即独立插装和流水线插装。其中，独立插装方式需操作者从头插到尾，效率低，差错率高，一般在产品样机试制或学生整机实习等小批量生产时使用；而流水线插装是把印制电路板的整体装配分解为各个工位的简单装配，每个工位固定插装一定数量的元器件，使操作过程大大简化，且由于元器件品种、规格趋于单一，不易插错。

② 连接（焊接）。将元器件插装完毕后，即可进行焊接操作。根据具体情况，焊接也可有两种方式：一是手工焊接，二是自动化焊接。

（3）其他部件的装配。

① 面板、机壳的装配。电子产品多为台式、盒式结构。印制电路板装配完成后即可进行面框、机壳的装配，装配时应执行先里后外、先小后大的程序。若使用螺钉，则不仅要尺寸合适，还应方法得当，防止面框、机壳被穿透或开裂。

在装配过程中还要注意外部表面的保护，并要装配紧密，以保证整机的机械强度。

② 散热器的装配。在电子产品中，大功率元器件在工作过程中发出热量而产生较高的温度，使元器件的电性能降低，甚至会损坏元器件本身，缩短工作寿命，因此大功率电子元器件应采取散热措施。

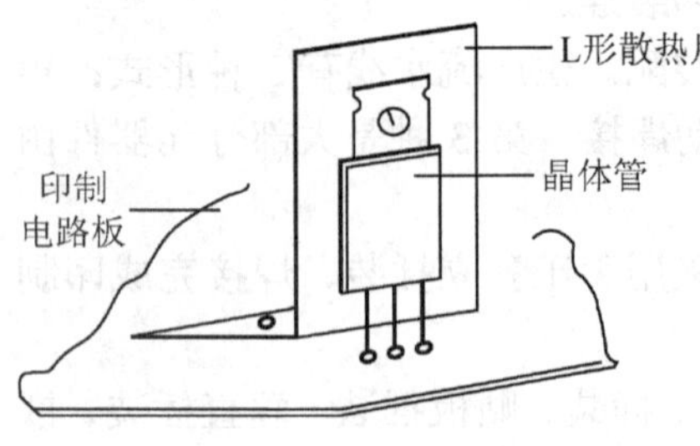

图 4-2 晶体管散热器

电子元器件的散热一般使用导热系数较高的铝合金散热器。其形状如图 4-2 所示。

③ 屏蔽件的装配。在装配中采用屏蔽技术，用屏蔽件将被干扰电路（受感物）与干扰电路（干扰源）屏蔽起来，可以有效削弱或消除场的干扰。

④ 紧固件的装配。在整机装配中，用来使部件、元器件固定、锁紧、定位的零件称为紧固零件。应按照工艺要求，用螺装、铆装的方法将各元器件、零部件紧固地连接、安装在一起。

（4）整机装配。整机装配是将（经调试或检验）合格的单元功能电路板及其他配套零部件，通过铆装、螺装、黏接、锡焊连接、插接等手段，安装在规定的位置上（产品面板或机壳上）的过程。

电子产品是以电气装配为主导、以其印制电路板组件为中心进行焊接和装配的。

（5）整机调试。整机调试包括调整和测试两部分工作，即对整机内可调部分（如可调元器件及机械传动部分）进行调整，并对整机的电性能进行测试。

（6）整机检验。整机检验应按照产品的技术文件要求进行。检验的内容包括检验整机的各种电气性能、力学性能和外观等。

（7）包装。包装是电子产品总装过程中，起保护产品、美化产品及促进销售的重要环节。电子产品的包装通常着重于方便运输和储存两个方面。

（8）入库或出厂。性能优良的电子产品经过合格的包装，就可以入库储存或直接出厂运往需求部门，从而完成整个生产过程。

6）产品加工生产流水线

产品加工生产流水线就是把一部整机的装连、调试工作划分成若干简单操作，每个装配工人完成指定操作。在流水操作的工序划分时，要注意到每人操作所用的时间应相等，这个时间称为流水的节拍。

装配的元器件或整件等在流水线上移动的方式有多种。有的是由装配工人自行沿轨道推进装有元器件的小车，这种方式的时间限制不很严格。有的是利用传送带来运送，装配工人取下物品，完成装连后再放到传送带上，这种方式的时间限制很严格。

传送带的运行有两种方式：一种是间歇运动（即定时运动），另一种是连续匀速运动。

4.2.2 工艺文件和设计文件

技术文件是产品研究、设计、试制与生产实践经验积累所形成的一种技术资料，也是产品生产和使用、维修的基本依据，它包括设计文件和工艺文件。

设计文件与工艺文件都是指导生产的文件，两者是从不同角度提出要求的。设计文件是原始文件，是生产的依据。而工艺文件是根据设计文件提出的加工方法，是工厂组织、指导生产的主要依据和基本法规，是确保优质、高产、多品种、低消耗和安全生产的重要手段。

1. 工艺文件

工艺文件用工艺规程和加工、装配等图样来指导生产，以实现设计文件中要求的产品技术性能指标。

1）工艺文件的分类

工艺文件分为两类：一类是通用工艺规程文件，它是应知应会的基础；另一类是工艺管理文件，如工艺图样、图表等，它是针对产品的具体要求制定的，用以安排和指导生产。

（1）工艺规程文件。工艺规程是规定产品和零件的制造工艺过程和操作方法等的工艺文件，是工艺文件的主要部分，它可分为以下几类。

① 按使用性质可分为专用工艺规程文件、通用工艺规程文件和标准工艺规程（典型工艺细则）文件。

专用工艺规程文件：专门为某产品或某组装件的某一工艺阶段编制的一种工艺文件。

通用工艺规程文件：几种结构和工艺特性相似的产品或组件所共用的工艺文件。

标准工艺规程文件：某些工序的工艺方法经过长期生产考验已定型，并纳入标准的工艺文件。

② 按加工专业可分为机械加工工艺卡、电气装配工艺卡、扎线工艺卡、油漆涂覆工艺卡。

（2）工艺管理文件。工艺管理文件是企业科学地组织生产和控制工艺工作的技术文件。其主要有工艺文件目录、工艺路线表、材料消耗定额明细表、外协件明细表、专用及标准工艺装配明细表等。

2）编制工艺文件的原则、方法及要求

（1）编制工艺文件的原则。工艺文件的编制应以优质、低耗、高产为宗旨，以易懂、易操作为条件，以最经济、最合理的工艺手段进行加工为原则，具体应做到以下几点。

① 编制工艺文件应标准化，技术文件要求全面、准确，严格执行国家标准。

② 编制工艺文件应具有完整性、正确性、一致性。完整性是指成套完整和签署完整；正确性是指编制方法正确，符合有关标准；一致性是指填写一致性、引证一致性和实物一致性。

③ 编制工艺文件要根据产品的批量、技术指标和复杂程度区别对待。

④ 编制工艺文件要考虑到车间的组织形式、工艺装备，以及工人的技术水平等情况，确保工艺文件的可操作性。

⑤ 对于未定型的产品，可编写临时工艺文件或编写部分必要的工艺文件。

⑥ 工艺文件应以图为主、表格为辅，力求做到通俗易懂，便于操作，必要时加注简要说明。

⑦ 凡属装调工应知应会的基本工艺规程内容，可不再编入工艺文件。

（2）编制工艺文件的方法。编制工艺文件的方法如下。

① 仔细分析设计文件的技术条件、技术说明、原理图、安装图、接线图、线扎图及有关零部件图。参照样机，将这些图中的焊接要求与装配关系逐一分析清楚。

② 根据实际情况，确定生产方案，明确工艺流程、工艺路线。

③ 编制准备工序的工艺文件。凡不适合在流水线上安装的元器件、零部件，都应安排到准备工序完成。

④ 编制总装流水线工序的工艺文件。先根据日产量确定每道工序的工时，然后由产品的复杂程度确定所需的工序数。应充分考虑各工序工作量的均衡性、操作的顺序性，避免上下翻动产品、前后焊接安装等操作。还应尽量将安装与焊接工序分开，以简化工人的操作。

（3）编制工艺文件的要求。编制工艺文件要以规范和清晰为要求。

① 工艺文件要有统一的格式、统一的幅面，图幅大小应符合有关标准，并应装订成册，配齐成套。

② 工艺文件的字体要规范，书写要清楚，图形要正确。工艺图上尽量少用文字说明。

③ 工艺文件中所用的产品名称、编号、图号、符号、材料和元器件代号等，应与设计文件保持一致，并遵循国际标准。

④ 编制工艺文件时应尽量采用部颁通用技术条件、工艺细则或企业标准工艺规程，并有效地使用工装具或专用工具、测试仪器和仪表。

⑤ 工艺文件中应列出工序所需的仪器、设备和辅助材料等。对于调试检验工序，应标出技术指标、功能要求、测试方法及仪器的量程和挡位。

⑥ 工艺附图应按比例准确绘制。线扎图尽量采用 1∶1 的图样，以便于直接按图样制作排线板。

⑦ 工序安装图可不必完全按实样绘制，但基本轮廓应相似，安装层次应表示清楚。

⑧ 装配按线图中的接线部位要清楚，接点应明确。内部接线可假想移出展开。

⑨ 工艺文件应执行审核、会签、批准等手续。

（4）工艺图样管理及工艺纪律。

① 经生产定型或大批量生产产品的工艺文件底图必须归档，由企业技术档案部门统一管理。

② 对归档的工艺文件的更改应填写更改通知单，执行更改会签、审核和批准手续后交技术档案部门，由专人负责更改。

③ 临时性的更改也应办理临时更改通知单，并注明更改所适用的批次或期限。

④ 有关工序或工位的工艺文件应发到生产工人手中，操作人员在熟悉操作要点和要

求后才能进行操作。

⑤ 应经常保持工艺文件的清洁，不要在图样上乱写乱画，以防出错。

⑥ 遵守各项规章制度，注意安全文明生产，确保工艺文件的正确实施。

⑦ 发现图样和工艺文件中存在的问题，及时反映，不要自作主张随意改动。

⑧ 努力钻研业务，提高操作技术，积极提出合理化建议，不断改进工艺，提高产品质量。

3）工艺文件的格式及填写方法

电子工艺文件的编制是根据生产产品的具体情况，按照一定的规范和格式完成的。为保证产品生产的顺利进行，应该保证工艺文件的完整齐全（成套性）。

现将常用工艺文件的格式及其填写方法简介如下。

（1）工艺文件封面。工艺文件封面在工艺文件装订成册时使用，它装在成册的工艺文件的最表面。封面内容应包含产品类型、产品名称、产品图号、本册内容及工艺文件的总册数、本册工艺文件的总页数、在全套工艺文件中的序号、批准日期等。

表 4-16 是××袖珍式收音机的工艺文件封面。

表 4-16　某袖珍收音机工艺文件封面

工 艺 文 件

共 1 册
第 1 册
共　页

型　　号　科宏 2045
名　　称　AM/FM 袖珍收音机
图　　号　×××
本册内容　收音机的装配调试

批准　×××
2006 年 5 月 6 日

（2）工艺文件目录。工艺文件目录是工艺文件的明细表。成册时，应装在工艺文件的封面之后，反映产品工艺文件的齐套性。

表 4-17 是工艺文件目录的格式，一般小型整机产品不需要编制工艺文件目录。

表 4-17　工艺文件目录

	工艺文件目录			产品名称或型号		产品图号
	序号	文件代号	零部件、整件图号	零部件、整件名称	页数	备注
	1	2	3	4	5	6
使用性						
旧底图总号						

底图总号	更改标记	数量	文件号	签名	日期	签名	日期	第　页	
						拟制			
						审核		共　页	
日期	签名								
								第　册	第　页

（3）材料配套明细表。材料配套明细表给出了产品生产中所需要的材料名称、型号规格及数量等，供有关部门在配套及领、发料时使用。它反映部件、整件装配时所需用的各种材料及其数量。填写时，“图号”、“名称”、“数量”栏填写相应设计文件明细表的内容或外购件的标准号、名称和数量；“来自何处”栏填写材料来源处；辅助材料填写在顺序的末尾。

表 4-18～表 4-20 是××收音机的配套明细表。

表 4-18　配套明细表（一）

	配套明细表			装配件名称		装配件图号
				××收音机		KD5.×××.
	序号	图号	名称	数量	来自何处	备注
	1	2	3	4	5	6
	1		印制电路板	1	齐套库	
	2		耳塞插座	1	齐套库	
	3		拉杆天线	1	齐套库	
			电阻器			
	4		RT-0.25W-4.7kΩ-±5%，R_2	1	电讯库	
	5		RT-0.25W-2.2 kΩ-±5%，R_3	1	电讯库	
	6		RT-0.25W-330Ω-±5%，R_4	1	电讯库	
	7		RT-0.25W-100kΩ-±5%，R_5	1	电讯库	
	8		电位器 WH15-K3-50kΩ	1	电讯库	
			电容器			
	9		CD-25V-4.7 μ±10%，C_9，C_{14}	2	电讯库	
	10		CD-35V-10 μF±10%，C_{15}，C_{17}，C_{23}	3	电讯库	
	11		CD-6.3V-220μF±10%，C_{18}，C_{22}	2	电讯库	
	12		CC1-6.3V-30pF±10%，C_1，C_2，C_3	3	电讯库	
	13		CC1-6.3V-10nF±10%，C_4，C_{11}，C_{12}	3	电讯库	
使用性	14		CC1-6.3V-20pF±10%，C_5	1	电讯库	
	15		CC1-6.3V-22pF±10%，C_6	1	电讯库	
	16		CC1-6.3V-150pF±10%，C_7	1	电讯库	
	17		CC1-6.3V-1pF±10%，C_8	1	电讯库	
旧底图总号	18		CC1-6.3V-15pF±10%，C_{10}	1	电讯库	
	19		CC1-6.3V-100pF±10%，C_{13}	1	电讯库	

底图总号		更改标记	数量	文件号	签名	日期	签名		日期	第 1 页	
							拟制	×××			
							审核	×××		共 3 页	
日期	签名										
										第 1 册	第 1 页

表 4-19 配套明细表（二）

	配套明细表				装配件名称	装配件图号
	序号	图号	名称	数量	来自何处	备注
	1	2	3	4	5	6
	20		CC1-6.3V-23nF±10%，C_{16}	1	电讯库	
	21		CC1-6.3V-100nF±10% C_{19}，C_{20}	2	电讯库	
	22		CC1-6.3V-47nF±10%，C_{21}	1	电讯库	
	23		沉头十字槽螺钉，M2.5×4	3	小五金库	
	24		十字槽自攻螺钉，M2.5×6	1	小五金库	
	25		球面十字槽螺钉，M1.6×4	1	小五金库	
	26		沉头十字槽螺钉，M2.5×6	1	小五金库	
	27		六角螺母，M2.5	1	小五金库	
	28		滤波器 455kHz，CF1	1	电讯库	
	29		滤波器 10.7MHz，CF2	1	电讯库	
	30		集成块 CXA1191M（CD1191）	1	电讯库	
			中周	1	电讯库	
	31		1083（黄色），T1	1	电讯库	
	32		315（粉红色），T2	1	电讯库	
使用性	33		7841（红色），L_4	1	电讯库	
	34		磁棒	1	电讯库	
	35		磁棒支架	1	电讯库	
旧底图总号	36		天线线圈，L_1	1	电讯库	
	37		空心线圈，L_2，L_3，L_5	3	电讯库	
	38		波段开关 S1	1	电讯库	

底图总号		更改标记	数量	文件号	签名	日期	签名		日期	第 2 页	
							拟制	×××			
							审核	×××		共 3 页	
日期	签名										
										第 1 册	第 2 页

表 4-20 配套明细表（三）

	配套明细表			装配件名称		装配件图号
	序号	图号	名称	数量	来自何处	备注
	1	2	3	4	5	6
	39		机壳	1		
	40		电位器拨盘	1		
	41		扬声器	1		
	42		电池夹	1		
	43		焊料 HISnPb39	4g	金属库	
	44		201 助焊剂	2g	化工库	
	45		医用药棉	2g	杂品库	
	46		酒精	20g	化工库	
使用性						
旧底图总号						

底图总号		更改标记	数量	文件号	签名	日期	签名		日期	第 3 页	
							拟制	×××			
							审核	×××		共 3 页	
日期	签名										
										第 1 册	第 3 页

（4）工艺路线表。工艺路线表用于产品生产的安排和调度，反映产品由毛坯准备到成品包装的整个工艺过程，见表 4-21。

表 4-21　工艺路线表

	工艺路线表				产品名称或型号		产品图号
	序号	图号	名称	装入关系	部件用量	整件用量	工艺路线表内容
	1	2	3	4	5	6	7
使用性							
旧底图总号							

底图总号		更改标记	数量	文件号	签名	日期	签名		日期	第　页	
							拟制				
							审核			共　页	
日期	签名										
										第　册	第页

工艺路线表供企业有关部门作为组织生产的依据。表 4-21 是工艺路线表的格式，由于该收音机所用元器件及材料较少，生产工艺简单，故不用编写工艺路线表。

（5）导线及线扎加工表。导线及线扎加工表用于导线和线扎的加工准备及排线等，见表 4-22。

表 4-22　导线及线扎加工表

	导线及线扎加工表									产品名称或型号		产品图号		
	编号	名称规格	颜色	数量	长度/mm					去向、焊接处		来自何处	工时定额	备注
					全长	A端	B端	A剥头	B剥头	A端	B端			
	1	2	3	4	5	6	7	8	9	10	11	12	13	14
	1	ASTVR	黄		80					扬声器1（＋）	印制电路板＋			
	2		黑		80					扬声器2（－）	印制电路板－			
	3		黑		40					扬声器－	电池－			
	4		白		90					电池＋	印制电路板B＋			
	5		红		60					电池＋	电池－			
	6		黄		80					天线	印制电路板			
	7													
	8													
使用性														
旧底图总号														

底图总号		更改标记	数量	文件号	签名	日期	签名		日期	第　页
							拟制			
							审核			共　页
日期	签名									
										第册　第页

（6）装配工艺过程卡。装配工艺过程卡又称工艺作业指导卡，是整机装配中的重要文件，用于整机装配的准备、装连、调试、检验、包装入库等装配全过程，是完成产品的部件、整机的机械性装配和电气连接装配的指导性工艺文件。表 4-23 是××收音机的装配工艺过程卡。

表 4-23　装配工艺过程卡

	装配工艺过程卡						装配件名称		装配件图号
	序号	装入件及辅助材料：名称、牌号、技术要求	装入件及辅助材料：数量	车间	序号	工种	工序（工步）内容及要求	设备及工装	工时定额
	1	2	3	4	5	6	7	8	9
	1			3		电	准备	按配套明细表方案准备设备，并自检	
	2			3		电	元器件加工、导线加工	按元器件加工工艺细则 Q/KE 进行	
	3			3		电	印制电路板装配	将元器件对应插入印制电路板	清洗印制电路板
	4			3		电	整机装配		
使用性									
旧底图总号									

底图总号	更改标记	数量	文件号	签名	日期	签名	日期	
						拟制		第　页
						审核		共　页
日期　签名								第　册　第　页

（7）工艺说明及简图。工艺说明及简图用于编制重要、复杂的或在其他格式上难以表述清楚的工艺，它用简图、流程图、表格及文字形式进行说明，也可用作编写调试说明、检验要求及各种典型工艺文件等。其格式如表 4-24 所示。

表 4-24　工艺说明及简图

		工艺说明及简图					名称		编号或图号
							工序名称		工序编号
使用性									
旧底图总号									
底图总号	更改标记	数量	文件号	签名	日期		签名	日期	第　页
						拟制			
						审核			共　页
日期	签名								
									第 册　第 页

（8）工艺文件更改通知单，见表 4-25。

表 4-25　工艺文件更改通知单

更改单号	工艺文件更改通知单	产品名称或型号	零部件、整件名称	图号	第　页
					共　页
生效日期	更改原因		处理意见		
更改标记	更改前		更改标记	更改后	

拟制		日期		审核		日期				日期		批准		日期	

工艺文件更改通知单供永久性修改工艺文件使用。应填写更改原因、生效日期及处理意见。“更改标记”栏应按图样管理制度中规定的字母填写。

2. 设计文件

设计文件是产品在研究、设计、试制和生产过程中积累而形成的图样及技术资料，它规定了产品的组成形式、结构尺寸、原理、程序及在制造、验收、流通、使用、维护和修理时所必需的技术数据和说明，是制定工艺文件、组织生产和产品使用维护的基本依据。

1）设计文件的分类

（1）按表达的内容，设计文件可分为图样、略图、文字和表格 3 类。

① 图样：以投影关系绘制，用于说明产品加工和装配要求的设计文件，如装配图、零件图、外形图等。

② 略图：以图形符号为主绘制，用于说明产品电气装配连接、原理及其他示意性内容的设计文件。

③ 文字和表格：以文字和表格的方式说明产品的技术要求和组成情况的设计文件，如说明书、明细表、汇总表等。

（2）按形成的过程，可分为试制文件和生产文件两类。

① 试制文件：指设计性试制过程中所编制的各种文件。

② 生产文件：指设计性试制完成后，经整理修改，为组织、指导生产（包括生产性试制）所用的设计文件。

（3）按绘制过程和使用特征，可分为草图、原图、底图、复印图、载有程序的媒体 5 类。

① 草图：设计产品时所绘制的原始图样，是供生产和设计部门使用的一种临时性的设计文件。草图可徒手绘制。

② 原图：供描绘底图用的设计文件。

③ 底图：确定产品及其组成部分的基本凭证图样，是用于复制复印图的设计文件。底图分为基本底图和副底图。

④ 复印图：用底图以晒制、照相或能保证与底图完全相同的其他方法所复制的图样，分为晒制复印图（蓝图）、照相复印图、印制复印图。

⑤ 载有程序的媒体：载有完整独立的功能程序的媒体，如计算机用的磁盘、光盘等。

2）设计文件的组成

每个产品都有配套的设计文件，一套设计文件的组成内容随产品的复杂程度、生产特点和研制阶段的不同而有所区别。一般在满足组织生产和提供使用的前提下，由设计部门和生产部门参照表 4-26 确定。

表 4-26 设计文件的组成

序号	设计文件组成	文件简号	试样设计文件				定型设计文件			
			1 级成套设备	2，3，4 级整件	5，6 级部件	7，8 级零件	1 级成套设备	2，3，4 级整件	5，6 级部件	7，8 级零件
1	零件图					△				△
2	装配图			△	△			△	△	
3	外形图	WX		○				○		
4	安装图	AZ	○	○			○	○		
5	总布置图	BL	○				○			
6	电路图	DL	○	△			○			
7	接线图	JL		△					○	
8	逻辑图	LJ	○	○			○	○		
9	方框图	FL	○	○			○	○		
10	线缆连接图	LL	○	○			○	○		
11	机械原理图	YL	○	○			○	○		
12	机械传动图	CL	○	○			○	○		
13	气液压原理图	QL	○	○			○	○		
14	其他图样	TT	○	○	○	○	○	○	○	○
15	技术条件	JT	△	△			△	△	○	
16	技术说明书	JS	△	○			△	○		
17	细则	XZ	○	○			○	○		
18	说明	SM	○	○			○	○		
19	计算文件	JW	○	○			○	○		
20	其他文件	TW	○	○			○	○	○	
21	明细表	MX	△	△			△	△		
22	附件及工具配套表	BH	○	○			△	○		
23	使用文件汇总表	YH	△	○			△	○		
24	标准件汇总表	BZ	○	○			△	○		
25	外购件汇总表	WG	○	○			△	○		
26	其他表格	TB	○	○			△	○		

注：△表示必须编制的设计文件，○表示根据实际需要而定。

设计文件格式有多种，但每种设计文件上都有主标题栏和登记栏，装配图、接线图等设计文件还有明细栏。各栏目的填写都有一定的规范要求，这里不再详述。

3）常用设计文件介绍

（1）电路图（电原理图）。电路图是详细说明产品各元器件、各单元之间的工作原理及其相互间连接关系的略图，是设计、编制接线图和研究产品时的原始资料。如图 4-3 即为黑白电视机稳压电路原理图。电路图应按如下规定绘制：

① 在电路图上，组成产品的所有元器件均以图形符号表示。

② 在电路图中各元器件的图形符号的左方或上方应标出该元器件的项目代号。

③ 电路图上的元器件目录表（在示例图中未画出），应标出各元器件的项目代号、名称、型号及数量。

在进行整机装配时，应严格按目录表的规定安装。

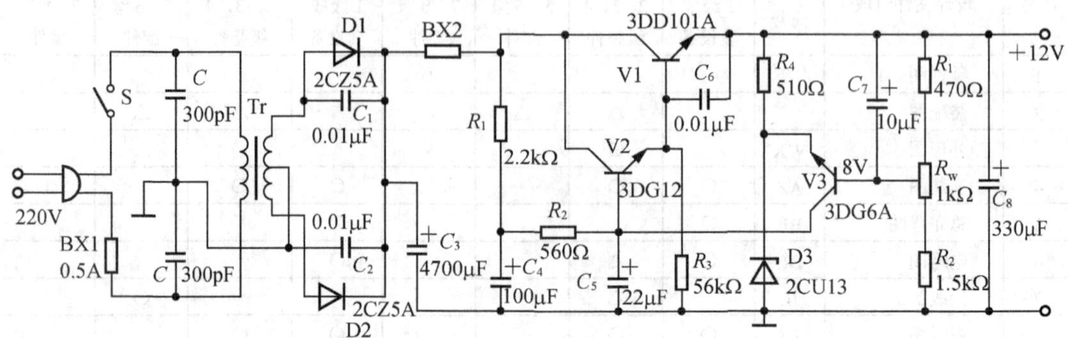

图 4-3　黑白电视机稳压电路原理图

（2）印制电路板装配图。印制电路板装配图（以下简称装配图）是用来表示元器件及零部件、整件与印制电路板连接关系的图样。对装配图的要求如下：

① 装配图上的元器件一般以图形符号表示，有时也可用简化的外形轮廓表示。

② 仅在一面装有元器件的装配图，只需画一个视图。如果两面均装有元器件，一般应画两个视图，并以较多元器件的一面为主视图，另一面为后视图。如果两面中有一面的元器件很少，也可只画一个视图。用一个视图表示两面安装元器件的装配图如图 4-4 所示。

③ 装配图中一般可不画印制导线，如果要求表示出元器件的位置与印制导线的连接关系，则应画出印制导线；反面上的印制导线应按实际形状用虚线画出，如图 4-5 所示。

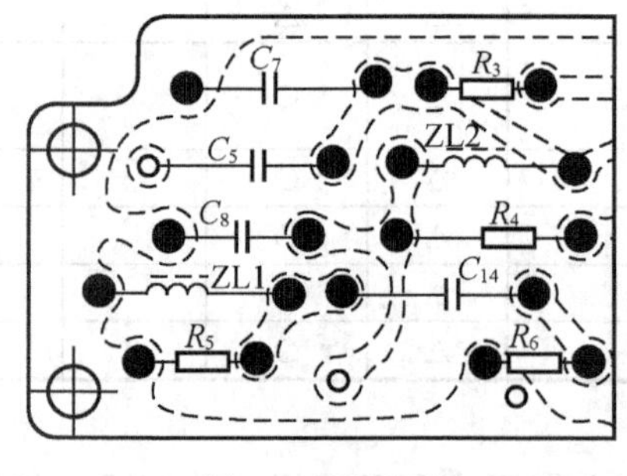

图 4-4　装配图

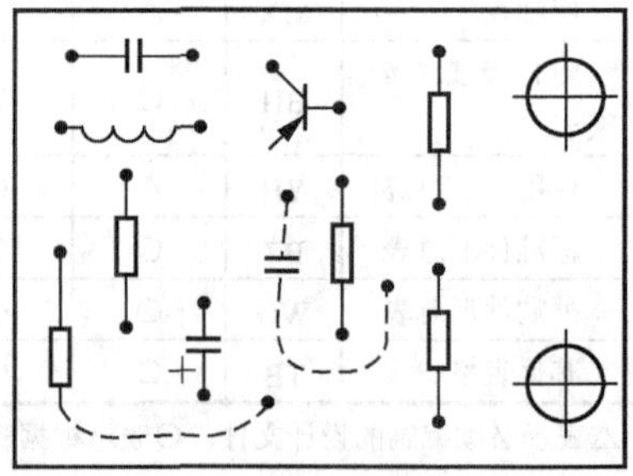

图 4-5　印制导线

④ 对于变压器等元器件，除在装配图上表示位置外，还应标明引线的编号或引线套管的颜色。需焊接的穿孔用实心圆点画出，不需焊接的孔用空心圆画出。

（3）安装图。安装图是指导产品及其组成部分在使用地点进行安装的完整图样。安装图包括产品及安装用件（包括材料的轮廓图形）、安装尺寸及和其他产品连接的位置与尺寸、安装说明。安装图示例如图 4-6 所示。

序号	代号	名称	数量	备注
20	GB 97—66	垫圈 4（10）	300	
19	GB 97—66	垫圈 6（10）	0	
18	GB 93—66	垫圈 20（65）	10	
17	GB 93—66	垫圈 4（65）	8	
16	GB 52—66	螺母 AM20（10）	16	
15	GB 52—66	螺母 AM/2（10）	20	
14	GB 30—66	螺栓 M20×10（10）	17	
13	GB 30—66	螺栓 M10×50（10）	4	
12	GB 66—66	螺钉 M6×16（10）	4	
11	GB 66—66	螺钉 M4×12（10）	300	
10	XX4.135.015MX	工作台	3	
9	XX4.123.005MX	座架	4	
8	XX4.110.002MX	座架	1	
7	XX3.119.002MX	中频机组	1	
6	XX3.108.002MX	电站	1	
5	XX2.068.005MX	10号分机	1	
4	XX2.060.100MX	波导	5	
3	XX2.044.021MX	波导	2	
2	XX2.000.015MX	2号机柜	1	
1	XX2.000.014MX	1号机柜		

××设备安装
质量
比例
1：2
第1张
共2张
文件号 日期 签名
更改标记 数量
拟制
复核
工艺
标准化
批准
制图：
插图：
幅面：
旧底图总号
底图总号
注：1. 馈线系统中间连接波导的总长不超过10m。
2. 电站和中频机组安装详见图第2张。
混胶土
2500
620
A向
1650
1520
1500
1600
650
700
100
<80m

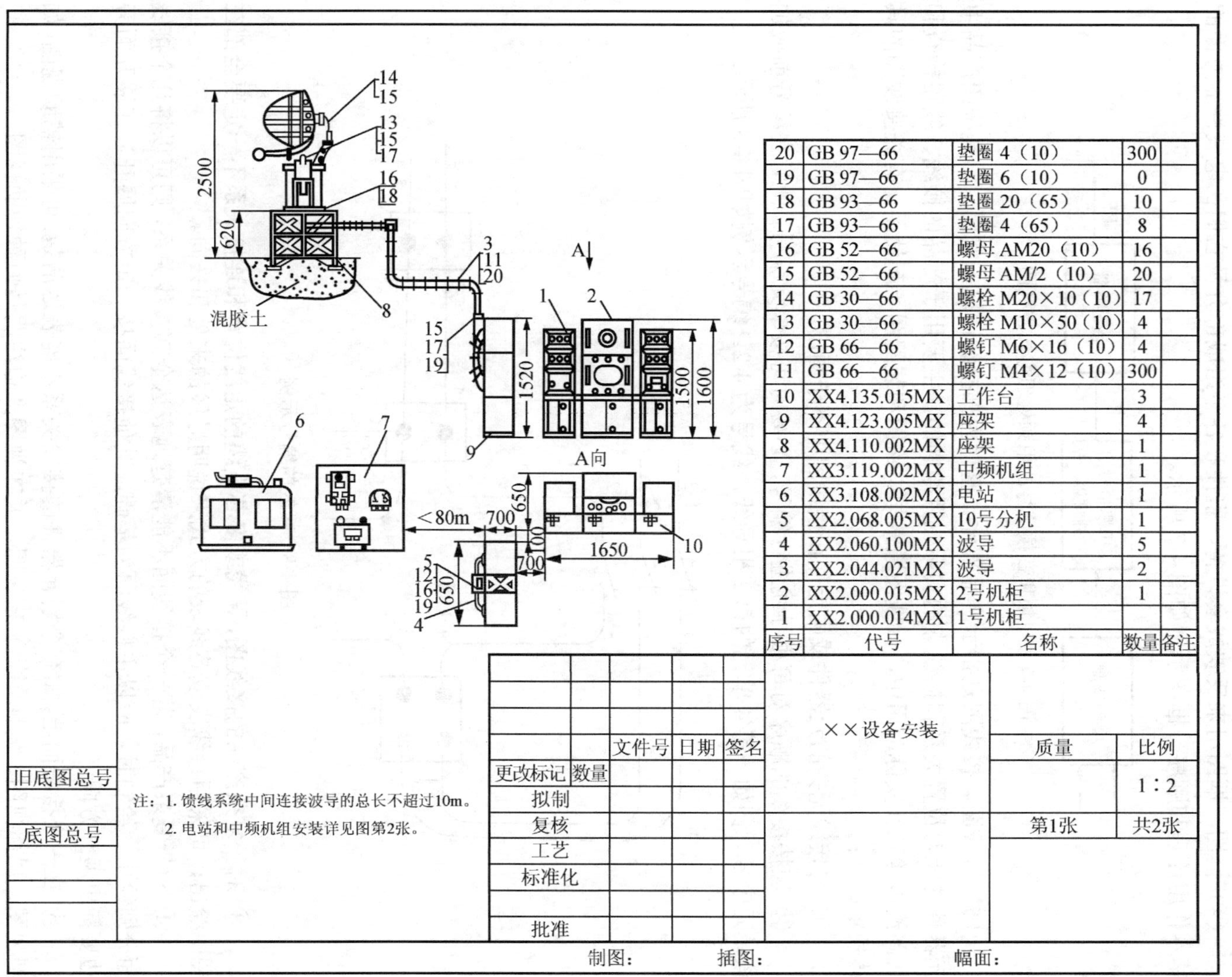

图 4-6　安装图

（4）框图。框图用来反映成套设备、整件和各个组成部分及它们在电气性能方面的基本作用原理和顺序。框图示例如图 4-7 所示。

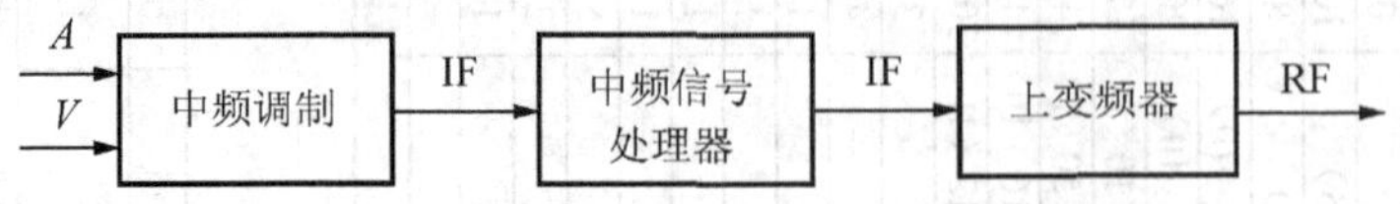

图 4-7　视频和音频信号的中频处理方式方框图

（5）接线图。接线图是指示产品部件、整件内部接线情况的略图。它是按照产品中元器件的相对位置关系和接线点的实际位置绘制的，主要用于产品的接线、线路检查和线路维修等。在实际应用中，接线图通常与电路图和装配图一起使用。有关接线图的具体规定如下：

① 与接线无关的元器件或固定件在接线图中不予画出。

② 应按接线的顺序对每根导线进行编号，必要时可按单元编号，此时在编号前应加该单元序号。例如，第 4 单元的第 2 根导线，线号为 4-2。编号示例如图 4-8 所示。

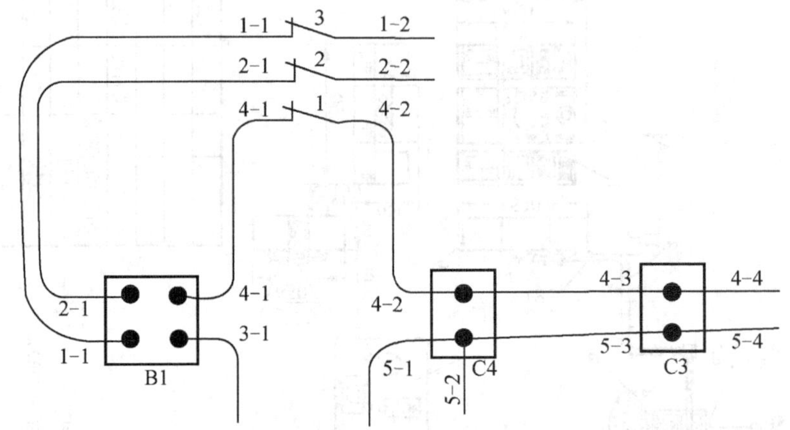

图 4-8　接线的编号示例

③ 对于复杂产品的接线图，导线或多芯电缆的走线位置和连接关系不一定要全部在图中绘出，可采用接线表或芯线表的方式来说明导线的来处和去向。

④ 对于复杂产品，若一个接线面不能清楚地表达全部接线关系，则可以将几个接线面分别绘出。绘制时，应以主接线面为基础，其他接线面按一定方向展开，在展开面旁边要标出展开方向。

⑤ 在一个接线面上，如有个别元器件的接线关系不能表达清楚，可采用辅助视图（如剖视图、局部视图、俯视图等）来说明，并在视图旁边注明是何种辅助视图。

⑥ 在接线面上，当某些导线、元器件或元器件的连接处彼此遮盖时，可移动或适当地延长被遮盖导线、元器件或元器件接线处，使其在图中能明显表示，但与实际情况不应出入太大。

⑦ 在接线面背面的元器件或导线，绘制时应用虚线表示。接线图的示例如图 4-9 所示。

Q/XD73—72
安装线ASTVR1×0.14红
1m
Q/XD73—72
安装线ASTVR1×0.14黄
1m
2C24
SJ652—73
电容器CY-3-250V-D-0.01μF±10%
1
1C24
SJ652—73
电容器CY-3-250V-D-0.01μF±10%
1
7
6
GB 52—66
螺母BM3（10）
2
5
GB 65—66
螺母M3×10（10）
2
4
3
2
××8 667.000
线卡
2
1
××6 640.020
线扎
1
序号
代号
更改标记
数量
文件号
签名
日期
××型直流放大器
接线图
××3.05 0.000JL
第1张
共2张
幅面：3
拟制
复核
标准化
批准
制图：
插图
格式2
旧底图总号
底图总号

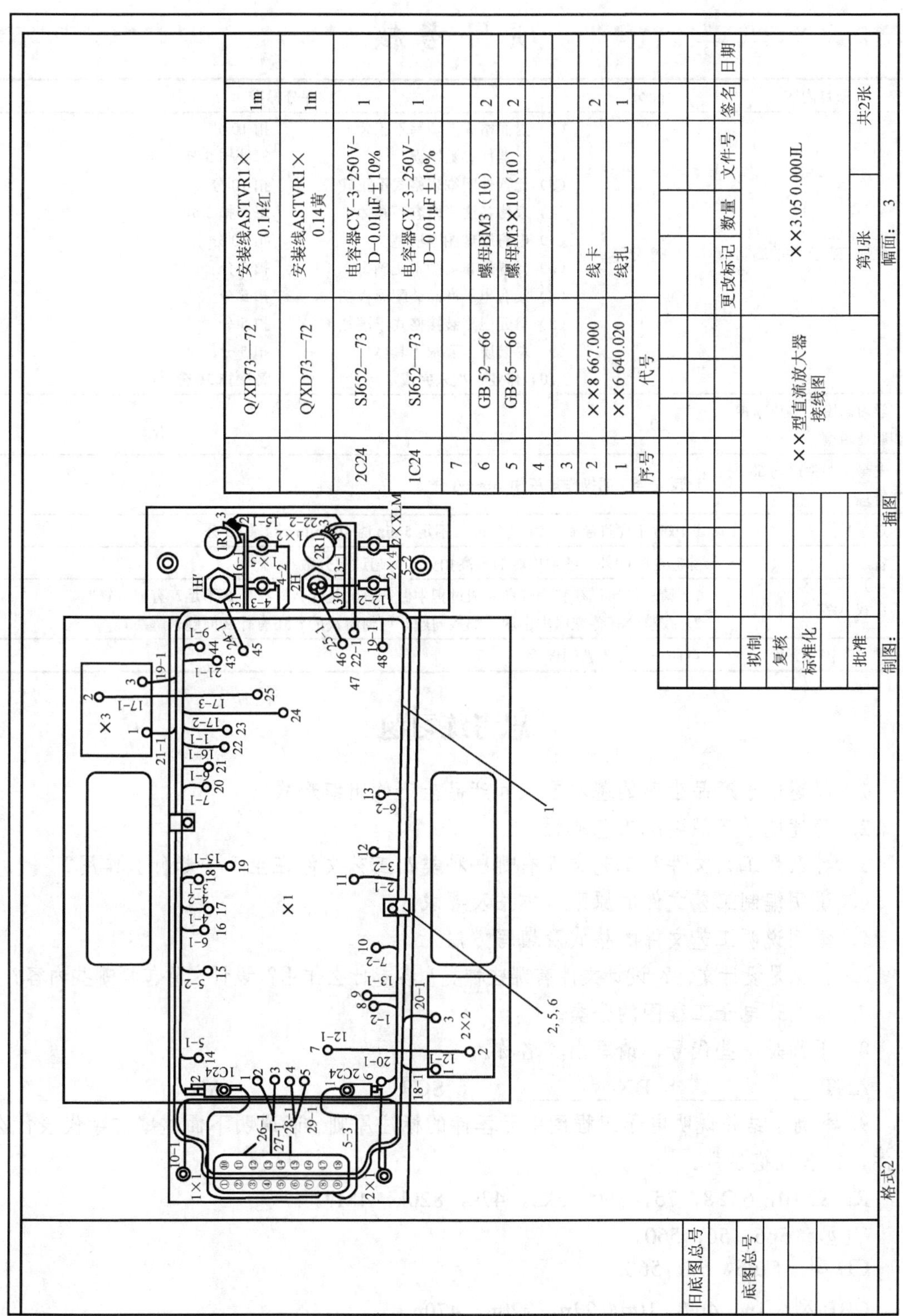

图 4-9 接线图

项 目 考 核

项目内容	配分	评分标准
生成工艺文件的编制	80分	（1）封面格式及填写不正确　扣10分 （2）元器件参数错误　每处扣5分 （3）元器件明细表格式不正确　扣10分 （4）表格备注栏内容不具体　每个扣5分 （5）电路原理图不清楚　扣10分 （6）元器件布局图不正确　扣5分 （7）没有电子产品装配流程图　扣5分 （8）单元电路装接格式不清楚　扣5分 （9）总装质量要求不具体　扣5分 （10）作业一次未完成　每次扣20分
学习态度、协作精神和职业道德	20分	
安全文明生产与6S生产管理	违反安全文明操作规程扣10～60分	
定额时间	训练时不允许超时，每超5min（不足5min时以5min计）扣5分	
备注	除额定时间外，各项内容的最高扣分不得超过配分数	
自我总结	1．请总结自己在整个任务完成过程中做得好的是什么？有什么不足？有何打算？ 2．在整个任务完成中出现了哪些问题？如何解决的？还有什么问题未解决？	
项目考核与评价	自评＋互评＋教师评价	

思考练习题

1．简述电子产品生产的基本要求和产品生产的组织形式。

2．简述电子产品装配工艺流程。

3．什么是工艺文件？工艺文件有哪些种类？工艺文件在生产中起什么作用？

4．说明编制工艺文件的原则、方法及要求。

5．举例说明工艺文件的格式及填写方法。

6．什么是设计文件？设计文件有哪些种类？各起什么作用？设计文件包括哪些内容？

7．请简述电子工程图的分类。

8．下面是一些代号，请写出其名称。

ANT____________；BX____________；SCR____________；AN____________。

9．举例总结并说明电子工程图中元器件的标注原则。请说明下面这些文字代表什么元件、什么规格参数。

R：Ω10，6Ω8，75，360，3k3，47k，820k，4M7。

CJ型：5p6，56，560。

CD型：5μ6，56，560。

CBB型：1n，4n7，10n，22n，220n，470n。

CD型：1m，2m2/50。

10. 绘制电原理图中的连线应遵循什么原则？

11. 对印制电路板装配图有哪些要求？有关接线图的具体规定有哪些？

12. 分别举例实物装配图、印制板图、印制板装配图、布线图的作用、画法和工艺要求。

13. 工艺文件的电子文档化要注意哪些问题？怎样才能保证工艺文件是安全可靠的？

14. 简述插接线工艺文件的编制原则。

15. 怎样编制岗位作业指导书？

16. 试编制一种电子产品生产工艺流程和插件的工艺文件。

项目5

R-202T 收音机的制作与总装

知识目标

1. 掌握电子元器件的插装与检验、电路板焊接工艺知识。
2. 理解辅助工位的制作及其注意事项。
3. 熟悉电子产品质量管理与控制知识。
4. 理解企业5S质量管理理念。
5. 掌握示波器、扫频仪、信号发生器的分类、组成、工作原理。
6. 掌握电子产品的调试工艺与方法。
7. 掌握电子产品装配工艺知识、装配流程、总装顺序与基本要求。
8. 掌握电子总装质检基本知识、成品入库基本知识。

能力目标

1. 具备电子元器件的入库检验与管理技能。
2. 能操作浸焊设备和自动砍腿机。
3. 具有一定的电子产品生产工艺流程与质量管理的能力。
4. 会常见电子测量仪器的操作使用与设备维护。
5. 会电子产品整机装配与调试。
6. 能进行R-202T收音机故障检修与排除。
7. 会R-202T收音机包装与入库。

5.1　R-202T 收音机的制作、总装与入库

5.1.1　电路原理分析

1. 超外差收音机的工作原理

超外差收音机的工作框图如图 5-1 所示。

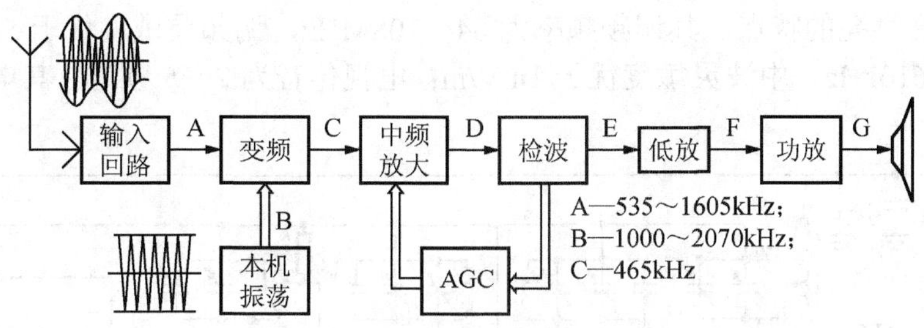

图 5-1　超外差收音机的工作框图

（1）输入回路。从天线接收进来的高频信号首先输入回路。

输入回路的任务：通过天线收集电磁波，使之变为高频电流；选择信号，在众多信号中，只有载波频率与输入回路相同的信号才能进入收音机。

（2）变频和本机振荡极。从输入回路送来的调幅信号和本机振荡器产生的等幅信号一起送到变频级，经过变频级产生一个新的频率，这个新的频率恰好是输入信号频率和本振信号频率的差值，称为差频。例如，输入信号的频率是 535kHz，本振频率是 1000kHz，那么它们的差频就是 1000－535＝465kHz；当输入信号是 1605kHz 时，本机振荡频率也跟着升高，变成 2070kHz。也就是说，在超外差式收音机中，本机振荡的频率始终要比输入信号的频率高 465kHz。这个在变频过程中新产生的差频比原来输入信号的频率要低，比音频却要高得多，因此我们把它称为中频。不论原来输入信号的频率是多少，经过变频以后都变成一个固定的中频，然后再送到中频放大器继续放大，这是超外差式收音机的一个重要特点。以上 3 种频率之间的关系可以表达为

本机振荡频率－输入信号频率＝中频

（3）中频放大级。由于中频信号的频率固定不变而且比高频略低（我国规定调幅收音机的中频为 465kHz），它比高频信号更容易调谐和放大。通常，中放级包括 1-2 级放大及 2-3 级调谐回路。与前面我们介绍过的直放式收音机相比，超外差式收音机的灵敏度和选择性都提高了许多。可以说，超外差式收音机的灵敏度和选择性在很大程度上取决于中放级性能的好坏。

（4）检波与 AGC 电路。经过中放后，中频信号进入检波级，检波级也要完成两个任务：一个任务是在尽可能减小失真的前提下把中频调幅信号还原成音频；另一个任务是将检波后的直流分量送回到中放级，控制中放级的增益（即放大量），使该级不致发生削波失真，通常称为自动增益控制电路，简称 AGC 电路。

（5）低频前置放大级也称电压放大级。从检波级输出的音频信号很小，只有几毫伏到几十毫伏。电压放大级的任务就是将它放大几十至几百倍。

（6）功率放大级。电压放大级的输出虽然可以达到几伏，但是它的带负载能力还很差，这是因为它的内阻比较大，只能输出不到 1mA 的电流，所以还要经过功率放大才能推动扬声器还原成声音。一般袖珍收音机的输出功率在 50～100mW。

2. R-202T 收音机电路原理

R-202T 收音机是以收音机集成芯片 CD1691CB 为核心的调频调幅收音机，具有高灵敏度、声音洪亮的特点，其调频频率为 64～108MHz，调频灵敏度优于 5mV；中波频率为 525～1610kHz，中波灵敏度优于 1mV/m；电视伴音为 2～5 频道。其电路原理图如图 5-2 所示。

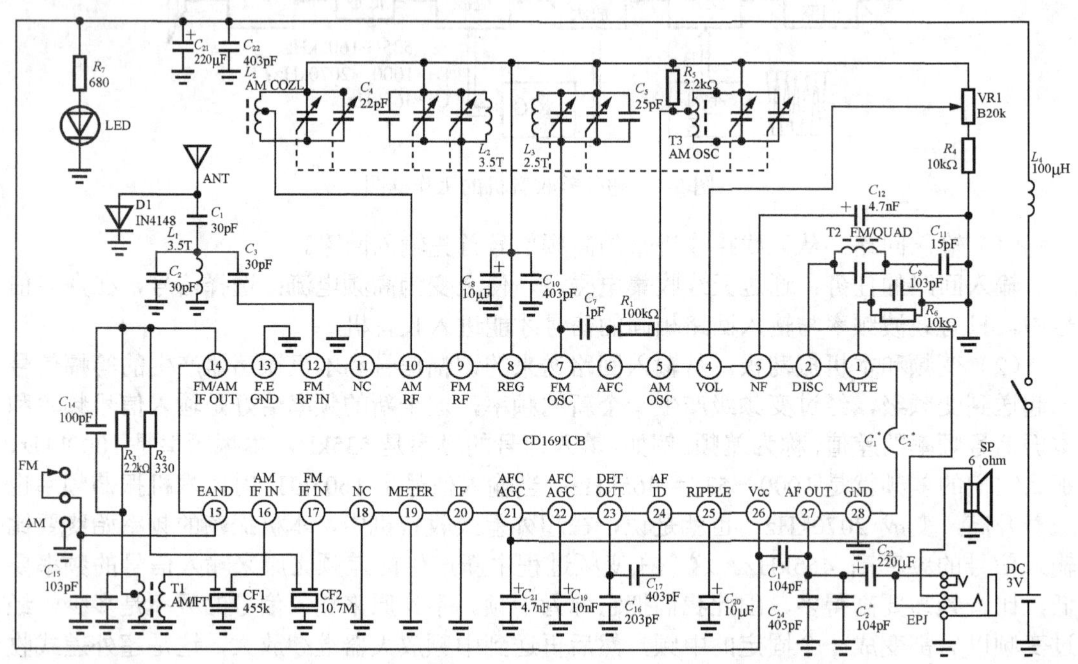

图 5-2 R-202T 收音机电路原理图

CD1691CB 是一块集成度高、所需外围元器件少的单片调频、调幅收音机集成电路，其管脚排列图如图 5-3 所示，其特点如下。

（1）静态电流小：当 V_{CC}=3V 时 FM 状态下 I_{CCQ}=5.3mA，AM 状态下 I_{CCQ}=3.4mA（典型值）。

（2）带有 FM/AM 选择开关。

（3）输出功率大：V_{CC}=6V，R_L=8Ω 时，P_0=450mW（典型值）。

（4）内置 AFC 可变电容。

（5）内含 RF AGC、IF AGC。

（6）调谐 LED 驱动。

（7）电子音量控制、FM 静音。

（8）封装形式：SOP28。

CD1691CB 芯片引脚排列图如图 5-3 所示。引脚说明见表 5-1。

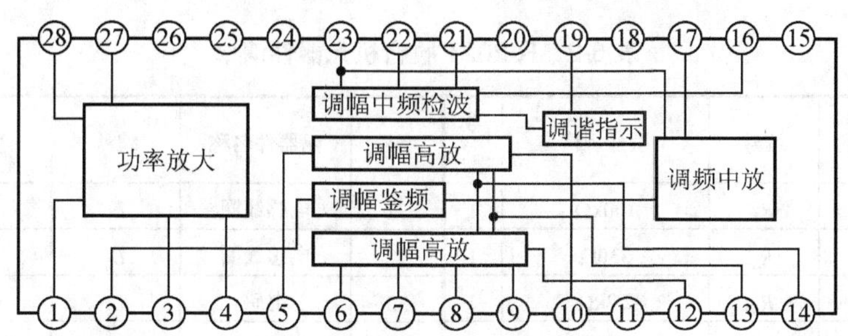

图 5-3　CD1691CB 芯片引脚排列图

表 5-1　CD1691CB 引脚说明

引脚	符号	功能	引脚	符号	功能
1	MUTE	静音	15	FM/AM SW	FM/AM 选择
2	$DISC_{FM}$	FM 移相	16	IN_{AMI}	AM 中频输入
3	NF	反馈	17	IN_{FMI}	FM 中频输入
4	CON_{VOL}	音量控制	18	NC	空脚
5	OSC_{AM}	调幅本振	19	METER	调谐指示
6	AFC	自动频率控制	20	GND_{IF}	中频地
7	OSC_{FM}	调频本振	21	AFC/AGC	AFC/AGC 控制
8	OUT_{REG}	基准源输出	22	AFC/AGC	AFC/AGC 控制
9	RF_{FM}	FM RF 调谐	23	OUT_{DET}	检波输出
10	INA_{MR}	AM 射频输入	24	IN_{AF}	功放输入
11	NC	空脚	25	C_{RIP}	纹波滤波
12	IN_{FMR}	FM 射频输入	26	V_{CC}	电源
13	GND_{FE}	高频地	27	OUT_{AF}	功放输出
14	OUT_{IF}	中频输出	28	GND_{P}	功放地

5.1.2　R-202T 收音机的安装与调试

1. 元器件的分类与筛选

按照表 5-2 材料清单一一对应，记清每个元器件的名称与外形，用万用表检测、筛选元器件以保证装配质量，完成 R-202T 收音机元件的分类与筛选，如图 5-4 所示。

1）元器件的分类

在手工装配时，按电路图或工艺文件将电阻器、电容器、电感器、晶体管、二极管、变压器、插排线、插座、导线、紧固件等归类。

2）元器件的筛选

用通用和专用的筛选检测装备和仪器来对元器件进行外观质量筛选和电气性能的筛选，以确定其优劣，剔除那些已经失效的元器件。

表 5-2　R-202T 收音机元器件清单

序号	元器件名称	编号	型号规格	数量	序号	元器件名称	编号	型号规格	数量
1	电阻	R_1	100kΩ	1	31	电感线圈	L_1	4×4.5	2
2	电阻	R_2	330Ω	1	32	电感线圈	L_2	3×11.5	1
3	电阻	R_3	2.2kΩ	1	33	电感	L_3	3×12.5	1
4	电阻	R_4	10kΩ	1	34	电感	L_4	100μH	1
5	电阻	R_5	2.2kΩ	1	35	二极管	D1	IN4148	1
6	电阻	R_6	10kΩ	1	36	发光二极管	LED	3R2HD	1
7	电阻	R_7	680Ω	1	37	短路线	J1	ϕ0.5mm 10mm	1
8	电位器	VR1	12SN101-B20K	1	38	短路线	J2	ϕ0.5mm 10mm	1
9	瓷片电容	C_1	30pF	1	39	短路线	J3	ϕ0.5mm 10mm	1
10	瓷片电容	C_2	30pF	1	40	滤波器	CF1	10.7S×1	1
11	瓷片电容	C_3	30pF	1	41	滤波器	CF2	455B	1
12	电容	C_7	1pF	1	42	中周	T1（黄）	AM/IFT	1
13	电容	C_8	10μF	1	43	中周	T2（粉）	FM/QUAD	1
14	电容	C_9	103pF	1	44	中周	T3（红）	AM OSC	1
15	瓷片电容	C_{10}	403pF	1	45	集成芯片	IC	CD1691CB	1
16	电容	C_{11}	15pF	1	46	波段转换小板		28×7.6×1.2	1
17	电容	C_{12}	4.7nF	1	47	中波线圈			1
18	瓷片电容	C_{13}	403pF	1	48	磁棒			1
19	瓷片电容	C_{14}	100pF	1	49	磁棒座			1
20	电容	C_{15}	103pF	1	50	螺钉		2×6PA D3.5	5
21	电容	C_{16}	203pF	1	51	负簧			1
22	瓷片电容	C_{17}	403pF	1	52	螺钉			1
23	电容	C_{18}	4.7μF	1	53	指针			1
24	电容	C_{19}	10nF	1	54	镜片			1
25	电容	C_{20}	10μF	1	55	双面胶纸			1
26	电容	C_{21}	220nF	1	56	胶袋			1
27	瓷片电容	C_{22}	403pF	1	57	说明书			1
28	电容	C_{23}	220μF	1	58	调查表			1
29	贴片电容	C_1*，C_2*	104pF	1	59	合格证			1
30	四联电容	PVC1	444HF-4CAF	1	60	彩盒			1

图 5-4　R-202T 收音机元器件

2. 印制电路板的装连

1）安装步骤

（1）整机电路分析，熟悉元器件在印制电路板上的安装位置。

（2）元器件焊接、安装（安装时应检查元器件的好坏）。

（3）检查电路，将安装好的收音机和电路原理图对照检查下列内容：

① 检查晶体管的型号，安装位置和引脚是否正确。

② 检查中周的安装顺序、一二次的引出线是否正确。

③ 检查电解电容的引线正、负接法是否正确。

④ 检查分段绕制的磁性天线线圈的一二次安装位置是否正确。

⑤ 用指针式万用表 $R\times100$ 挡测量整机电阻，用红表笔接电源负极引线，黑表笔接电源正极引线，测得整机电阻值应大于 500Ω。

按照各工位作业指导书的要求进行印制电路板的安装与焊接。

注意：对于贴片元器件和无法进行浸焊操作的元器件，将其焊盘贴上胶纸，后续进行电路板装连焊接时撕下胶纸。

2）电路板检查与焊接

按照作业指导书要求将元器件成型后插入相应位置，插放元器件时应注意元器件参数、极性，不能接错。相似元器件的高度应保持一致。元器件插放好后，进行检验，一般检验设置两个工位，确保元器件插装正确，检验合格后流入下道工序——浸焊，如图 5-5 所示。

（a）元器件手工插装与检验

（b）浸焊

图 5-5　印制电路板的插装与浸焊

电路板焊接好以后，首先进行检查，要对照所用线路，再次检查各元器件连接是否正确，然后再查看各个元器件和焊点。可以轻轻拨动各元器件，一方面查清焊接是否牢靠，有没有漏焊或虚焊；另一方面可把各元器件排列整齐，以免和机壳或其他元器件相碰。浸焊后的切腿要用到切腿机，如图 5-6（a）所示。还应该注意把滴落机内的锡珠、线头等清理干净，防止通电后造成短路。浸焊焊点的粘连及漏焊现象比较严重，所以后续修补焊工作量较大，如图 5-6（b）所示。对于符合要求的电路板，进入下一工序——电路板的装连，如图 5-7 所示。

（a）切腿机

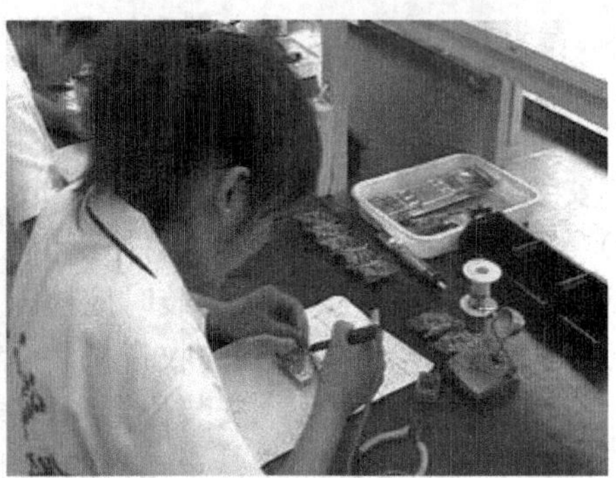

（b）修补焊

图 5-6 切腿机和修补焊

（a）芯片的焊接

（b）装连好的电路板

图 5-7 电路板的装连

3. 印制电路板的调试

装连好的电路板，经过检验合格后，进入调试区，按照作业指导书的要求进行 R-202T 收音机的 AM 中频检测、FM 中频检测、KC 位测试、MC 位测试、复听位测试、低频检测，反复进行调试，使电路板各项性能指标都符合要求，如图 5-8 所示。调试合格的电路板进入下一工序——整机装配与调试。

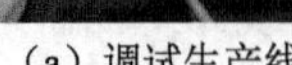
（a）调试生产线

（b）电路板的调试

图 5-8　印制电路板的调试

1）AM 中频检测

（1）带好静电手套，检查绝缘是否良好。

（2）设置扫频仪 OUT：55dB、CAL.Vp-p .0.1、幅度 2 格，将待测 PCB 装在测试架上，将波段开关置于 AM 位置，扫频仪出现中频 AM 曲线，用无感旋具调节黄中周 T_1 使曲线幅度最高且幅度不能低于 3 格，若幅度超出显示范围可相应降低分贝值，调试完成后将扫频仪调回原状态。

（3）将不合格机板打上记号，写出相应问题。

标准：波形左右两边的弧度基本等幅相对称，455kHz 频率在波形顶端为最理想，偏差不超过±5kHz，如图 5-9 所示。

2）FM 中频检测

（1）带好静电手套，检查绝缘是否良好。

（2）扫频仪 OUT：55dB、CAL.Vp-p .0.1、幅度 1 格，将待测 PCB 装在测试架上，将波段开关置于 FM 位置，扫频仪出现鉴频曲线，用无感旋具调节粉中周 T_2，使曲线上 10.70MHz 关于 X 轴对称，峰峰幅度 8 格以上。

（3）将不合格机板打上记号，写出相应问题。

标准：中频频率点在波形的水平线上，增益调到最大，10.70MHz 的频率点不能偏移±0.1MHz，并且波形上下两半的幅度应基本等幅相对称，如图 5-10 所示。

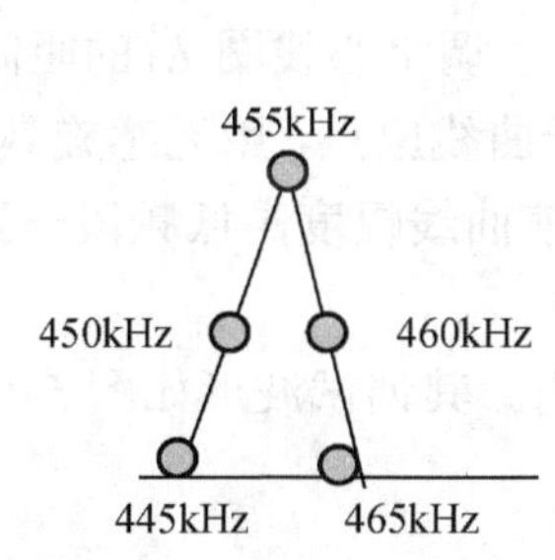

图 5-9　AM 中频调试波形

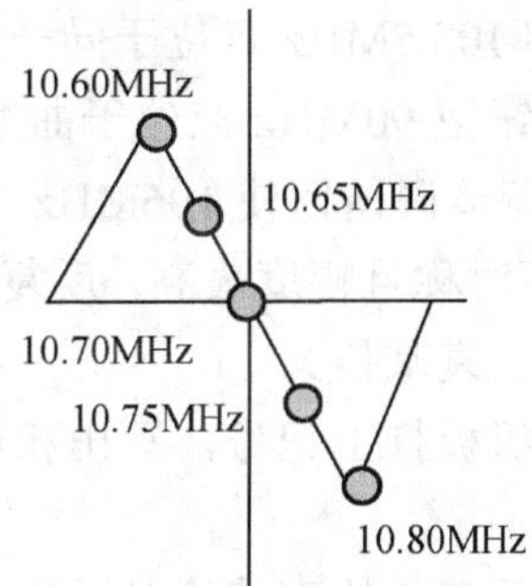

图 5-10　FM 中频调试波形

3）KC 位调试（中波波段的频率覆盖及灵敏度调试）

（1）带好静电手套，检查绝缘是否良好。

（2）扫频仪 OUT：70dB、CAL.Vp-p .0.1、幅度 0.5 格，将待测 PCB 装在测试架上，调节调谐钮，使调谐钮调至最低端，用无感旋具调节红中周 T_3，使 515kHz 点位于曲线最高点上，再调节调谐钮调至最高端，调 PVC 上的微调电容 C_1 使 1635kHz 点位于曲线最高点上，反复调节两点。

（3）调节调谐钮使 600kHz 点位于曲线最顶端，移动 AM 线圈在磁棒上的位置，使曲线幅度最高，再调节调谐钮使 1400kHz 点位于曲线最顶端，调 PVC 上的微调电容 C_2 使曲线幅度最高。反复上述两步，直到曲线在 600kHz、1000kHz、1400kHz 点的最高幅度在同一水平线上为止。调节调谐钮使 600kHz 点位于曲线最顶端，此时若用铜铁棒分别接近磁棒顶端时波形幅度少许下降，说明调试成功，否则重复测试，直到满足要求为止。

（4）将不合格机板打上记号，写出相应问题。其调试波形如图 5-11 所示。

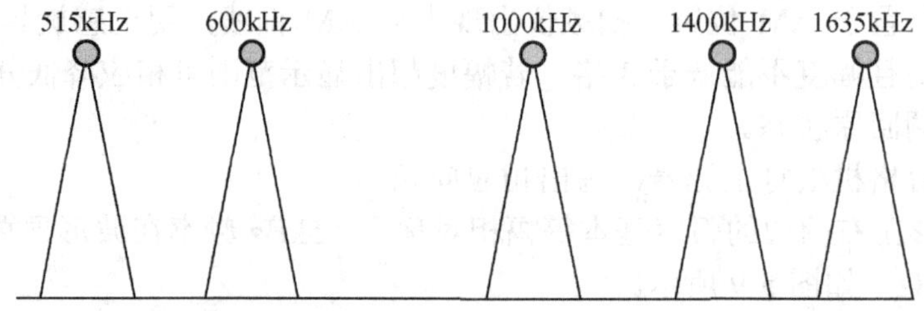

图 5-11　KC 位调试波形

4）MC 位调试（FM 覆盖及灵敏度调试）

（1）带好静电手套，检查绝缘是否良好。

（2）扫频仪 OUT：50dB、CAL.Vp-p .0.1、幅度 0.5 格，将待测 PCB 装在测试架上，调节调谐钮，将调谐钮调至最低端，用无感旋具调空心线圈 L_3 的匝间距离使 63MHz 点位于扫频仪上曲线最低端（左侧波形），再调节调谐钮使显示曲线到最高端，用无感旋具调 PVC 上的微调电容 C_4 使 108.7MHz 点位于曲线最低端（左侧波形）。反复上述两步，直到 62.5MHz 点和 108.5MHz 点位于同一波形最低端为止。

（3）调节调谐钮使 90MHz 点位于曲线原点，调空心线圈 L_2 的匝间距离使曲线上下对称且幅度最高，调节调谐钮使 106MHz 点位于曲线原点，用无感旋具调 PVC 上的微调电容 C_3 使曲线上下对称且幅度最高，反复调节使曲线幅度高低频段一致即可（可视波形大小适当调节扫频仪衰减值）。

（4）将不合格机板打上记号，写出相应问题。其调试波形如图 5-12 所示。

5）低频检测

（1）带好静电手套，检查绝缘是否良好。

（2）低频信号发生器参数要求。频率为 10kHz（频率设置时打开信号发生器电源开关按“频率/周期”键，在右侧数字键上选择所需频率，最后按“扫描”键，选择单位为

kHz)；幅度为 50mV（幅度设置时按“幅度/脉宽”键，在右侧数字键上输入幅度值，最后按“调频”键，选择单位为 mVpp）。

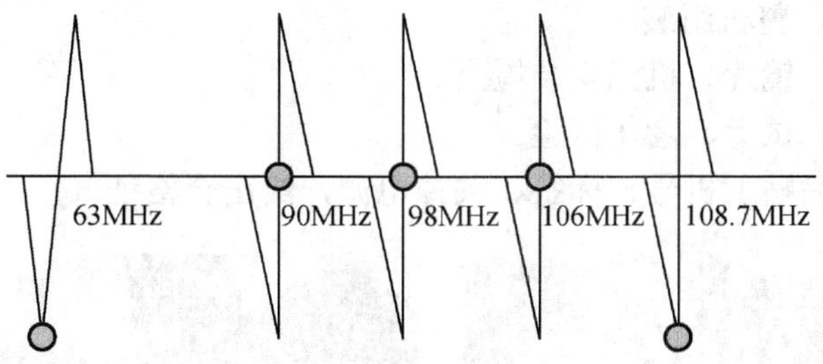

图 5-12　MC 位调试波形

（3）示波器要求：将垂直灵敏度调为 0.5V 挡（VOLTS/DIV），将（TIME/DIV）调为 50μS 挡，示波器显示正弦波（峰峰值 6 格以上）。

（4）用低频示波器观察音频信号波形，调节电位器使连续波形幅度最高，无音量失真，再调节电位器，所示波形幅度应从最高回到零，连续变化，反复几次观察。

（5）将不合格机板打上记号，写出相应问题。

6）复听位测试

（1）带好静电手套，检查绝缘是否良好。

（2）打开直流电源，调输出为 3V，打开信号发生器。

（3）把待测板装在测试架上，检查电源指示灯是否点亮，再将音量开至最大，收听各波段所对应的频率信号、灵敏度是否正常。

（4）接收某一电台，旋动音量开关，检测声音是否有变化，检查音量钮、调谐钮手感是否良好。

（5）信号发生器的设置如下。

① 调制深度 75kHz：按 FM 键，再按 MOD/PILOT 键，然后按数字键选择所需调制的深度值，最后按 kHz/dB 键选择单位。

② 载波频率 87.5MHz：按 FREQ/STEP 键，按数字键选择所需频率，最后按 MHz/dBμ 键选择单位。

③ 输出信号幅度 50mV：按 AMP/STEP 键，按右侧数字键选择所需幅度值，最后按 RF（ON/OFF）射频输出键，此时 OUTPUT 灯亮。

④ 选择音频调制信号 400Hz，调节调谐钮检测声音，直到听到发出连续的呜呜声，说明测试成功。

（6）检测完毕，无故障机按格下机，故障机打上记号，写明故障现象，放入待修箱。

4. 整机总装与调试

电路板调试合格后，完成 R-202T 收音机的整机总装与调试，如图 5-13 所示。其具体工作流程如下：

（1）安装调谐钮、音量钮、点胶、贴 AM 线圈线。

（2）焊接负簧、电源线、音频线。

（3）固定 PCB、整机组装。

（4）安装指针、镜片、机壳安装检查。

（5）外观检查、试听、老化试验。

（6）检查完好后贴上机号、标签、关掉电源，给出合格证。

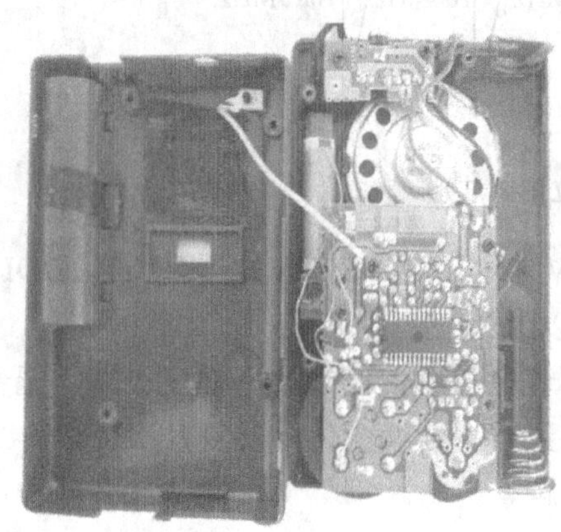

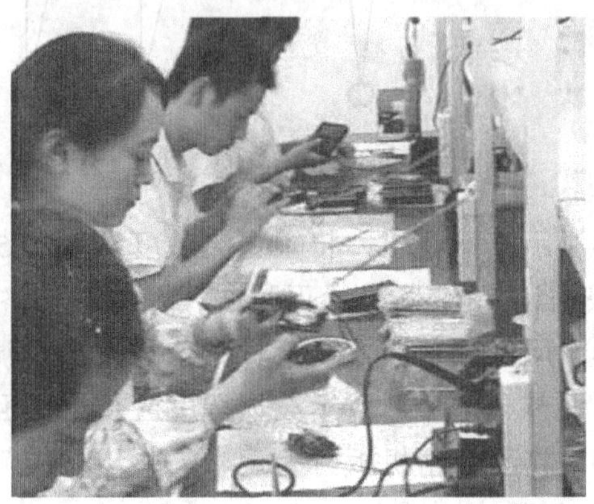

图 5-13　整机总装与调试

5. 整机包装与入库

整机总装与调试合格的产品，进行外盒整理包装、检查、装箱、入库，如图 5-14 所示，其具体步骤如下：

（1）取出 5 号电池，盖好电池舱盖，擦干净成品机外壳，装入胶袋内。

（2）把说明书、合格证、调查表、成品等一起装入彩盒内。

（3）要求包装规则、齐全，不缺资料。

（4）成品入库。

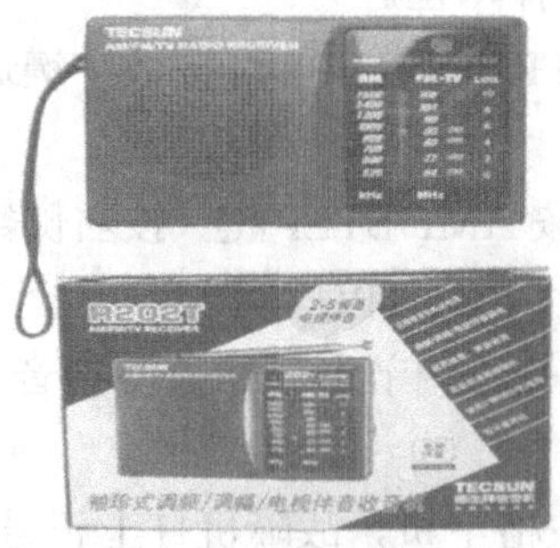

图 5-14　整机包装与检查

5.2 R-202T 收音机制作与总装相关知识

5.2.1 手工插件与检验工艺

1. 手工插件的基本原则

1）元器件插入顺序

（1）元器件插入顺序。整个 PCB 需手工插入元器件的插入顺序的设计，应根据元器件的外形尺寸和形状等，按由矮到高、由小到大的顺序编排，如图 5-15 所示。

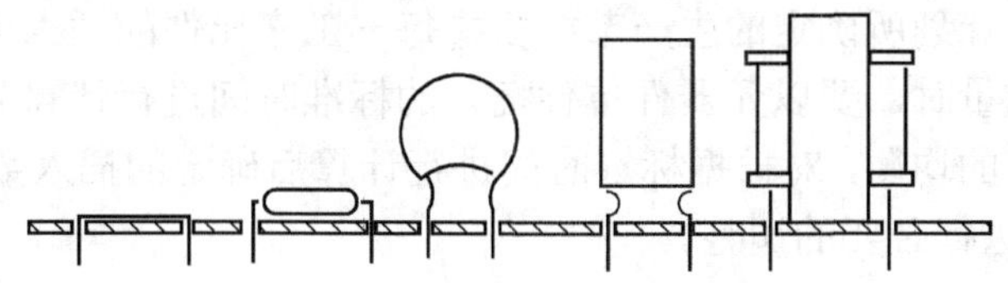

图 5-15 元器件插入顺序

注意：少量插入时需要特殊处理的元器件（如需卡入、紧固 PCB 的散热片等）可以安排在前道工序插入并进行相应处理。

（2）工序排列时的板面分配。设计元器件插入工艺时，工序排列时应根据插件线的方向对 PCB 板面进行区段划分，根据插入工序及元器件的插入数分为若干区段，依区段顺序插入。

（3）插入流向。元器件插入流向应根据生产线插件线的运行方向进行设计，插入顺序应逆传输带的运行方向排列。例如，插件线是由左向右运行的，元器件则应由左向右，同时由上向下插入。

（4）元器件分配。按工序分配插入元器件时，应遵循以下原则：

① 符合前面叙述的元器件插入顺序、板面分配、插入流向。

② 对于具有不易插入元器件的工序，应通过减少所插入的点数维持生产节拍的均衡。

③ 在同一工序内应尽量多安排额定值相同并且形状也相同的元器件。

④ 额定值不同但形状相同的元器件尽可能不要排入同一工序，以防止差错。

⑤ 在同一工序内有极性元器件的持有率应为 30%左右，不得超过 40%，以防止差错。

⑥ 在同一工序内有极性元器件的应尽可能安排同轴同向的元器件，以防止插入时极性弄错。

⑦ 因与横轴方向相比，纵轴方向元器件不易插入，故在同一工序内不应集中过多的纵轴方向的元器件。

同一工序内极性元方向及轴向不同的状况如图 5-16 所示。

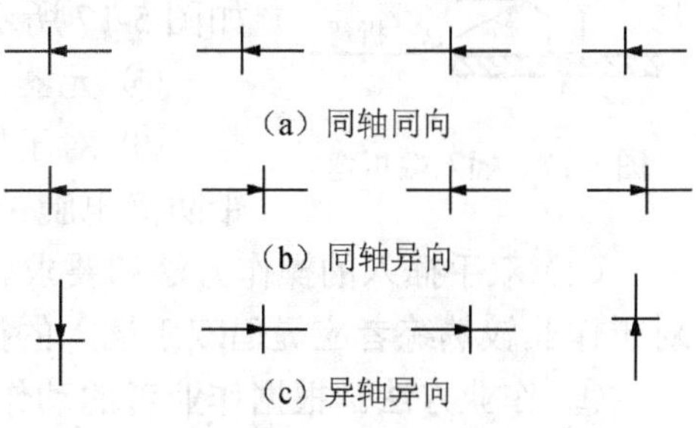

图 5-16 极性元方向及轴向不同的状况

结论：插入时极性差错率应为，同轴同向＜同轴异向＜异轴异向。

2）插入作业的编制

（1）插入作业工序分配。首先熟悉所插入的PCB的设计状况、所需插入元器件的种类、数量、规格，在PCB上的分布及PCB作业时的传输方向等。然后按照插入作业规定的基本原则和要求进行工序分配。

（2）人员的配置。要根据作业者对插入作业的经验和熟练程度配置作业人员，要以提高作业效率、尽可能避免质量事故发生为原则。例如，在作业不熟悉或经验不足者工序之后安排作业熟练、经验丰富者等。

（3）作业的节拍和均衡。

① 要根据生产计划所确定的生产节拍安排每一工序元件的插入数量。

② 确定插入数量时，要以元器件单件插入的标准时间进行计算后确定。

③ 为保证生产的均衡，对根据标准时间进行计算后确定的插入数量，要根据作业者的经验和熟练程度进行必要的调整。

2. 手工插件的手法及要求

1）作业前的确认

作业者工作前要对以下内容进行确认。

（1）料盒配置的插入元器件数与《作业指导书》上的插入元器件数是否一致。

（2）插入元器件在PCB上的位置。

（3）有极性元器件的数量、特点、位置及插入方向。

（4）插入顺序的合理性。

（5）《作业指导书》上是否有注意事项或说明，若有，则应明白其含义。

2）插入作业基本操作方法和要求

（1）插入作业的基本操作方法和要求如下：

① 插入时用力要适度，应根据插入元器件的具体情况以手的触感来判断，以不引起元器件引脚变形、PCB振动使周围元器件跳出为原则。

② 对有极性或方向要求的元器件要确认极性及方向后再插入。

③ 插入时要注意不影响周围已插入的其他元器件。

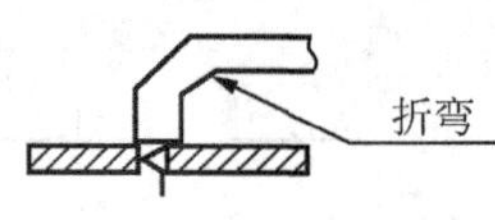

图5-17　插入端折弯

④ 插入导线时应将插入端折弯一下，将线心全部插入插孔，如图5-17所示。

⑤ 元器件插入后的状态要符合插装标准。

⑥ 对于插入或接触IC等对静电敏感元件的作业者必须佩带防静电腕带。

（2）双手插入的操作方法和要求。为提高作业效率，以便插入后留出质量确认时间，对于作业较熟练者应提倡双手插入的操作方法。

① 作业方法。根据作业者的动作习惯和熟练程度，可采用下列两种作业方法之一：双手同时取元器件，左右手交替插入；左手插入时右手取元器件，右手插入时左手取元器件，如此反复完成插入作业。插入时元器件不可在左右手之间传递。

② 料盒配置。料盒配置要适应双手插入作业，分别置于左右手易于拿取的位置。同一种元器件分别用左右手插入时应放于不同的料盒中，以方便拿取。

3）插入检查

（1）元器件插入数量、规格是否与工艺卡相符。

（2）是否有错孔、漏孔。

（3）极性元器件插入时的极性是否正确。

（4）元器件是否浮起。

（5）所插入元器件周围其他元器件是否歪斜、浮起、跳出。

（6）是否插入到位，符合插装要求。

除要求作业者按照上述项目自检外，还应安排专门检查人员，以保证插入质量，尽可能降低插入不良率。

元器件种类、外形及插装要求见表 5-3。

表 5-3　元器件种类、外形及插装要求

元器件	种类、外形	插装要求	说明
电阻器	1/2W、1/4W、1/6W	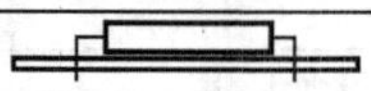	电阻平贴 PCB
	1W	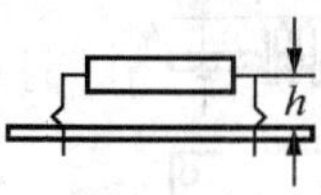 h	预先成型：h=7mm±2mm
	2W、3W		预先成型：h=12mm±2mm
	4W 以上	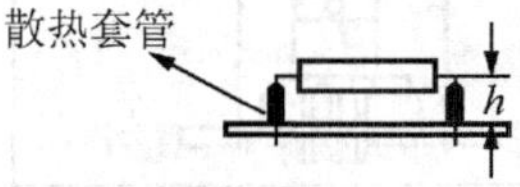 散热套管 h	预先成型：h≥15mm 注意：散热套管的上部必须夹紧以保证良好的散热效果
二极管	无磁环	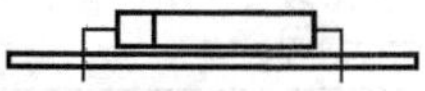	二极管要平贴 PCB 极性正确
	有磁环	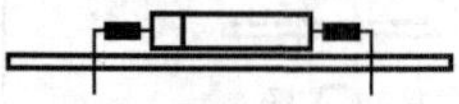	磁环尽可能靠近二极管 极性正确 当跨距走够大时，优先采用此种方法
		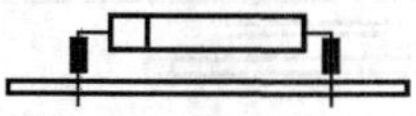	高度由磁环的高度决定 极性正确 当二极管需要散热时，优先采用此种方法
磁介电容 涤纶电容 陶瓷滤波器	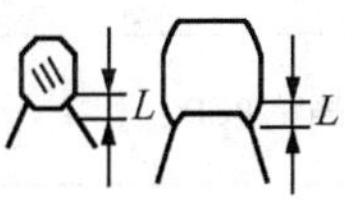 L　L	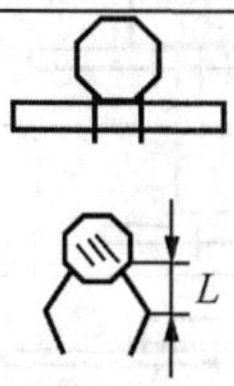 L	L<1.5mm 时，紧贴 PCB L>1.5mm 时，要预先成型
电解电容	 ϕ	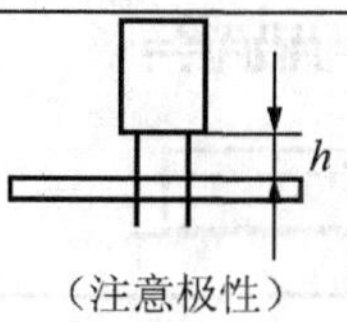 h （注意极性）	L<16mm 时，h<0.5mm L>16mm 时，完全插贴 PCB

续表

元器件	种类、外形	插装要求	说明
变压器 中周			完全插贴 PCB
电位器	滑动电位器 柄电位器 半可变电位器		完全插贴 PCB
开关	拨动开关 按钮开关 微动开关		完全插贴 PCB
插座			完全插贴 PCB
短路飞线			完全插贴 PCB
晶体管	小功率塑封管	h	
	大功率	h	
	大功率（带散热片）		
电感			完全插贴 PCB
			当引脚与插孔宽度不一致时应预加工成型
		h	$h<2\text{mm}$
	磁环		完全插贴 PCB
延时线			完全插贴 PCB
晶体			完全插贴 PCB
声表面滤波器			完全插贴 PCB

续表

元器件	种类、外形	插装要求	说明
集成电路			完全插贴 PCB
组件	高压包 FBT		完全插贴 PCB，并且使卡扣完全卡入 PCB 卡槽
	高频头 TU		完全插贴 PCB，固定脚对角拧弯，紧固，与 PCB 相垂直
	中频板、BBE 板、图文板、立体声板等组件		完全插贴 PCB，并且使其与 PCB 相垂直

3. 生产线工艺的平衡

1）生产线工艺平衡的定义

制造业的生产线多半是在进行了细分化之后多工序流水化连续作业生产线，由于分工作业、简化了作业难度，使作业熟练度容易提高，从而提高了作业效率。

然而经过了这样的作业细分化之后，各工序的作业时间在理论上、现实上都不能完全相同，这就势必存在工序间作业负荷不均的现象。除了造成无谓的工时损失外，还造成大量的工序堆积，严重的话会造成生产的中止。为了解决上述问题，必须对各工序的作业时间进行平均化，同时对作业进行标准化，以使生产线顺畅流动。

2）生产线工艺平衡的意义

生产线工艺平衡是对生产的全部工序进行平均化，调整作业负荷，以使各作业时间尽可能相近的技术手段与方法，是生产流程设计及作业标准化中最重要的方法。

生产线工艺平衡所产生的效果是多方面的。

（1）物流快速，减少生产周期。

（2）减少或消除物料或半成品周转场所。

（3）消除工程瓶颈，提高作业效率。

（4）提升工作者士气，改善作业秩序。

（5）通过平衡生产线可以综合应用到程序分析、动作分析、联合操作分析、时间研究等全部 IE 手法，提高全员综合素质。

3）生产线平衡率的计算方法

$$平衡率=\frac{各工序时间的总和}{瓶颈时间（CT）\times 总人数}\times 100\%$$

平衡损失率＝100%－平衡率（%）

理论产量＝时间/CT＝3600/CT（时产量，单位统一）

4）提高生产线平衡率的方法

取消（Eliminate）：剔除不必要的作业或动作，杜绝一切危险动作与隐患，工作中取消一切怠工和闲置时间，如图 5-18 所示。

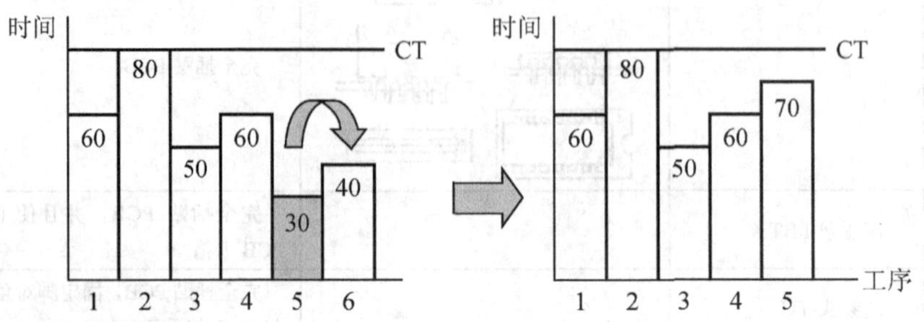

图 5-18 取消

合并（Combine）：对于无法取消而又必要者，看是否能够合并，以达到省时简化的目的，如图 5-19 所示。

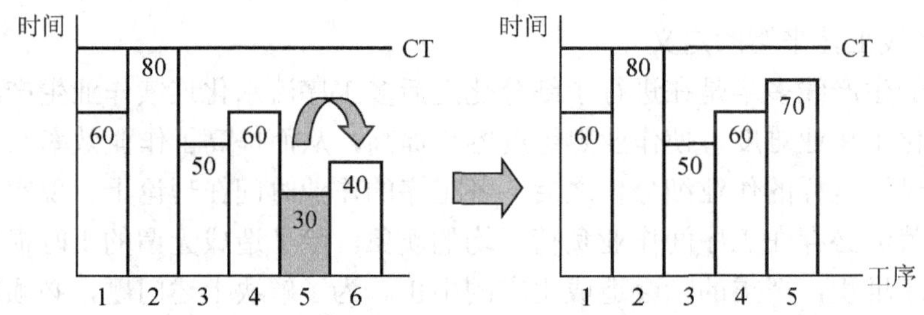

图 5-19 合并

重排（Rearrange）：取消、合并后，使其能有最佳的顺序、不再重复、办事有序，如图 5-20 所示。

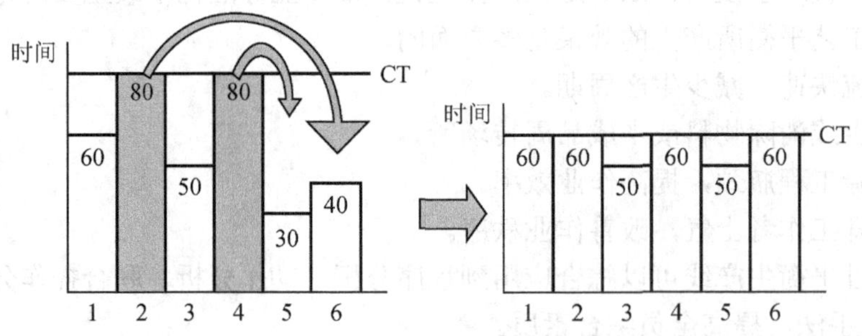

图 5-20 重排

简化（Simple）：经过取消、合并、重排后的必要工作，可考虑能否采用最简单的方法及设备，以节省人力、时间及费用，如图 5-21 所示。

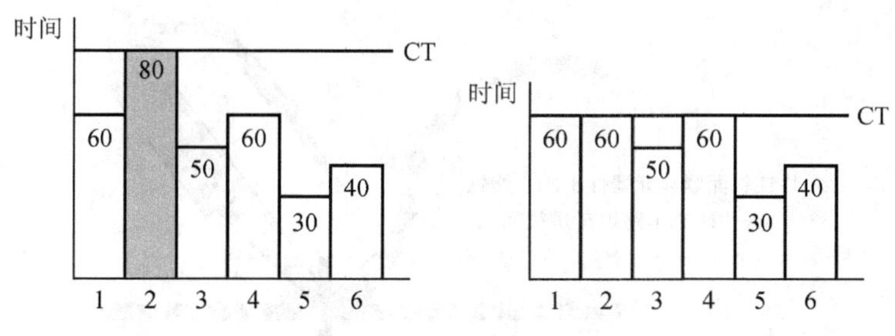

图 5-21 简化

5）生产线工艺平衡改善的误区

（1）随便增补人员。

（2）急功近利，生产线工艺改后一见效果不明显就很快恢复原状。

（3）希望一劳永逸，随着机型、人员等生产条件的变化应及时做出调整。

5.2.2 电路板焊接与修整

1. 焊接的方法与步骤

1）焊接前的准备

在焊接之前，应用万用表进行校验，检查每个元器件插放是否正确、整齐，二极管、电解电容极性是否正确，电阻读数的方向是否一致，全部合格后方可进行元器件的焊接。

2）电烙铁的处理

（1）烙铁头的保护。为了便于使用，烙铁在每次使用后都要进行维修，将烙铁头上的黑色氧化层锉去，露出铜的本色，在烙铁加热的过程中要注意观察烙铁头表面的颜色变化，随着颜色的变深，烙铁的温度渐渐升高，这时要及时把焊锡丝点到烙铁头上。焊锡丝在一定温度时熔化，将烙铁头镀锡，保护烙铁头，镀锡后的烙铁头为白色。

（2）烙铁头上多余锡的处理。如果烙铁头上挂有很多的锡，则不易焊接，可在烙铁架中带水的海绵上或者在烙铁架的钢丝上抹去多余的锡，不可在工作台或者其他地方抹去。

3）焊接

（1）常用元器件的焊接。焊接时电烙铁的正确位置如图 5-22 所示。焊接时先将电烙铁在线路板上加热，大约 2s 后，送焊锡丝，观察焊锡量的多少，太多会造成堆焊，太少会造成虚焊。当焊锡熔化、发出光泽时焊接温度最佳，应立即将焊锡丝移开，再将电烙铁移开。为了在加热中使加热面积最大，要将烙铁头的斜面靠在元器件引脚上，烙铁头的顶尖抵在线路板的焊盘上。焊点高度一般在 2mm 左右，直径应与焊盘相一致，引脚应高出焊点大约 0.5mm。

以电池极板的焊接为例说明焊接方法。

焊接时应将电池极板拨起，否则高温会把电池极板插座的塑料烫坏。为了便于焊接，应先用尖嘴钳的齿口将其焊接部位部分锉毛，去除氧化层；用加热的烙铁沾一些松香放在焊接点上，再加焊锡，为其搪锡。

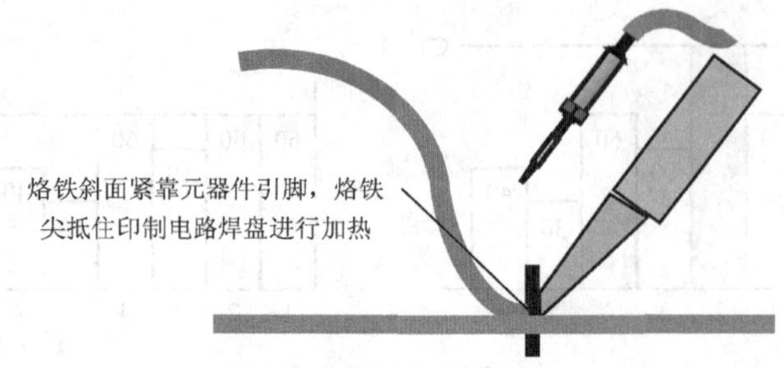

图 5-22　焊接时电烙铁的正确位置

将连接线线头剥出，如果是多股线应立即将其拧紧，然后蘸松香并搪锡（新提供的连接线已经搪锡）。用烙铁运载少量焊锡，烫开电池极板上已有的锡，迅速将连接线插入并移开烙铁。如果时间过长将会使连接线的绝缘层烫化，影响其绝缘效果。

连接线焊接的方向如图 5-23 所示。连接线焊好后将电池极板压下，安装到位。

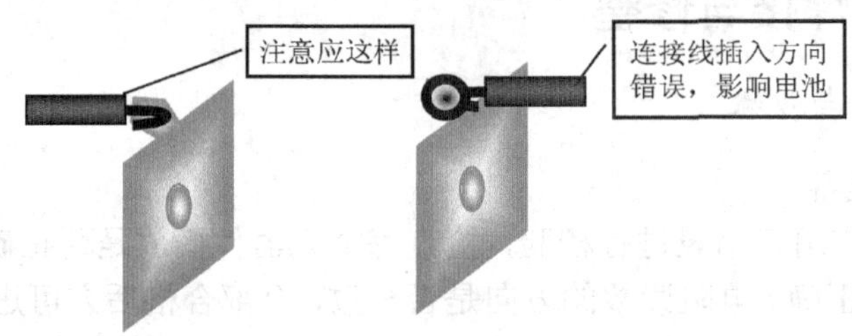

图 5-23　连接线焊接的方向

（2）焊接的要求。焊接完后的元器件，要求排列整齐，高度一致，如图 5-24 所示。为了保证焊接的整齐美观，焊接时应将线路板板架在焊接木架上焊接，两边架空的高度要一致，元器件插好后，要调整位置，使它与桌面相接触，保证每个元器件焊接高度一致。焊接时，电阻不能离开线路板太远，也不能紧贴线路板焊接，以免影响电阻的散热。

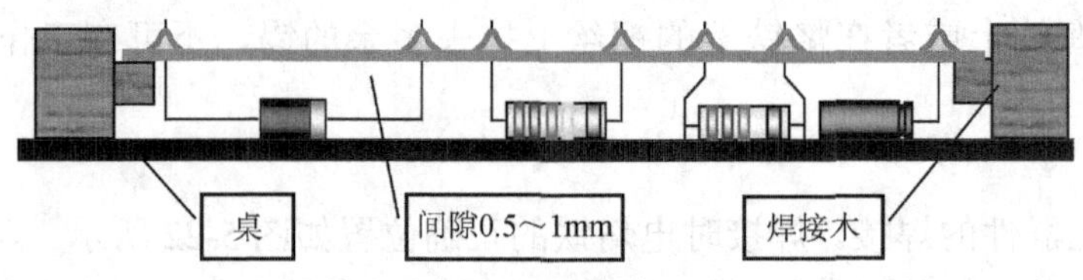

图 5-24　元器件的排列（一）

焊接时如果线路板未放水平，如图 5-25 所示，则应重新加热调整。图中线路板未放水平，使二极管两端引脚长度不同，离开线路板太远。第一个电阻放置歪斜，电解电容折弯角度大于 90°，易将引脚弯断。

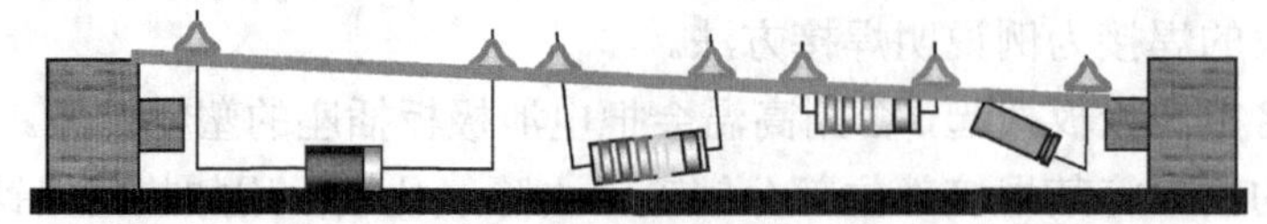

图 5-25　元器件的排列（二）

应先焊水平放置的元器件，后焊垂直放置的或体积较大的元器件，如分流器、可调电阻等，如图 5-26 所示。

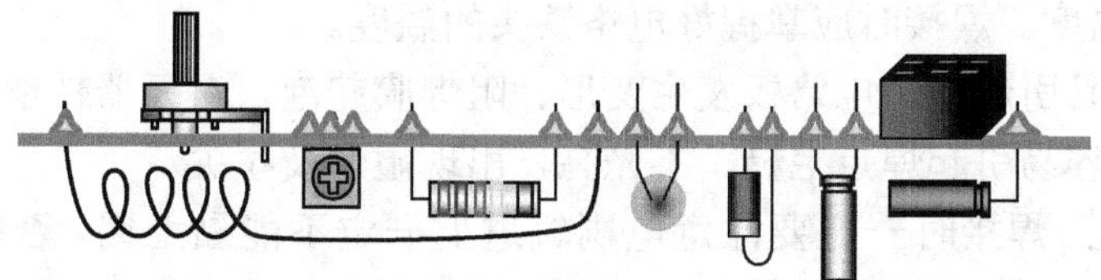

图 5-26　元器件的排列（三）

焊接时不允许用电烙铁运载焊锡丝，因为烙铁头的温度很高，焊锡在高温下会使助焊剂分解挥发，易造成虚焊等焊接缺陷。

（3）焊点的正确形状。一个良好的焊点应该焊点光滑、锡量适中、无毛刺、砂眼、气孔，无拉尖、桥接和短路等现象。焊点的正确形状如图 5-27 中焊点 a、b 所示。

焊点 a 一般焊接比较牢固。

焊点 b 为理想状态，一般不易焊出这样的形状。

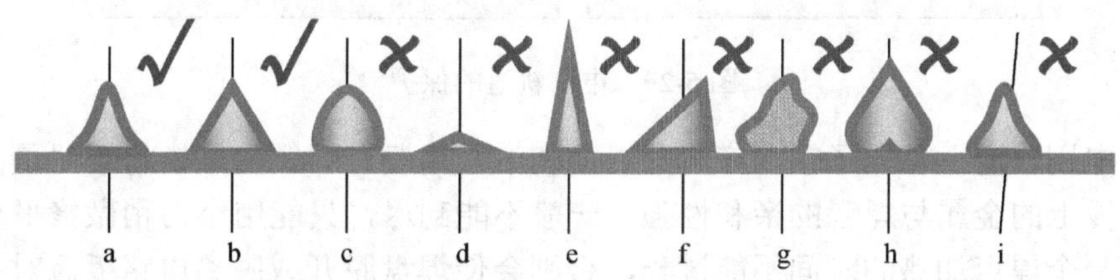

图 5-27　焊点的形状

但焊接方法不当时，可出现不合格的焊点，如图 5-27 中焊点 c、d、e、f、g、h 所示。

焊点 c 焊锡较多，当焊盘较小时，可能会出现这种情况，但是往往有虚焊的可能。

焊点 d、e 焊锡太少。

焊点 f 提烙铁时方向不合适，造成焊点形状不规则。

焊点 g 烙铁温度不够，焊点呈碎渣状，这种情况多数为虚焊。

焊点 h 的焊盘与焊点之间有缝隙为虚焊或接触不良。

焊点 i 引脚放置歪斜。

一般形状不正确的焊点，元器件多数没有焊接牢固，一般为虚焊点，应重焊。

焊点的形状俯视图如图 5-28 所示。焊点 a、b 形状圆整、有光泽，焊接正确；焊点 c、d 温度不够，或抬烙铁时发生抖动，焊点呈碎渣状；焊点 e、f 焊锡太多，将不该连接的地方焊成短路。

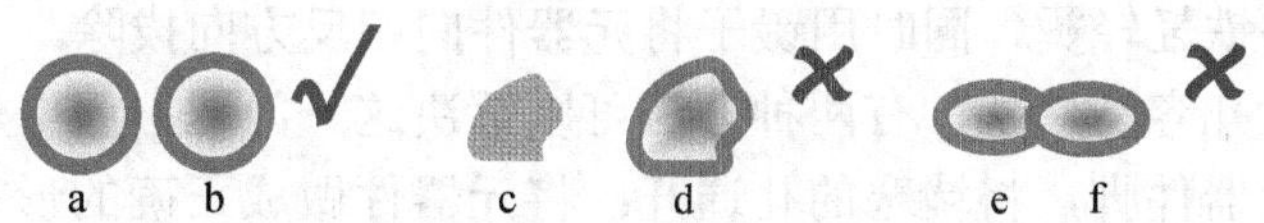

图 5-28　焊点的形状俯视图

焊接时一定要注意尽量把焊点焊得美观牢固。

（4）焊接注意事项。

① 焊接的温度。焊接时应掌握好电烙铁头的温度。

温度过高容易引起印制电路板发生变形、阻焊膜起泡，对元器件造成损伤。

温度过低则容易引起焊点毛糙、不光亮，出现虚焊及拉尖。

② 焊接卫生。焊接时一定要注意电刷轨道上一定不能黏上锡，否则会严重影响电刷的运转，如图 5-29 所示。为了防止电刷轨道黏锡，切忌用烙铁运载焊锡。由于焊接过程中有时会产生气泡，使焊锡飞溅到电刷轨道上，因此应用一张圆形厚纸垫在线路板上。

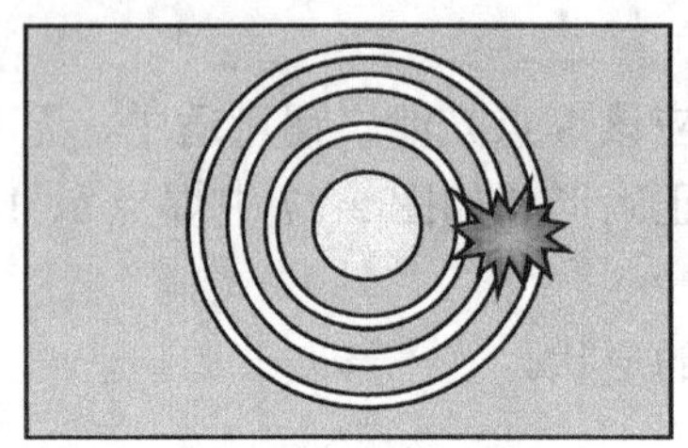
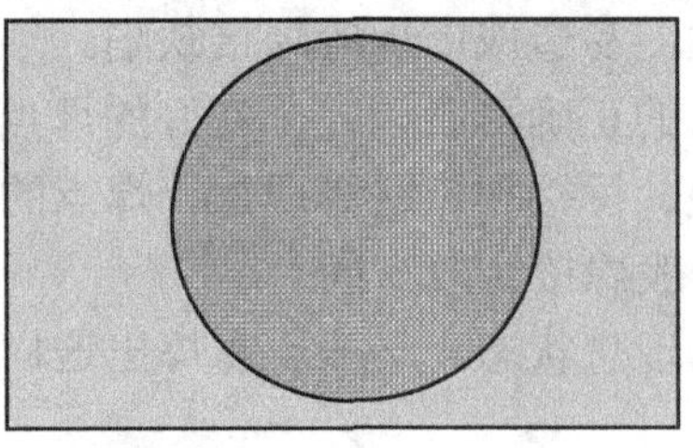

图 5-29　电刷轨道的保护

如果电刷轨道上黏上了锡，应将其绿面朝下，用没有焊锡的烙铁将锡尽量刮除。但由于电路板上的金属与焊锡的亲和性强，一般不能刮尽，只能用小刀稍微修平整。

在每一个焊点加热的时间不能过长，否则会使焊盘脱开或脱离电路板。对焊点进行修整时，要让焊点有一定的冷却时间，否则不但会使焊盘脱开或脱离线路板，而且会使元器件因温度过高而损坏。

4）补焊

（1）补焊的工序：将摆放不整齐的元器件扶正，补虚焊点、漏焊点及漏插的元器件。

（2）补焊注意事项：必须要明确哪些焊点是不符合实际要求的，针对这些焊点进行补焊；必须知道电烙铁的正确使用方法，明确焊接时间控制在 2～4s；剪脚的时候不能将引脚对准别人或自己，防止意外事故发生。

5）拆焊

当元器件焊错或元器件损坏时，要将错焊或损坏的元器件拆除。拆焊的步骤如下：

（1）先检查错焊的元器件应焊在什么位置，正确位置的引脚长度是多少。如果引脚较短，为了便于拔出，可先将引脚剪短。

（2）在烙铁架上清除烙铁头上的焊锡，将线路板绿色的焊接面朝下，用烙铁将元器件脚上的锡尽量刮除，然后将电路板竖直放置，用镊子在黄色的面将元器件引脚轻轻夹住，在绿色面用烙铁轻轻烫，同时用镊子将元器件向相反方向拔除。

拔除后，焊盘孔容易堵塞，有两种方法可以解决这一问题：用电烙铁稍烫焊盘，用镊子夹住一根废元器件脚，将堵塞的孔通开；将元器件做成正确的形状，并将引脚剪到合适的长度，镊子夹住元器件，放在被堵塞孔的背面，用烙铁在焊盘上加热，将元器件推入焊盘孔中。

注意：用力要轻，不能将焊盘推离电路板，使焊盘与电路板间形成间隙或者使焊盘与电路板脱开。

5.2.3 常用电子测量仪器

1. 扫频仪

频率特性测试仪简称扫频仪，是一种能在示波管屏幕上直接观察各种电路频率特性曲线的频域测量仪器。它还可以测算出被测电路频带宽度、品质因数、电压增益、输入输出阻抗及传输线特性阻抗等参数。

被测电路的频率特性曲线即幅频特性曲线。

1）测量方法

（1）点频测量法（静态测量法）。输入不同频率的等幅波，用电压表测出一系列放大倍数 K，描绘出 $K-f$ 曲线。点频测量法使用麻烦、工作量大、误差大。

（2）扫频测量法（动态测量法）。首先需要扫频信号 u（幅度恒定，频率随某种规律连续变化），然后用带检波头的示波器测出输出电压。幅频特性的扫频测量原理框图如图 5-30 所示。

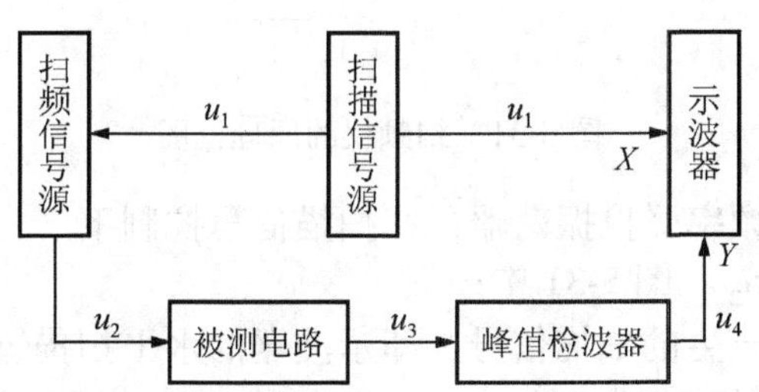

图 5-30 幅频特性的扫频测量原理框图

扫频测量法具有以下优点：

① 可实现网络频率特性的自动或半自动测量，特别是进行电路测试时，人们可以一面调节电路中的有关元器件，一面观察荧光屏上频率特性曲线的变化，随时判明元器件变化对幅频特性产生的影响，迅速调整，查找电路的故障。

② 由于扫频信号的频率是连续变化的，所得到的被测网络的频率特性曲线也是连续的，不会出现由于点频法中频率点离散而遗漏细节的问题，且能够观察到电路存在的各种冲激变化，如脉冲干扰等，更符合被测电路的应用实际。

③ 扫频测量法测量简单、速度快，可实现频率特性测量的自动化，已成为一种广泛使用的方法。

2）扫频仪的分类

按用途划分，扫频仪可分为通用扫频仪、专用扫频仪、宽带扫频仪、阻抗图示仪、微波综合测量仪；按频率划分，扫频仪可分为低频扫频仪、高频扫频仪、电视扫频仪等。

3）扫频仪的工作原理

扫频仪一般由扫描锯齿波发生器、扫频信号发生器、宽带放大器、频标信号发生器、X 轴放大、Y 轴放大、显示设备、面板键盘及多路输出电源等部分组成。其基本工作过程是通过电源变压器将 50Hz 市电降压后送入扫描锯齿波发生器，形成锯齿波，这个锯齿波一方面控制扫频信号发生器，对扫频信号进行调频；另一方面该锯齿波被送到 X 轴偏转放大器放大后，会控制示波器 X 轴偏转板，使电子束产生水平扫描。由于这个锯齿波同时控制电子束水平扫描和扫频振荡器，电子束在示波管荧光屏上的每一水平位置对应于某一瞬时频率，从左向右频率逐渐增高，并且是线性变化的。扫频信号发生器产生的扫频信号送到宽带放大器放大后，送入衰减器，然后输出扫频信号到被测电路。其原理框图如图 5-31 所示。

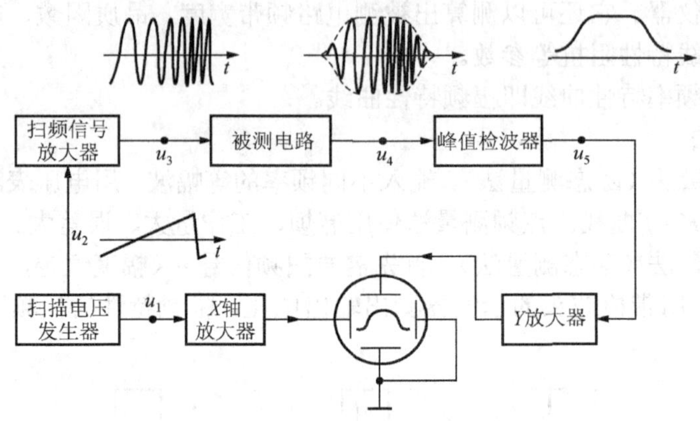

图 5-31　扫频仪的原理框图

扫频信号发生器即频率受控振荡器，在扫描信号控制下产生扫频信号。扫描信号发生器产生扫描信号 u_1、u_2。图 5-31 中：

u_1——扫描信号源产生的扫描信号，即示波器的水平扫描锯齿波信号；

u_2——扫频信号源的停振控制信号，即扫频信号源的频率控制信号。

u_3——幅度恒定，频率随某种规律连续变化的扫频信号。扫频范围为 $f_1 \sim f_2$，中心频率为 f_0；

u_4——经被测电路（如调谐放大器）后的调幅调频波；

u_5——经检波探头（检波器）后获得的包络信号。

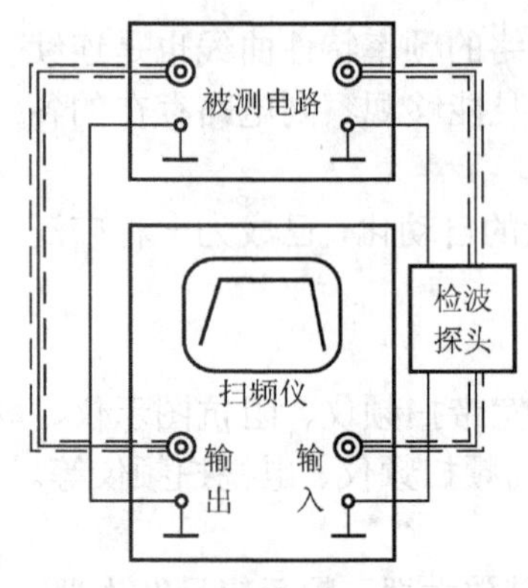

图 5-32　幅频特性的测量

为了消除扫频信号的寄生调幅，宽带放大器增设了自动增益控制器。宽带放大器输出的扫频信号送到频标混频器，在频标混频器中与 1MHz、10MHz 或 50MHz 晶振信号或外频标信号进行混频。产生的频标信号送入 Y 轴偏转放大器放大后输出给示波管的 Y 轴偏转板。扫频信号通过被测电路后，经过 Y 轴电位器、衰减器、放大器放大后送到示波管的 Y 轴偏转板，得被测电路的幅频特性曲线。

4）扫频仪的使用

（1）电路幅频特性的测量。连接扫频仪与被测电路，并根据被测电路的工作频率及测试条件，调节扫频仪面板上有关开关旋钮，如“中心频率”、“输出衰减”等获得幅频特性曲线。幅频特性的测量如图 5-32 所示。典型滤波器的频率

特性测量曲线如图 5-33 所示。

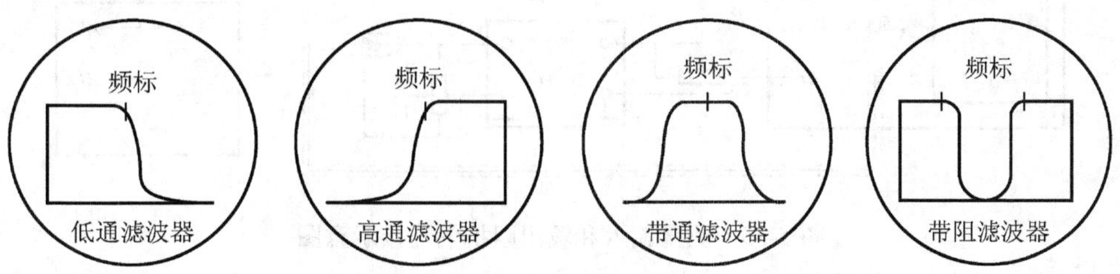

图 5-33　典型滤波器的频率特性测量曲线

（2）电路参数的测量。

① 增益的测量。调节好幅频特性后，用粗、细调衰减器控制扫频信号电压幅度，使其符合电路要求的输入信号幅度，注意衰减器的总衰减量应不大于放大器设计的总增益。若显示器的幅频高度为 H，输出衰减为 B_1（dB），将检波探头与扫频输出端短接，改变“输出衰减”，使幅频高度仍为 H，此时输出衰减的读数若为 B_2（dB），则该放大器增益为 $A=（B_2-B_1）$（dB）。

注意：*在得到衰减量 B_1 读数后，应保持扫频仪的“Y 轴增益”旋钮位置不变，否则测量结果不准确。*

② 带宽的测量。测量带宽时，先调节扫频仪输出衰减和 Y 增益，使频率特性曲线的顶部与屏幕上某一水平刻度线相切，如图 5-34 中与 AB 线相切。

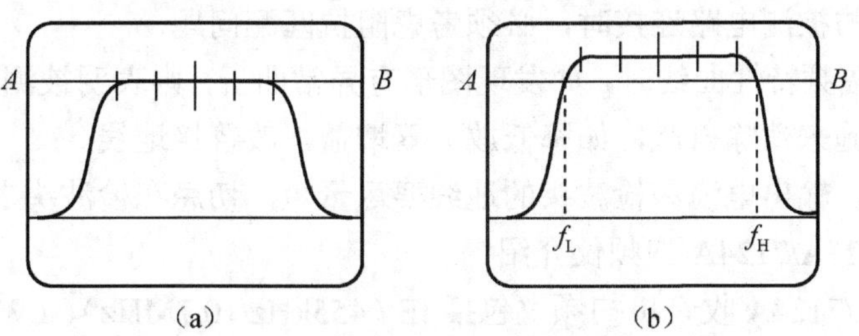

（a）　（b）

图 5-34　扫频仪测量带宽

③ 回路 Q 值的测量。测量时电路连接和测量方法与测回路带宽相同，在用外接频标测出回路的谐振频率 f_0 及上、下截止频率 f_H 和 f_L 后，按下面的公式可计算出回路的 Q 值，即

$$Q=\frac{f_0}{\mathrm{BW}}=\frac{f_0}{f_H-f_L}$$

（3）高频阻抗的测量。

① 输入和输出阻抗的测量。如图 5-35 所示，先将 R_{P1} 短路、R_{P2} 断开，调节有关开关旋钮，使显示幅频特性曲线高度为 A 格。撤去 R_{P1} 上的短路线，调节 R_{P1} 直至显示曲线高度为 $A/2$ 格，则 R_{P1} 的电阻即为被测电路的输入阻抗。

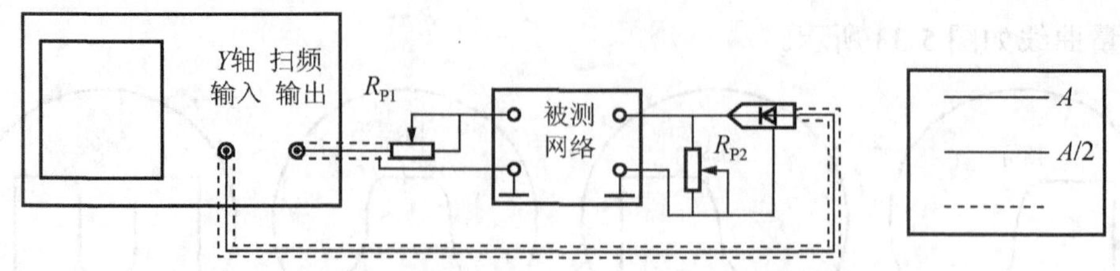

图 5-35 测量输入和输出阻抗的连接示意图

将 R_{P1} 重新短路，使曲线高度仍为 A 格，接通 R_{P2} 并调节其值直至曲线高度为 $A/2$ 格，则 R_{P2} 的电阻值即为被测电路的输出阻抗。

② 传输线特性阻抗的测量。如图 5-36 所示，调节可变电阻 R_P 直至显示波形为一条平坦直线，此时 R_P 的电阻值即为传输线的特性阻抗。

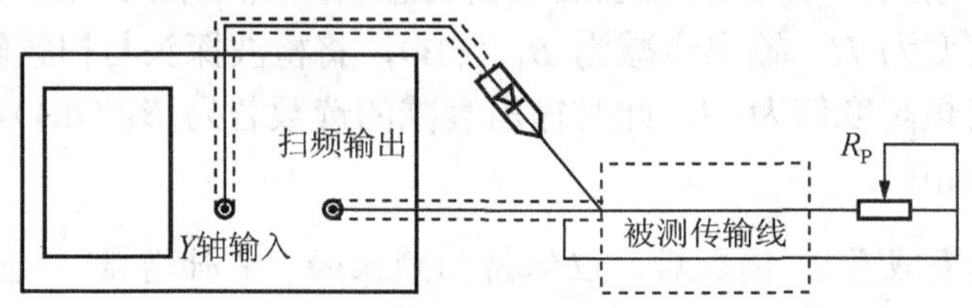

图 5-36 测量传输线特性阻抗的连接示意图

5）扫频仪使用注意事项

（1）扫频仪与被测电路连接时，必须考虑阻抗匹配问题。

（2）在显示幅频特性曲线时，如发现图形有异常曲折，则表明被测电路有寄生振荡，这时应先采取措施来消除自激，如降低放大器增益，改善接地线。

（3）测试时，输出电缆和检波头的地线要尽量短，切忌在检波头上加长导线。

6）MSW-7125A/7124A 扫频仪介绍

MSW-7125A/7124A 收音机扫频仪包括 IF（455kHz/10.7MHz）、LW、MW、SW、FM 波段，具有载频与宽频扫频功能（图 5-37），其功能参数见表 5-4。

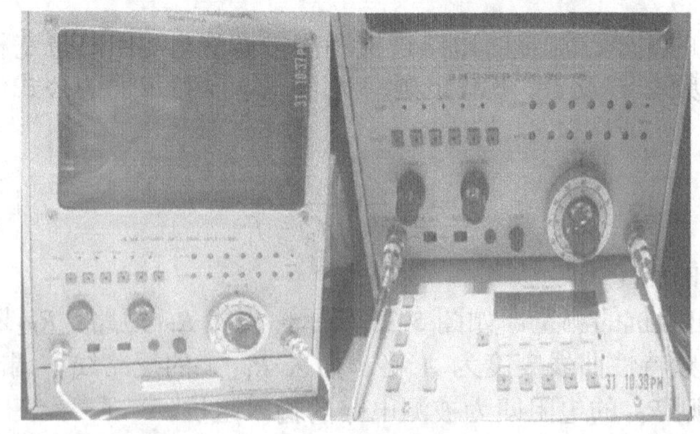

图 5-37 MSW-7125A/7124A 扫频仪

表 5-4　MSW-7125A/7124A 扫频仪功能参数

扫频范围	455kHz、10.7MHz、0.1～3MHz、1.5～30MHz、63～110MHz
扫频宽度	±10k～36MHz
输出电平（50 Ω 负载）	100dB（0.1Vrms），准确度：±1dB
输出控制	80dB（1dB/步进）
频率可变范围	扫描范围内任意的 5 个频率点
设定方式（存储方式）	4 位或 5 位
最小设定位数	0.1kHz、1kHz、10kHz
显示管	23cm，电磁偏转
垂直灵敏度	1mV/格，可变，附有 20dB 衰减器
频率响应	DC～10kHz
外形尺寸/质量	约宽 230mm、高 330mm、长 370mm /10.5kg

2. 信号发生器

信号发生器（又称为信号源）是常用电子测量仪器之一，负责提供电子测量所需的各种电信号，是最基本、应用最广泛的电子测量仪器之一。

1）信号发生器的分类

（1）按频率范围分类见表 5-5。

表 5-5　信号发生器根据频率范围分类

类型	频率范围
超低频信号发生器	0.001Hz～1kHz
低频信号发生器	1Hz～1MHz
视频信号发生器	20Hz～10MHz
高频信号发生器	100k～30MHz
甚高频信号发生器	4M～300MHz
超高频信号发生器	300MHz 以上

（2）按用途分类。根据用途的不同，信号发生器可以分为通用信号发生器（低频信号发生器、高频信号发生器、脉冲信号发生器、函数信号发生器）和专用信号发生器两类。

（3）按输出信号波形分类。根据所输出信号波形的不同，信号发生器可分为正弦信号发生器、矩形信号发生器、脉冲信号发生器、三角波信号发生器、钟形脉冲信号发生器、噪声信号发生器、电视信号发生器、调频立体声信号发生器等。

（4）按调制方式分类。按调制方式的不同，信号发生器可分为调频、调幅、脉冲调制等。

（5）按性能指标分类。按信号发生器的性能指标，可分为一般信号发生器和标准信号发生器。

2）信号发生器的主要技术特性

（1）频率特性。频率特性包括有效频率范围、频率准确度和频率稳定度。

有效频率范围是指各项指标均得到保证的输出频率范围。

频率准确度：公式为

$$a=\frac{f_x-f_0}{f_0}=\frac{\Delta f}{f_0}$$（f_x为频率的实际值，f_0为标称值）

频率稳定度：信号发生器经规定的预热时间后，频率在规定的时间间隔内的最大变化，表示为

$$\delta=\frac{f_{\max}-f_{\min}}{f_0}$$

（2）输出特性。

① 输出电平。输出电平包括输出电平范围和输出电平准确度。输出电平范围是指输出信号幅度的有效范围，也就是信号发生器的最大和最小输出电平的可调范围，通常采用有效值来度量。

② 输出电平的频率响应。输出电平的频率响应是指在有效频率范围内调节频率时，输出电平的变化情况，也就是输出电平的平坦度。

③ 谐波失真。其计算公式为

$$\gamma=\frac{\sqrt{U_2^2+U_3^2+\cdots+U_n^2}}{U_1}\times 100\%$$

其中，U_1为输出信号基波的有效值（或幅值）。

④ 输出阻抗。输出阻抗的高低随信号发生器的类型而异。低频信号发生器一般有50Ω、600 Ω、5kΩ 等几种不同的输出阻抗，而高频信号发生器一般只有 50 Ω（或 75 Ω）不平衡输出。在使用高频信号发生器时，要注意阻抗是否匹配。

⑤ 输出波形。输出波形是指信号发生器所能输出信号的波形。

（3）调制特性。许多信号源还包含调制功能，如高频信号发生器，一般还具有输出一种或多种调制信号的能力，通常为调幅和调频信号，有些还带有调相、脉冲调制、数字调制等功能。调制特性包括调制的种类、频率、调幅系数或最大频偏及调制线性等。

3）低频信号发生器

低频信号发生器的原理框图如图 5-38 所示，主要包括主振器、缓冲放大器、电平调节器、功率放大器、输出衰减器、阻抗变换器和输出指示器等部分。

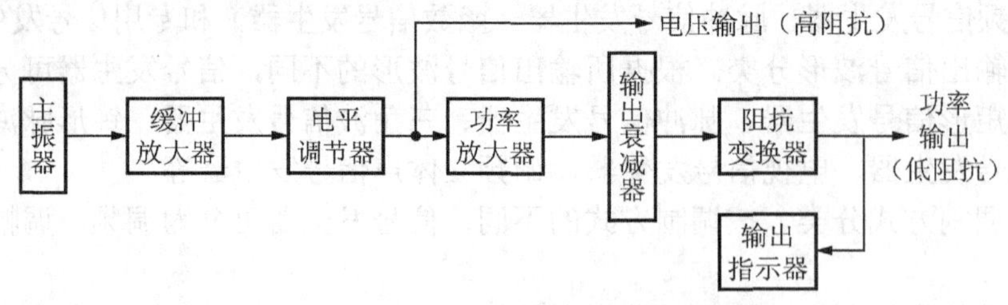

图 5-38　低频信号发生器的原理框图

（1）主振器。主振器是低频信号发生器的核心部分，产生频率可调的正弦信号。它决定了信号发生器的有效频率范围和频率稳定度。低频信号发生器中产生振荡信号的方

法有多种，现代低频信号发生器中，主振器常采用 *RC* 文氏电桥振荡电路。其原理框图如图 5-39 所示。

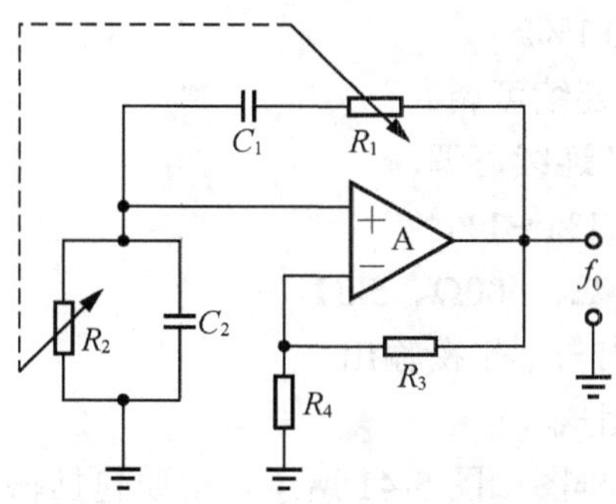

图 5-39　文氏电桥振荡器的原理框图

（2）缓冲放大器。缓冲放大器兼有缓冲和电压放大的作用。缓冲是为了将后级电路与主振器隔离，防止后级电路、负载等的变化对主振器的影响，保证主振频率稳定，一般采用射极跟随器或运放组成的电压跟随器。

（3）功率放大器。功率放大器用来对电平调节器送来的电压信号进行功率放大，使之达到额定的功率输出，驱动低阻抗负载。通常采用电压跟随器或 BTL 电路等。

（4）输出衰减器。图 5-40 所示电路为低频信号发生器中最常用的输出衰减器。由电位器 R_P 取出一部分信号电压加于 R_1~R_8 组成的步进衰减器，调节电位器或调节波段开关 S 所接的挡位，均可使衰减器输出不同电压。

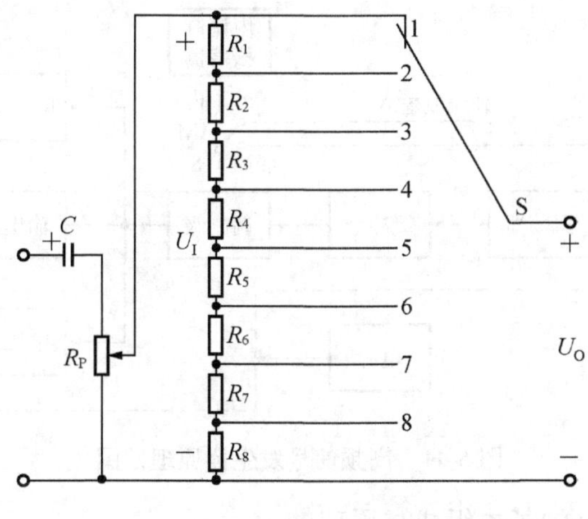

图 5-40　输出衰减器

（5）阻抗变换器。阻抗变换器用于匹配不同阻抗的负载，以便在负载上获得最大输出功率。

（6）输出指示。输出指示用来指示输出端输出电压的幅度，或对外部信号电压进行测量，可能是指针式电压表、数码 LED 或 LCD。

通常，低频信号发生器的主要工作特性如下。

① 频率范围：一般为 1～1MHz，连续可调。

② 频率准确度：±（1～3）%。

③ 频率稳定度：优于 0.1%。

④ 输出电压：0～10V 连续可调。

⑤ 输出功率：0.5～5W 连续可调。

⑥ 非线性失真范围：0.1%～1%。

⑦ 输出阻抗：50Ω、75Ω、600Ω、5kΩ。

⑧ 输出形式：平衡输出与不平衡输出。

4）高频信号发生器的组成

高频信号发生器的原理框图如图 5-41 所示，主要包括振荡器、缓冲级、调制级、输出级、内调制振荡器、频率调制器、监测指示电路等。

（1）振荡器：用于产生高频振荡信号。它是信号发生器的核心，信号发生器的主要工作特性大都由它决定。

（2）缓冲级：主要起隔离放大的作用，用来隔离调制级对主振极可能产生的不良影响，以保证主振极工作稳定，并将主振信号放大到一定电平。

（3）调制级：主要完成对主振信号的调制。

（4）内调制振荡器：供给符合调制级要求的音频正弦调制信号。

（5）输出级：主要由放大器、滤波器、输出微调、输出衰减器等组成。

（6）监测指示电路：监测指示输出信号的载波电平和调制系数。

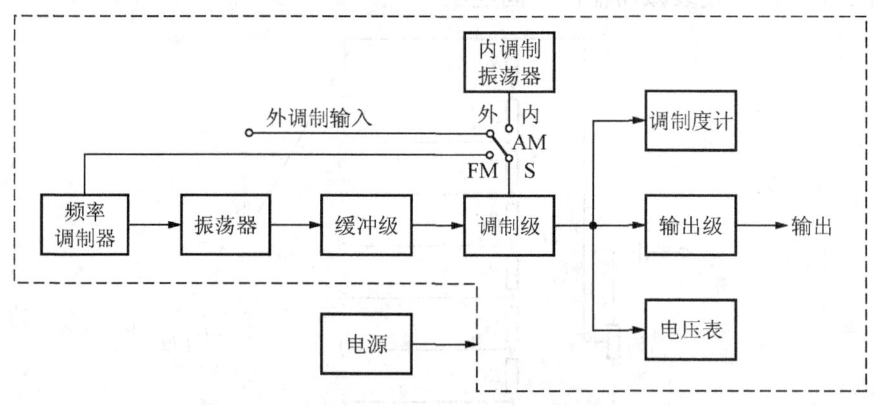

图 5-41　高频信号发生器原理框图

5）函数信号发生器的基本组成与原理

函数信号发生器按其构成分为：脉冲式函数信号发生器、正弦式函数信号发生器和合成式函数信号发生器。

（1）脉冲式函数信号发生器。脉冲式函数信号发生器在触发脉冲的作用下触发器产生方波，经变换得到三角波和正弦波。脉冲式函数信号发生器的原理框图如图 5-42 所示。

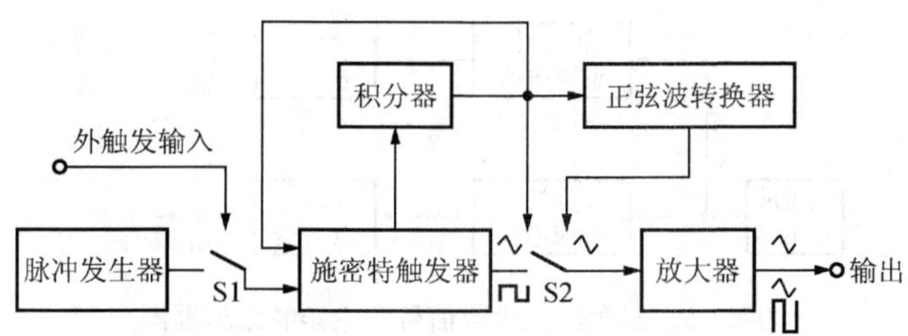

图 5-42　脉冲式函数信号发生器原理框图

脉冲式函数信号发生器的工作过程：在触发脉冲的作用下，施密特触发器产生方波，积分器将方波积分形成三角波，正弦波转换器将三角波转换成正弦波。正弦波转换器通常令三角波信号经过非线性成形网络，用分段折线逼近的方法来实现。二极管正弦波形成的电路如图 5-43 所示。

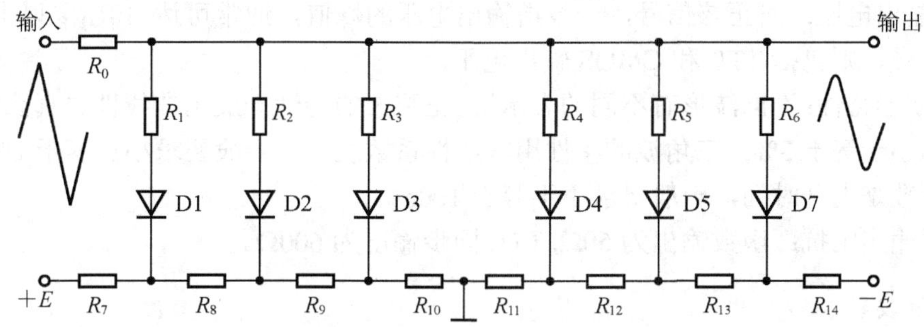

图 5-43　二极管正弦波形成的电路

（2）正弦式函数信号发生器。正弦式函数信号发生器先产生正弦波，再得到方波和三角波。其原理框图如图 5-44 所示。

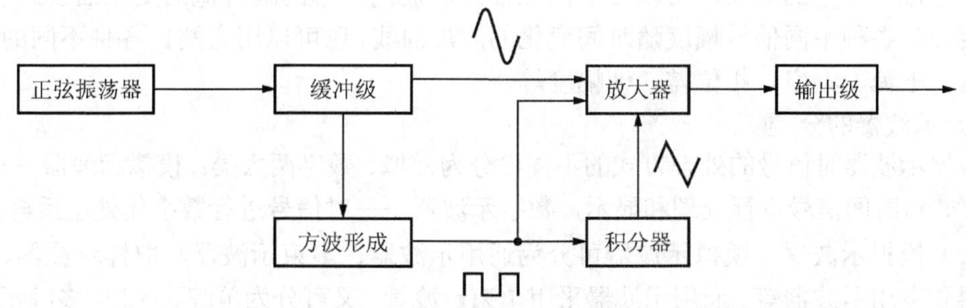

图 5-44　正弦式函数信号发生器的原理框图

正弦式函数信号发生器工作原理：正弦振荡器输出正弦波，经缓冲级隔离后，一路送入放大器，输出正弦波；另一路作为方波形成电路的触发信号。方波形成电路通常是施密特触发器，其输出一路送入放大器，经放大后输出方波；另一路作为积分器的输入信号。积分器将方波积分形成三角波，经放大后输出。

（3）三角波式函数发生器。三角波式函数信号发生器的原理框图如图 5-45 所示。

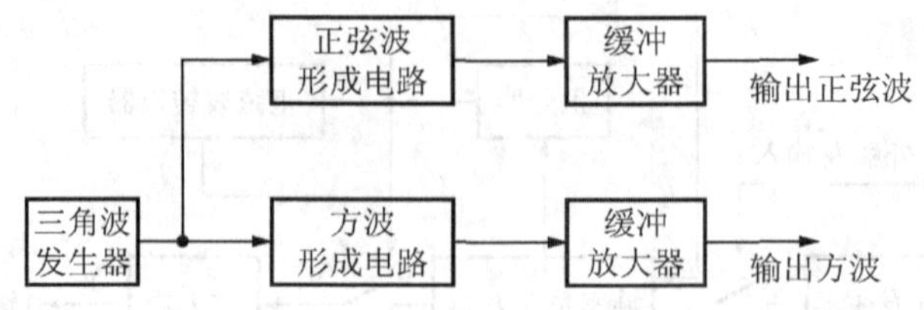

图 5-45　三角波式函数信号发生器的原理框图

（4）函数信号发生器的主要性能指标。对于函数信号发生器，其性能指标有以下几个。

① 输出波形：通常输出波形有正弦波、方波、脉冲和三角波等波形，有的还具有锯齿波、斜波、TTL 同步输出及单次脉冲输出等。

② 频率范围：函数发生器的整个工作频率范围一般分为若干频段，如 1～10Hz、10～100Hz、100～1kHz、1～10kHz、10～100kHz、100k～1MHz 等。

③ 输出电压：对正弦信号，一般指输出电压的峰值，通常可达 $10U_{P\text{-}P}$ 以上；对脉冲数字信号，则包括 TTL 和 CMOS 输出电平。

④ 波形特性：不同波形有不同的表示法。正弦波的特性一般用非线性失真系数表示，一般要求小于等于 3%；三角波的特性用非线性系数表示，一般要求小于等于 2%；方波的特性参数是上升时间，一般要求小于等于 100ns。

（5）输出阻抗：函数输出为 50Ω, TTL 同步输出为 600Ω。

3. 示波器

示波器是一种用途十分广泛的电子测量仪器。它能把肉眼看不见的电信号变换成看得见的图像，便于人们研究各种电现象的变化过程。示波器利用狭窄的、由高速电子组成的电子束，打在涂有荧光物质的屏面上，就可产生细小的光点。在被测信号的作用下，电子束好像一支笔的笔尖，可以在屏面上描绘出被测信号的瞬时值的变化曲线。利用示波器能观察各种不同信号幅度随时间变化的波形曲线，还可以用它测试各种不同的电量，如电压、电流、频率、相位差、调幅度等。

1）示波器的分类

根据示波器对信号的处理方式的不同可分为模拟、数字两大类：模拟示波器——采用模拟方式对时间信号进行处理和显示，数字示波器——对信号进行数字化处理后再显示。

（1）模拟示波器。模拟示波器可分为通用示波器、多束示波器、取样示波器、记忆示波器和专用示波器等。通用示波器采用单束示波管，又可分为单踪、双踪、多踪示波器；多束示波器采用多束示波管，荧光屏上显示的每个波形都由单独的电子束扫描产生；取样示波器可以用较低频率的示波器测量高频信号；记忆示波器采用有记忆功能的示波管，实现模拟信号的存储、记忆和反复显示；专用示波器是能够满足特殊用途的示波器，又称特种示波器。

（2）数字示波器。数字示波器将输入信号数字化（时域取样和幅度量化）后，经由 D/A 转换器后重建波形。数字示波器具有记忆、存储被观察信号功能，又称为数字存储示波器。

根据取样方式不同，数字示波器又可分为实时取样、随机取样和顺序取样三大类。

2）主要技术指标

（1）频带宽度 BW 和上升时间 t_r。示波器的频带宽度 BW 一般指 Y 通道的频带宽度。

上升时间 t_r 是一个与频带宽度 BW 相关的参数，反映了示波器 Y 通道随输入信号快速变化的能力。

频带宽度 BW 与上升时间 t_r 的关系可近似表示为

$$t_r[\mu s]=\frac{0.35}{BW[MHz]}，或 t_r[ns]=\frac{0.35}{BW[MHz]}\times 10^3$$

（2）扫描速度。扫描速度是指荧光屏上单位时间内光点水平移动的距离，单位为“cm/s”。

荧光屏上通常用间隔 1cm 的坐标线作为刻度线，因此扫描速度的单位也可表示为“cm/div”。

扫描速度的倒数称为“时基因素”，它表示单位距离代表的时间，单位为“t/cm”或“t/div”，时间 t 可为μs、ms 或 s，在示波器的面板上，通常按“1、2、5”的顺序分成很多挡。

（3）偏转因素。偏转因素指在输入信号作用下，光点在荧光屏上的垂直（Y）方向移动 1cm（即 1 格）所需的电压值，单位为“V/cm”、“mV/cm”（或“V/div”、“mV/div”）。

偏转因素表示了示波器 Y 通道的放大/衰减能力。偏转因素的倒数称为“（偏转）灵敏度”。

（4）输入阻抗。当被测信号接入示波器时，输入阻抗 Z_i 形成被测信号的等效负载。

（5）输入方式。输入方式即输入耦合方式，一般有直流（DC）、交流（AC）和接地（GND）3 种，可通过示波器面板选择。

（6）触发源选择方式。触发源是指用于提供产生扫描电压的同步信号来源，一般有内触发（INT）、外触发（EXT）、电源触发（LINE）3 种。

3）阴极射线管

阴极射线管简称 CRT，主要由电子枪、偏转系统和荧光屏 3 部分组成，如图 5-46 所示。

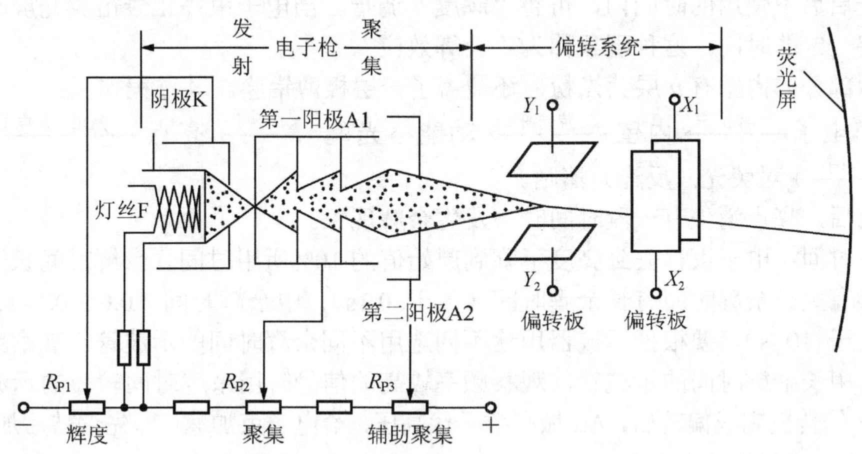

图 5-46　阴极射线管基本结构

（1）电子枪。电子枪的作用是发射电子并形成很细的高速电子束，它由灯丝 F，阴极 K，栅极 G1、G2，阳极 A1、A2 组成。

通过调节控制栅极 G 对 K 的负电位可控制电子束的强弱，从而调节光点的亮度，即进行“辉度”控制。调节 A1 的电位器称为“聚焦”旋钮，通过对它进行调节可调节 G2 与 A1、A1 与 A2 之间的电位；调节 A2 的电位器称为“辅助聚焦”旋钮。

电子束聚焦的原理：电子从阴极 K 发射，经 G1、G2、A1、A2 聚焦和加速后进入偏转系统。

（2）偏转系统。示波管的偏转系统由两对相互垂直的平行金属板组成，分别称为垂直偏转板和水平偏转板。当有外加电压作用时，偏转板之间形成电场；在偏转电场作用下，电子束打向由 *X*、*Y* 偏转板共同决定的荧光屏上的某个位置。为了使示波器有较高的测量灵敏度，*Y* 偏转板置于靠近电子枪的部位，而 *X* 偏转板在 *Y* 的右边。

电子束在偏转电场作用下的偏转距离与外加偏转电压成正比，即

$$Y=\frac{lS}{2bV_a}V_Y$$

式中：l——偏转板的长度；

S——偏转板中心到屏幕中心的距离；

b——偏转板间距；

V_a——阳极 A2 上的电压。

示波管的 *Y* 轴偏转灵敏度（单位为 cm/V）为

$$S_Y=\frac{lS}{2bV_a}$$

其倒数为示波管的 *Y* 轴偏转因数。偏转灵敏度越大，示波管越灵敏。为提高 *Y* 轴偏转灵敏度，可在偏转板至荧光屏之间加一个后加速阳极 A3。

（3）荧光屏。荧光屏将电信号变为光信号，是示波管的波形显示部分。在使用示波器时，应避免电子束长时间地停留在荧光屏的一个位置，否则将使荧光屏受损。因此在示波器开启后不使用的时间内，可将“辉度”调暗。当电子束停止轰击荧光屏时，光点仍能保持一定的时间，这种现象称为“余辉效应”。

显示部分的内壁有 *n* 层荧光粉，还覆盖了一层极薄铝膜。其过程如下：

高速电子 $\xrightarrow{\text{轰击}}$ 内壁 $\xrightarrow{\text{荧光粉}}$ 动能→光能 $\xrightarrow{\text{产生}}$ 亮点 $\xrightarrow{\text{发出二次电子}}$ 铝膜 $\xrightarrow{\text{吸收二次电子}}$ 对荧光（反光）清晰。

关机后，亮点消失有一段时间时会发生余辉现象。

余辉时间：电子束移去到亮度下降到原始值的 10%所用时间。余辉时间长短与荧光粉的材料有关。余辉时间有长余辉时间（大于 0.1s）、中余辉时间（0.01~0.1s）、短余辉时间（小于 10^{-3}s）。要根据示波器用途不同选用不同余辉时间的示波管。观察频率较低的信号时用长余辉时间的示波管，观察频率较高的信号时用余辉时间较短的示波管。

X、*Y* 偏转板完成偏转后，A3 加有数千伏高压，给电子束加速，即先偏转后加速系统。

4）波形显示的基本原理

起始点设置：扫描开始时的位置即可。

波形显示原理：波形可看作由很多亮点构成的，因示波管具有线性偏转特性，故亮点坐标与被测信号该点时间及瞬时电压成正比。当被测电压、扫描电压加至垂直、水平板上时，电子束受到垂直、水平偏转板的共同作用，使电子束每一时刻产生的亮点的垂直位移与被测电压瞬时电压成正比，在时间上则一一对应，这样得到留存时间很短的波形。只要被测信号是周期性信号，每次得到的波形又能完全重复，且每次重复的间隔时间又很短，即可得到稳定的波形。但要求同一个亮点熄灭的时间应少于人眼视觉暂留时间，否则波形会闪烁，不便于观测。

（1）显示随时间变化的图形。

① U_X、U_Y为固定电压时，有下面 4 种情况，如图 5-47 所示。

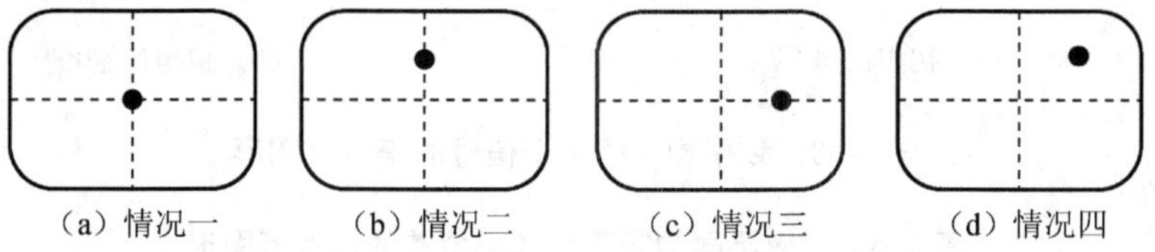

图 5-47　U_X、U_Y为固定电压

② X、Y偏转板上分别加变化电压，有下面的情况，如图 5-48 所示。

仅在垂直偏转板的两板间加正弦变化的电压，则光点只在荧光屏的垂直方向来回移动，出现一条垂直线段。

③ Y偏转板加正弦波信号电压，X偏转板加锯齿波电压，荧光屏上将显示被测信号随时间变化的一个周期的波形曲线，如图 5-49 所示。

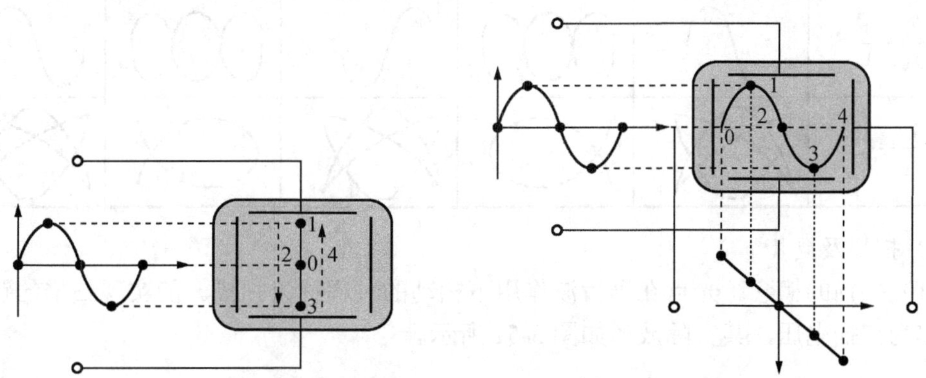

图 5-48　U_X为零，U_Y为正弦波信号电压　图 5-49　U_X为锯齿波电压、U_Y为正弦波信号电压

（2）显示任意两个变量之间的关系。若Y偏转板和X偏转板都加正弦波信号电压，则荧光屏上所显示的图形为李沙育图形。

若两信号的周期、初相相同，即相位差为 0，且在X、Y方向的偏转距离相同，则在荧光屏上画出一条与水平轴呈 45°的直线，如图 5-50（a）所示。若两信号的周期相同，初相相差 90°，且在X、Y方向的偏转距离相同，则在荧光屏上画出的图形为圆，如图 5-50（b）所示，对应不同的频率比和相位差的李沙育图形见表 5-6。

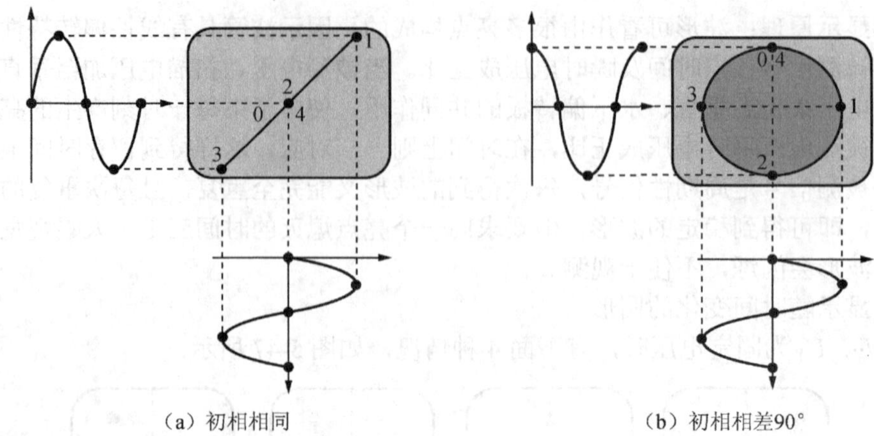

（a）初相相同　　（b）初相相差90°

图 5-50　频率相同的两个信号的李沙育图形

表 5-6　对应不同的频率比和相位差的李沙育图形

φ	0°	45°	90°	135°	180°
$\frac{f_Y}{f_X}=1$					
$\frac{f_Y}{f_X}=\frac{2}{1}$					
$\frac{f_Y}{f_X}=\frac{3}{1}$					
$\frac{f_Y}{f_X}=\frac{3}{2}$					

5）扫描及同步

（1）扫描的概念。光点在锯齿波作用下扫动的过程称为扫描。能实现扫描的锯齿波电压称为扫描电压，其实际波形如图 5-51 所示。

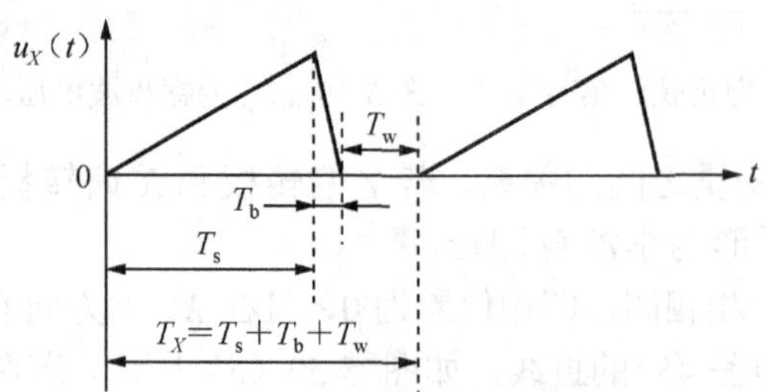

图 5-51　扫描电压实际波形

扫描正程：电子束自左至右的移动，T_s 为扫描正程时间。

扫描逆程（扫描回程）：电子束自右至左的移动，保证下次从起始点向右扫描；T_b 为扫描逆程时间。

扫描休止（扫描等待）：保证下次扫描的起始点能够与本次扫描的起始点重合；T_w 为扫描休止时间。

当扫描逆程时间和扫描休止时间均为零时，扫描电压为理想扫描电压。

增辉：扫描正程时显示被测信号的波形，要求在此期间增强波形的亮度。可在栅极上叠加正极性脉冲或在阴极上叠加负极性脉冲实现。

回扫线：扫描逆程时，电子束向左移动过程中出现的亮线。

休止线：假如在 Y 偏转板上加上正弦电压，在扫描休止时，在起始点位置出现的一条垂直亮线。

消隐：对回扫线和休止线消隐。可以在栅极上叠加负极性脉冲或在阴极上叠加正极性脉冲实现。

同步条件：$T_X = T_s + T_b + T_w = nT_Y$（$n$ 为正整数）。

结论：因被测信号、扫描电压的作用时间相等，故正程、逆程时间等于被测信号的几个周期，就得到被测信号的几个周期的波形；扫描逆程波形以扫描正程结束点所在纵轴为轴线，将正程之后波形向起始方向对折，且使扫描逆程结束点与扫描起始点重合。

（2）同步的概念。

① $T_X = nT_Y$（n 为正整数）：荧光屏上将稳定显示 n 个周期的被测信号波形，如图 5-52 所示。

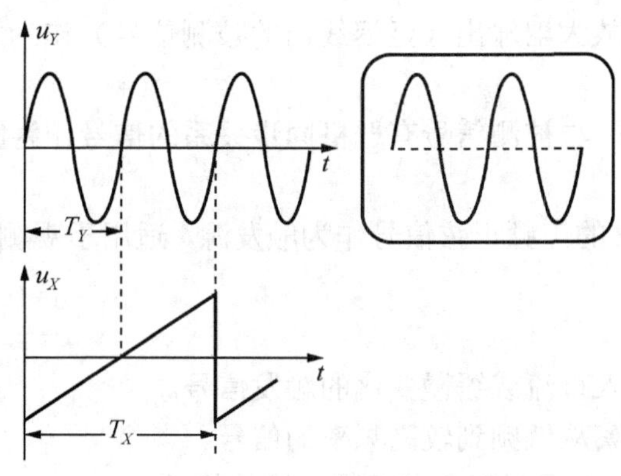

图 5-52　$T_X = nT_Y$时显示的图形

如果扫描电压周期 T_X 与被测电压周期 T_Y 保持 $T_X = nT_Y$ 的关系，则称扫描电压与被测电压“同步”。

② $T_X \neq nT_Y$（n 为正整数），即不满足同步关系时，显示的波形不稳定。

6）通用示波器的基本原理

通用示波器框图如图 5-53 所示。

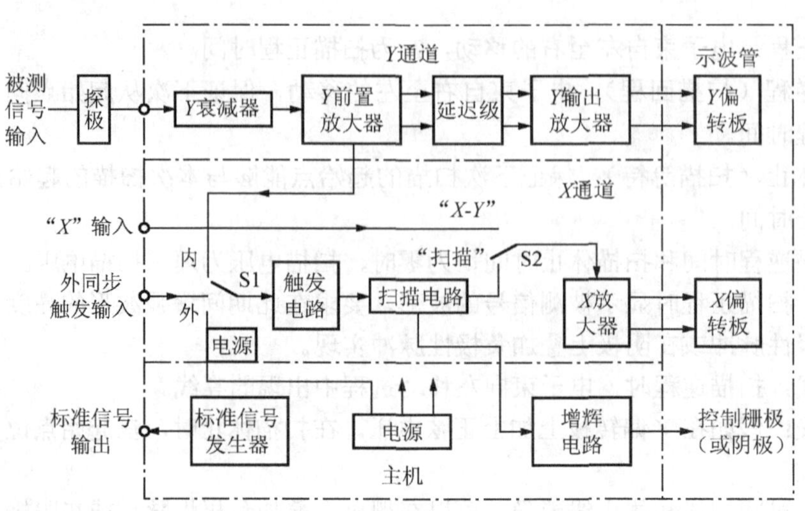

图 5-53 通用示波器框图

（1）X 通道（水平系统）。

组成：触发电路、扫描电路和 X 放大器。

作用：在触发信号作用下，产生随时间线性变化的扫描电压，再放大到足够的幅度，然后输出到水平偏转板，使光点在荧光屏的水平方向达到满偏转。

① 触发电路。触发电路的作用是为扫描信号发生器提供符合要求的触发脉冲，包括触发源选择、触发耦合方式选择、触发方式选择、触发极性选择、触发电平选择和触发放大整形等电路。

a. 触发源选择。

内触发：将 Y 前置放大器输出（延迟线前的被测信号）作为触发信号，适用于观测被测信号。

外触发：用外接的、与被测信号有严格同步关系的信号作为触发源，用于比较两个信号的同步关系。

电源触发：用 50Hz 的工频正弦信号作为触发源，适用于观测与 50Hz 交流有同步关系的信号。

b. 触发耦合方式。

直流耦合：用于接入直流或缓慢变化的触发信号。

交流耦合：用于观察从低频到较高频率的信号。

AC 低频抑制耦合：用于观察含有低频干扰的信号。

高频抑制耦合：用于抑制高频成分的耦合。

c. 扫描触发方式选择（TRIG MODE）。

常态（NORM）触发方式：指当有触发源信号并产生了有效的触发脉冲时荧光屏上才有扫描线。

自动（AUTO）触发方式：有连续扫描锯齿波电压输出，荧光屏上总能显示扫描线。

电视（TV）触发方式：在原有放大、整形电路基础上插入电视同步分离电路实现，

以便对电视信号（如行、场同步信号）进行监测与电视设备维修。

d. 触发极性选择和触发电平调节。触发极性和触发电平决定了触发脉冲产生的时刻，并决定了被显示信号的起始点。

触发极性是指触发点位于触发源信号的上升沿还是下降沿。

触发电平是指触发脉冲到来时所对应的触发放大器输出电压的瞬时值。

e. 放大整形电路。放大整形电路的作用是对触发信号进行放大、整形，以满足触发信号的要求。

整形电路的基本形式是电压比较器，当输入的触发源信号与通过触发极性和触发电平选择的信号之差达到某一设定值时，比较电路翻转，输出矩形波，然后经过微分整形，变成触发脉冲。

② 扫描电路。扫描电路又称时基电路，常由扫描锯齿波发生器、扫描闸门、比较和释抑电路组成，如图 5-54 所示。

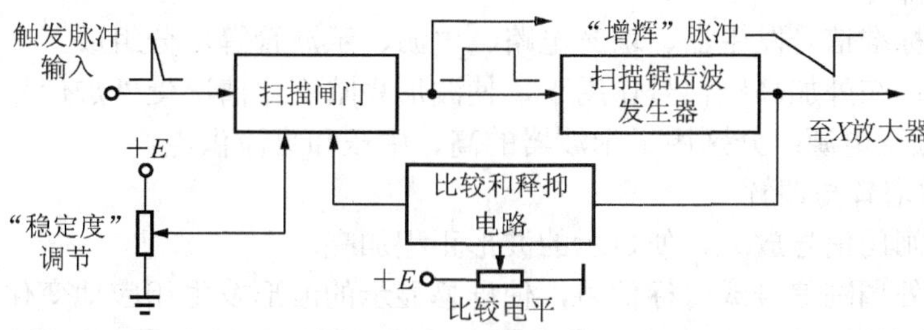

图 5-54　扫描电路

闸门电路产生快速上升或下降的闸门信号，闸门信号启动扫描发生器工作，产生锯齿波电压，同时把闸门信号送到增辉电路，以便在扫描正程中加亮扫描的光迹。

比较和释抑电路起到了稳定扫描锯齿波的形成、防止干扰和误触发的作用，确保每次扫描都在触发源信号的同样的起始电平上开始，以获得稳定的图像。

③ *X* 放大器。*X* 放大器的基本作用是选择 *X* 轴信号，并将其放大到足以使光点在水平方向达到满偏的程度。*X* 放大器的输入端置于“内”时，*X* 放大器放大扫描信号；置于“外”时，水平放大器放大由面板上 *X* 输入端直接输入的信号。

（2）*Y* 通道（垂直系统）。

组成：输入电路、前置放大器、延迟级、输出放大器。

作用：处理变换被测信号得到大小合适、极性相反的对称信号。

① 输入电路。输入电路包括衰减器和输入选择开关。衰减器的衰减比有 1∶1、10∶1 和 100∶1。输入耦合方式设有 AC、GND、DC 共 3 挡选择开关。观察交流信号时，置 AC 挡；确定零电压时，置 GND 挡；观测频率很低的信号或带有直流分量的交流信号时，置 DC 挡。

② 前置放大器。前置放大器将信号适当放大，从中取出内触发信号，并具有灵敏度微调、校正、*Y* 轴移位、极性反转等控制作用。

Y 前置放大器大都采用差分放大电路，输出一对平衡的交流电压。若在差分电路的

输入端输入不同的直流电位，则相应的 Y 偏转板上的直流电位和波形在 Y 方向的位置也会改变。

可通过调节“Y 轴位移”旋钮，调节直流电位以改变被测波形在屏幕上的位置。

③ 延迟线。触发扫描时，扫描的开始时间总是滞后于被观测脉冲一段时间，这样，脉冲的上升过程就无法被完整地显示出来。延迟线的作用就是把加到垂直偏转板上的脉冲信号延迟一段时间，以保证在屏幕上扫描出包括上升时间在内的脉冲全过程。

延迟线的输入级需采用低输出阻抗电路驱动，而输出级则采用低输入阻抗的缓冲器。

④ Y 输出放大器。Y 输出放大器将延迟线传来的被测信号放大到足够的幅度，用以驱动示波管的垂直偏转系统，使电子束获得 Y 方向的满偏转。

Y 输出放大器应具有稳定的增益、较高的输入阻抗、足够宽的频带、较小的谐波失真。

Y 输出放大器大都采用推挽式放大器，有利于提高共模抑制比。可采用改变负反馈的方法改变放大器的增益（面板上的“×5”或“×10”开关 ）。

（3）主机部分。

组成：由标准信号发生器、增辉电路、电源、示波管等部分组成。

亮度调制：在外加高频信号作用下，使波形亮暗变化情况受外加信号的控制。

① 高、低压电源：分别用于示波器的高、中压和直流供电。

② Z 轴的增辉与调辉。

增辉：将闸门信号放大，使显示的波形正程加亮。

调辉：加外调制信号或时标信号，使屏幕显示的波形发生相应地变化。

③ 校准信号发生器：可产生幅度和频率准确的基准方波信号，为仪器本身提供校准信号源。

（4）示波器的多波形显示。

① 多线示波。多线示波是利用多枪电子管来实现的。测试时各通道、各波形之间产生的交叉干扰可以减少或消除，可获得较高的测量准确度。

② 多踪示波。在单线示波的基础上增加了电子开关，利用分时复用的原理，分别把多个垂直通道的信号轮流接到 Y 偏转板上，最终实现多个波形的同时显示，如图 5-55 所示。

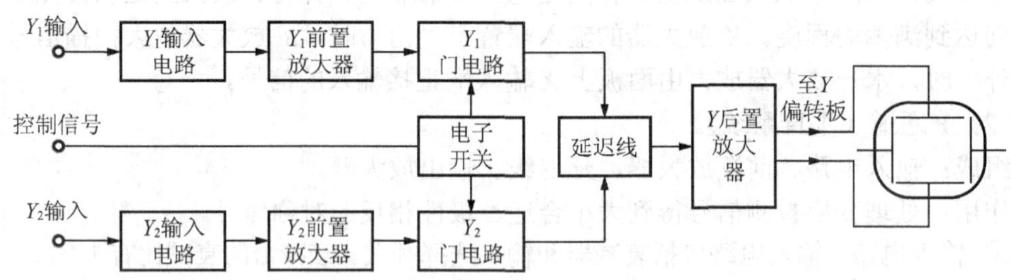

图 5-55 双踪示波器 Y 通道框图

Y_1 通道（CH1）、Y_2 通道（CH2）和叠加方式（CH1＋CH2）都只显示一个波形。

交替方式（ALT）适合于观察高频信号，原理如图 5-56 所示。

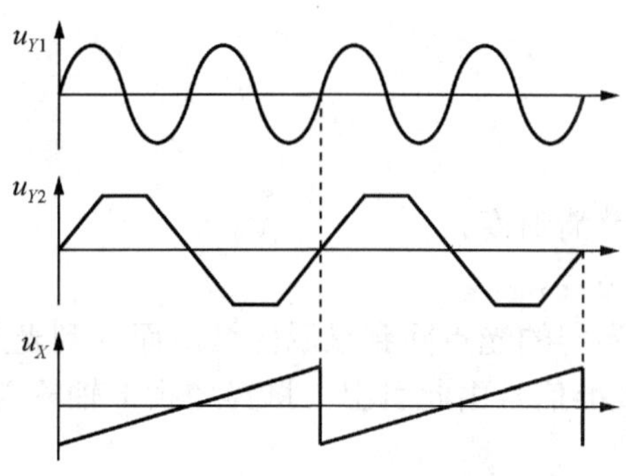

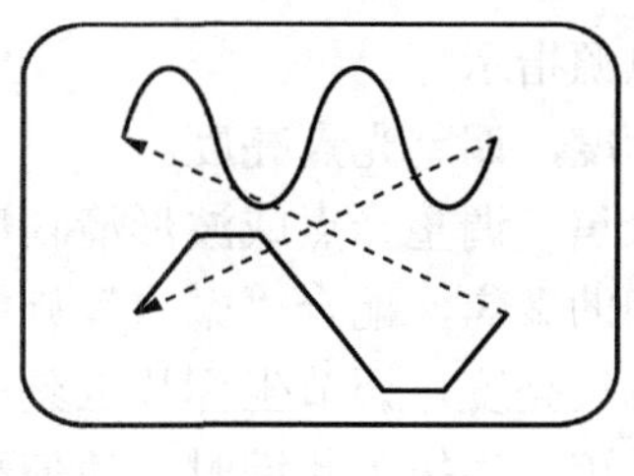

图 5-56　交替方式显示原理

断续方式（CHOP）适用于被测信号频率较低的情况，原理如图 5-57 所示。

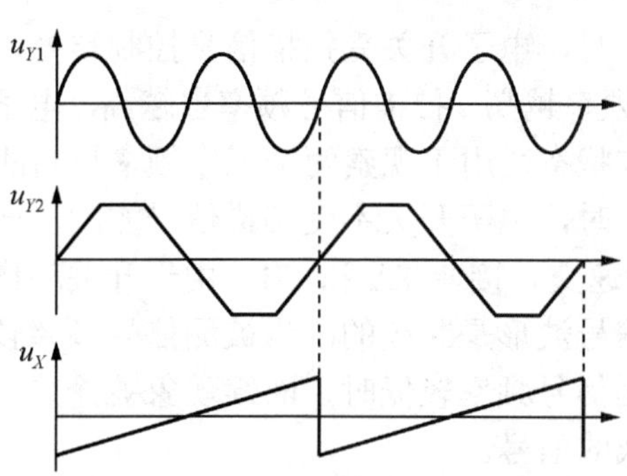

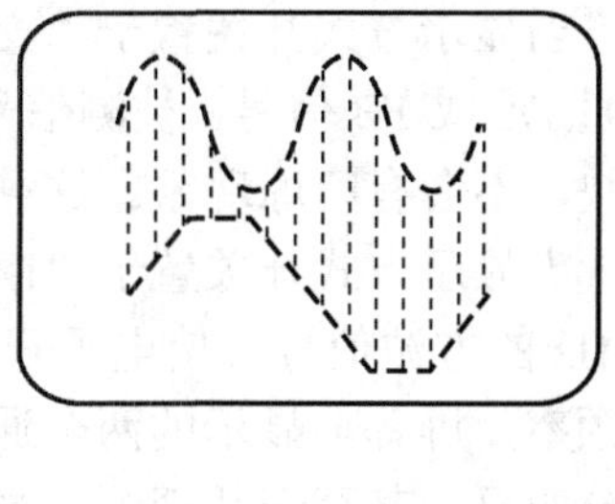

图 5-57　断续方式显示原理

4. 示波器的使用方法

示波器虽然分为好几类，各类又有许多种型号，但是一般的示波器除频带宽度、输入灵敏度等不完全相同外，在使用方法上基本是相同的。图 5-58 为 MOS-620B 型双踪示波器。

1）面板装置

MOS-620B 型双踪示波器的面板装置按其位置和功能通常可划分为三大部分，即显示、垂直（Y 轴）、水平（X 轴），现分别介绍这 3 个部分控制装置的作用。

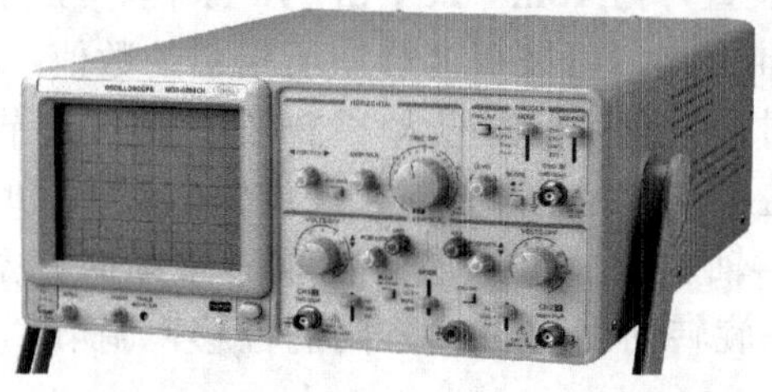

图 5-58　MOS-620B 型双踪示波器

（1）显示部分的主要控制件如下。

① 电源开关。

② 电源指示灯。

③ 辉度，调整光点亮度。

④ 聚焦，调整光点或波形清晰度。

⑤ 辅助聚焦，配合“聚焦”旋钮调节清晰度。

⑥ 标尺亮度，调节坐标片上刻度线亮度。

⑦ 寻迹，当按下此键时，使偏离荧光屏的光点回到显示区域，而寻到光点位置。

⑧ 标准信号输出，1kHz、1V 方波校准信号由此引出。将其加到 *Y* 轴输入端，用以校准 *Y* 轴输入灵敏度和 *X* 轴扫描速度。

（2）*Y* 轴插件部分。

① 显示方式选择开关：用以转换两个 *Y* 轴前置放大器——*Y*A 与 *Y*B 工作状态的控制件，具有 5 种不同作用的显示方式。

交替：当显示方式开关置于“交替”时，电子开关受扫描信号控制转换，每次扫描都轮流接通 *Y*A 或 *Y*B 信号。被测信号的频率越高，扫描信号频率也越高。电子开关转换速率也越快，不会有闪烁现象。这种工作状态适用于观察两个工作频率较高的信号。

断续：当显示方式开关置于“断续”时，电子开关不受扫描信号控制，产生频率固定为 200kHz 的方波信号，使电子开关快速交替接通 *Y*A 和 *Y*B。由于开关动作频率高于被测信号频率，屏幕上显示的两个通道信号波形是断续的。当被测信号频率较高时，断续现象十分明显，甚至无法观测；当被测信号频率较低时，断续现象被掩盖。因此，这种工作状态适合于观察两个工作频率较低的信号。

*Y*A、*Y*B：显示方式开关置于 *Y*A 或者 *Y*B 时，表示示波器处于单通道工作，此时示波器的工作方式相当于单踪示波器，即只能单独显示 *Y*A 或 *Y*B 的信号波形。

*Y*A＋*Y*B：显示方式开关置于 *Y*A＋*Y*B 时，电子开关不工作，*Y*A 与 *Y*B 两路信号均通过放大器和门电路，示波器将显示出两路信号叠加的波形。

② “DC-⊥-AC”：*Y* 轴输入选择开关，用以选择被测信号接至输入端的耦合方式。置于“DC”位置时，直接耦合，能输入含有直流分量的交流信号；置于“AC”位置时，实现交流耦合，只能输入交流分量；置于“⊥”位置时，*Y* 轴输入端接地，这时显示的时基线一般用来作为测试直流电压零电平的参考基准线。

③ “微调 V/div”：灵敏度选择开关及微调装置。灵敏度选择开关是套轴结构，黑色旋钮是 *Y* 轴灵敏度粗调装置，自 10m～20V/div 分 11 挡。红色旋钮为细调装置，顺时针方向增加到满度时为校准位置，可按粗调旋钮所指示的数值，读取被测信号的幅度。当此旋钮反时针转到满度时，其变化范围应大于 2.5 倍，连续调节“微调”电位器，可实现各挡级之间的灵敏度覆盖，在做定量测量时，此旋钮应置于顺时针满度的“校准”位置。

④ “平衡”：当 *Y* 轴放大器输入电路出现不平衡时，显示的光点或波形就会随“V/div”开关的“微调”旋转而出现 *Y* 轴方向的位移，调节“平衡”电位器能将这种位移减至最小。

⑤ “↑↓”：*Y* 轴位移电位器，用以调节波形的垂直位置。

⑥ “极性、拉 *Y*A”：*Y*A 通道的极性转换按拉式开关。拉出时 *Y*A 通道信号倒相显示，即显示方式（*Y*A＋*Y*B）时，显示图像为 *Y*B－*Y*A 。

⑦ “内触发、拉 *YB*”：触发源选择开关。在按的位置上（常态）扫描触发信号分别取自 *YA* 及 *YB* 通道的输入信号，适应于单踪或双踪显示，但不能够对双踪波形做时间比较。当把开关拉出时，扫描的触发信号只取自于 YB 通道的输入信号，因而它适合于双踪显示时对比两个波形的时间和相位差。

⑧ *Y* 轴输入插座：采用 BNC 型插座，被测信号由此直接或经探头输入。

（3）*X* 轴插件部分。

① “t/div”：扫描速度选择开关及微调旋钮。*X* 轴的光点移动速度由其决定，从 0.2μ～1s 共分 21 挡级。当该开关“微调”电位器顺时针方向旋转到底并接上开关后，即为“校准”位置，此时“t/div”的指示值即为扫描速度的实际值。

② “扩展、拉×10”：扫描速度扩展装置。按拉式开关，在按的状态下正常使用，在拉的位置扫描速度增加 10 倍。“t/div”的指示值也应相应计取。采用“扩展、拉×10”适于观察波形细节。

③ “→←”：*X* 轴位置调节旋钮。它是 *X* 轴光迹的水平位置调节电位器，是套轴结构。外圈旋钮为粗调装置，顺时针方向旋转时基线右移，反时针方向旋转时基线左移。置于套轴上的小旋钮为细调装置，适用于扩展后信号的调节。

④ “外触发、*X* 外接”：插座采用 BNC 型插座。在使用外触发时，作为连接外触发信号的插座。也可以作为 *X* 轴放大器外接时信号输入插座。其输入阻抗约为1MΩ。外接使用时，输入信号的峰值应小于 12V。

⑤ “触发电平”：触发电平调节电位器旋钮。它用于选择输入信号波形的触发点。具体地说，就是调节开始扫描的时间，决定扫描在触发信号波形的哪一点上被触发。顺时针方向旋动时，触发点趋向信号波形的正向部分；逆时针方向旋动时，触发点趋向信号波形的负向部分。

⑥ “稳定性”触发稳定性微调旋钮。它用以改变扫描电路的工作状态，一般应处于待触发状态。调整方法是将 *Y* 轴输入耦合方式选择（AC-地-DC）开关置于地挡，将 V/div 开关置于最高灵敏度的挡级，在电平旋钮调离自激状态的情况下，用一字或十字旋具将稳定度电位器顺时针方向旋到底，则扫描电路产生自激扫描，此时屏幕上出现扫描线；然后逆时针方向慢慢旋动，使扫描线刚消失，此时扫描电路即处于待触发状态。在这种状态下，用示波器进行测量时，只要调节电平旋钮，即能在屏幕上获得稳定的波形，并能随意调节选择屏幕上波形的起始点位置。

⑦ “内、外”：触发源选择开关。置于“内”位置时，扫描触发信号取自 *Y* 轴通道的被测信号；置于“外”位置时，触发信号取自“外触发 X 外接”输入端引入的外触发信号。

⑧ “AC”、“AC（H）”、“DC”：触发耦合方式开关。“DC”挡是直流耦合状态，适合于变化缓慢或频率很低（如低于 100Hz）的触发信号。“AC”挡是交流耦合状态，由于隔断了触发中的直流分量，因此触发性能不受直流分量影响。“AC（H）”挡是低频抑制的交流耦合状态，在观察包含低频分量的高频复合波时，触发信号通过高通滤波器进行耦合，抑制了低频噪声和低频触发信号（2MHz 以下的低频分量），免除因误触发而造成的波形晃动。

⑨ “高频、常态、自动”：触发方式开关。它用以选择不同的触发方式，以适应不

同的被测信号与测试目的。“高频”挡在频率很高（如高于5MHz），且无足够的幅度使触发稳定时，可选择该挡。此时扫描处于高频触发状态，由示波器自身产生的高频（200kHz）信号，对被测信号进行同步。不必经常调整电平旋钮，屏幕上即能显示稳定的波形，操作方便，有利于观察高频信号波形。“常态”挡采用来自*Y*轴或外接触发源的输入信号进行触发扫描，是常用的触发扫描方式。“自动”挡扫描处于自动状态（与高频触发方式相仿），但不必调整电平旋钮，也能观察到稳定的波形，操作方便，有利于观察较低频率的信号。

⑩ “+、−”：触发极性开关。在“+”位置时选用触发信号的上升部分，在“−”位置时选用触发信号的下降部分对扫描电路进行触发。

2）使用前的检查、调整和校准

示波器初次使用前或久藏复用时，有必要进行一次能否工作的简单检查和扫描电路稳定度、垂直放大电路直流平衡的调整。示波器在进行电压和时间的定量测试时，还必须进行垂直放大电路增益和水平扫描速度的校准。示波器能否正常工作的检查方法、垂直放大电路增益和水平扫描速度的校准方法，由于各种型号示波器的校准信号的幅度、频率等参数不一样而略有差异。

3）使用步骤

用示波器能观察各种不同电信号幅度随时间变化的波形曲线，在这个基础上示波器可以应用于测量电压、时间、频率、相位差和调幅度等参数。下面介绍用示波器观察电信号波形的使用步骤。

（1）选择*Y*轴耦合方式。根据被测信号频率的高低，将*Y*轴输入耦合方式选择“AC-地-DC”开关置于AC或DC。

（2）选择*Y*轴灵敏度。根据被测信号的大约峰-峰值（如果采用衰减探头，应除以衰减倍数；在耦合方式取DC挡时，还要考虑叠加的直流电压值），将*Y*轴灵敏度选择V/div开关（或*Y*轴衰减开关）置于适当挡级。实际使用中如不需读测电压值，则可适当调节*Y*轴灵敏度微调（或*Y*轴增益）旋钮，使屏幕上显现所需要高度的波形。

（3）选择触发（或同步）信号来源与极性。通常将触发（或同步）信号极性开关置于“+”或“−”挡。

（4）选择扫描速度。根据被测信号周期（或频率）的大约值，将*X*轴扫描速度t/div（或扫描范围）开关置于适当挡级。实际使用中如不需读测时间值，则可适当调节扫描t/div微调（或扫描微调）旋钮，使屏幕上显示测试所需周期数的波形。如果需要观察的是信号的边沿部分，则扫描t/div微调旋钮应置于最快扫速挡。

（5）输入被测信号。被测信号由探头衰减后（或由同轴电缆不衰减直接输入，但此时的输入阻抗降低、输入电容增大），通过*Y*轴输入端输入示波器。

4）示波器使用中出现的现象及原因

（1）没有光点或波形。原因：

① 电源未接通。

② 辉度旋钮未调节好。

③ *X*、*Y*轴移位旋钮位置调偏。

④ Y 轴平衡电位器调整不当，造成直流放大电路严重失衡。

（2）水平方向展不开。原因：

① 触发源选择开关置于外挡，且无外触发信号输入，则无锯齿波产生。

② 电平旋钮调节不当。

③ 稳定度电位器没有调整在使扫描电路处于待触发的临界状态。

④ X 轴选择误置于“X 外接”位置，且外接插座上又无信号输入。

双踪示波器如果只使用 A 通道（B 通道无输入信号），而内触发开关置于拉 YB 位置，则无锯齿波产生。

（3）垂直方向无展示。原因：

① 输入耦合方式 DC-接地-AC 开关误置于接地位置。

② 输入端的高、低电位端与被测电路的高、低电位端接反。

③ 输入信号较小，而 V/div 误置于低灵敏度挡。

（4）波形不稳定。原因：

① 稳定度电位器顺时针旋转过度，致使扫描电路处于自激扫描状态（未处于待触发的临界状态）。

② 触发耦合方式 AC、AC（H）、DC 开关未能按照不同触发信号频率正确选择相应挡级。

③ 选择高频触发状态时，触发源选择开关误置于外挡（应置于内挡。）

④ 部分示波器扫描处于自动挡（连续扫描）时，波形不稳定。

（5）垂直线条密集或呈现一个矩形。原因：t/div 开关选择不当，致使 $f_{扫描} \ll f_{信号}$。

（6）水平线条密集或呈一条倾斜水平线。原因：t/div 关选择不当，致使 $f_{扫描} \gg f_{信号}$。

（7）垂直方向的电压读数不准。原因：

① 未进行垂直方向的偏转灵敏度（V/div）校准。

② 进行 V/div 校准时，V/div 微调旋钮未置于校正位置（即顺时针方向未旋足）。

③ 进行测试时，V/div 微调旋钮调离了校正位置（即调离了顺时针方向旋足的位置）。

④ 使用 10∶1 衰减探头，计算电压时未乘以 10 倍。

⑤ 被测信号频率超过示波器的最高使用频率，示波器读数比实际值偏小。

⑥ 测得的是峰-峰值，正弦有效值需换算求得到。

（8）水平方向的读数不准。原因：

① 未进行水平方向的偏转灵敏度（t/div）校准。

② 进行 t/div 校准时，t/div 微调旋钮未置于校准位置（即顺时针方向未旋足）。

③ 进行测试时，t/div 微调旋钮调离了校正位置（即调离了顺时针方向旋足的位置）。

④ 扫速扩展开关置于拉（×10）位置时，测试未按 t/div 开关指示值提高灵敏度 10 倍进行计算。

（9）交直流叠加信号的直流电压值分辨不清。原因：

① Y 轴输入耦合选择 DC-接地-AC 开关误置于 AC 挡（应置于 DC 挡）。

② 测试前未将 DC-接地-AC 开关置于接地挡进行直流电平参考点校正。

③ Y 轴平衡电位器未调整好。

（10）测不出两个信号间的相位差（波形显示法）。原因：

① 双踪示波器误把内触发（“拉 YB”）开关置于按（常态）位置，而应把该开关置于“拉 YB”位置。

② 双踪示波器没有正确选择显示方式开关的交替和断续挡。

③ 单线示波器触发选择开关误置于内挡。

④ 单线示波器触发选择开关虽置于外挡，但两次外触发未采用同一信号。

（11）调幅波形失常。原因：t/div 开关选择不当，扫描频率误按调幅载波频率选择（应按音频调幅信号频率选择）。

（12）波形调不到要求的起始时间和部位。原因：

①稳定度电位器未调整在待触发的临界触发点上。

② 触发极性（+、−）与触发电平（+、−）配合不当。

③ 触发方式开关误置于自动挡（应置于常态挡）。

5）触发（或同步）扫描

缓缓调节触发电平（或同步）旋钮，屏幕上显现稳定的波形，根据观察需要，适当调节电平旋钮，以显示相应起始位置的波形。

如果用双踪示波器观察波形，做单踪显示时，显示方式开关置于 *Y*A 或 *Y*B。被测信号通过 *Y*A 或 *Y*B 输入端输入示波器。*Y* 轴的触发源选择将“内触发—拉 YB”开关置于按（常态）位置。若示波器做两踪显示时，显示方式开关置于交替挡（适用于观察频率不太低的信号），或断续挡（适用于观察频率不太高的信号），此时 *Y* 轴的触发源选择“内触发—拉 YB”开关置“拉 YB”挡。

5. 示波器的测试应用

1）电压的测量

利用示波器所做的任何测量都可归结为对电压的测量。示波器可以测量各种波形的电压幅度，既可以测量直流电压和正弦电压，又可以测量脉冲或非正弦电压的幅度。更有用的是它可以测量一个脉冲电压波形各部分的电压幅值，如上冲量或顶部下降量等，这是其他任何电压测量仪器都不能比拟的。

（1）直接测量法。所谓直接测量法，就是直接从屏幕上量出被测电压波形的高度，然后换算成电压值。定量测试电压时，一般把 *Y* 轴灵敏度开关的微调旋钮转至“校准”位置上，这样就可以由“V/div”的指示值和被测信号占取的纵轴坐标值直接计算被测电压值。所以，直接测量法又称为标尺法。

① 交流电压的测量。将 *Y* 轴输入耦合开关置于“AC”位置，显示出输入波形的交流成分。如交流信号的频率很低，则应将 *Y* 轴输入耦合开关置于“DC”位置。

将被测波形移至示波管屏幕的中心位置，用“V/div”开关将被测波形控制在屏幕有效工作面积的范围内，按坐标刻度片的分度读取整个波形所占 *Y* 轴方向的度数 *H*，则被测电压的峰-峰值可等于“V/div”开关指示值与 *H* 的乘积。当使用探头测量时，应把探头的衰减量计算在内，即把上述计算数值乘以 10。

例如，示波器的 *Y* 轴灵敏度开关“V/div”位于 0.2 挡级，被测波形占 *Y* 轴的坐标幅

度 H 为 5div，则此信号电压的峰-峰值为 1V。如是使用探头测量的，仍指示上述数值，则被测信号电压的峰-峰值就为 10V。

② 直流电压的测量。将 Y 轴输入耦合开关置于“地”位置，触发方式开关置“自动”位置，使屏幕显示一条水平扫描线，此扫描线便为零电平线。

将 Y 轴输入耦合开关置“DC”位置，加入被测电压，此时，扫描线在 Y 轴方向产生跳变位移 H，被测电压即为“V/div”开关指示值与 H 的乘积。

直接测量法简单易行，但误差较大。产生误差的因素有读数误差、视差和示波器的系统误差（衰减器、偏转系统、示波管边缘效应）等。

（2）比较测量法。比较测量法就是用一个已知的标准电压波形与被测电压波形进行比较求得被测电压值。

将被测电压 V_X 输入示波器的 Y 轴通道，调节 Y 轴灵敏度选择开关“V/div”及其微调旋钮，使荧光屏显示出便于测量的高度 H_X 并做好记录，且“V/div”开关及微调旋钮位置保持不变。去掉被测电压，把一个已知的可调标准电压 V_S 输入 Y 轴，调节标准电压的输出幅度，使它显示与被测电压相同的幅度。此时，标准电压的输出幅度等于被测电压的幅度。比较法测量电压可避免垂直系统引起的误差，因而提高了测量精度。

2）时间的测量

示波器能产生与时间呈线性关系的扫描线，因而可以用荧光屏的水平刻度来测量波形的时间参数，如周期性信号的重复周期、脉冲信号的宽度、时间间隔、上升时间（前沿）和下降时间（后沿）、两个信号的时间差等。

将示波器的扫描开关“t/div”的“微调”装置转至校准位置时，显示的波形在水平方向刻度所代表的时间可按“t/div”开关的指示值直接读出并计算，从而较准确地求出被测信号的时间参数。

3）相位的测量

利用示波器测量两个正弦电压之间的相位差具有实用意义，用计数器可以测量频率和时间，但不能直接测量正弦电压之间的相位关系。双踪法是常用的测量相位的方法。

双踪法用双踪示波器在荧光屏上直接比较两个被测电压的波形来测量其相位关系。测量时，将相位超前的信号接入 YB 通道，另一个信号接入 YA 通道。选用 YB 触发，调节“t/div”开关，使被测波形的一个周期在水平标尺上准确地占满 8div，这样一个周期的相角 360° 被 8 等分，每 1div 相当于 45°。读出超前波与滞后波在水平轴的差距 T，按下式计算相位差ϕ，即

$$\phi = 45°/\text{div} \times T$$

例如，$T = 1.5\text{div}$，则$\phi = 45°/\text{div} \times 1.5\text{div} = 67.5$。

4）频率的测量

用示波器测量信号频率的方法很多，下面介绍常用的两种基本方法。

（1）周期法。被测交流信号的周期 $T = XD_X / k_X$（X 为被测交流信号的一个周期在荧光屏水平方向所占的距离；D_X 为示波器的扫描速度；k_X 为 X 轴扩展倍率）。周期的倒数即为频率。

（2）李沙育图形法测频率。将示波器置 X-Y 工作方式，被测信号输入 Y 轴，标准频

率信号输入“X 外接”，慢慢改变标准频率，使这两个信号频率成整数倍，如 $f_X:f_Y=1:2$，则在荧光屏上会形成稳定的李沙育图形。

李沙育图形的形状不但与两个偏转电压的相位有关，而且与两个偏转电压的频率有关。用描迹法可以画出 u_X 与 u_Y 的各种频率比、不同相位差时的李沙育图形。

利用李沙育图形与频率的关系，可进行准确的频率比较来测定被测信号的频率。其方法是分别通过李沙育图形引水平线和垂直线，所引的水平线垂直线不要通过图形的交叉点或与其相切。若水平线与图形的交点数为 m，垂直线与图形的交点数 n，则 $f_Y/f_X=m/n$。当标准频率 f_X（或 f_Y）已知时，由上式可以求出被测信号的频率 f_Y（或 f_X）。显然，在实际测试工作中，用李沙育图形进行频率测试时，为了使测试简便正确，在条件许可的情况下，通常尽可能调节已知频率信号的频率，使荧光屏上显示的图形为圆或椭圆。这时被测信号频率等于已知信号频率。

由于加到示波器上的两个电压相位不同，荧光屏上图形会有不同的形状，但这对确定未知频率并无影响。

李沙育图形法测量频率是相当准确的，但操作较费时，同时它只适用于测量频率较低的信号。

6. 示波器的使用注意事项

（1）热电子仪器一般要避免频繁开机、关机，示波器也如此。

（2）如果发现波形受外界干扰，可将示波器外壳接地。

（3）“Y 输入”的电压不可太高，以免损坏仪器，在最大衰减时也不能超过 400 V。“Y 输入”导线悬空时，受外界电磁干扰出现干扰波形，应避免出现这种现象。

（4）关机前先将辉度调节旋钮沿逆时针方向转到底，使亮度减到最小，然后再断开电源开关。

（5）在观察荧屏上的亮斑并进行调节时，亮斑的亮度要适中，不能过亮。

5.2.4 电子产品整机总装与调试工艺

1. 电子产品总装工艺

电子产品经过部件装配之后，还必须经过总装、总调，使其成为具有一定功能的电子整机产品。总装是指将单元调试、检验合格的产品零部件，按照设计要求进行装配、连接，并经整机调试、检验，直至组成具有完整功能的合格成品的整个过程。

1）电子产品装配工艺过程

产品装配分为装配准备、部件装配和整件装配 3 个阶段。根据产品复杂程度、技术要求、工人技能等实际情况的不同，整机装配的工艺也有所不同。一般大批量生产的中小型电子产品通常都在流水线上进行整机装配，产品装配工艺过程如图 5-59 所示。

2）电子产品总装概述

（1）总装特点。总装是无线电整机生产中一个重要的工艺过程，具有如下特点：

① 总装是把半成品装配成合格产品的过程。

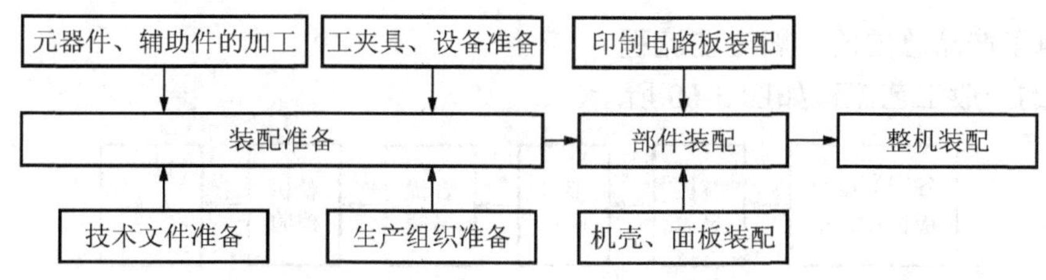

图 5-59 产品装配工艺过程

② 总装过程要根据整机产品的结构情况，应用合理的安装工艺，用经济、高效、先进的装配技术，使产品达到预期的效果，满足产品的功能、技术指标和经济指标等方面的要求。

③ 小型机大批量生产的产品，其总装在流水线上安排的工位上进行；整个装连工作划分为若干简单的操作，而且每个工位往往会涉及不同的安装工艺，因此要求工位的操作人员熟悉安装要求和熟练掌握安装技术，保证产品的安装质量。

④ 总装中每一个阶段的工作完成后都应进行检验，分段把好质量关，从而提高产品的一次直通率。

（2）电子产品总装的内容。总装包括机械和电器两大部分的工作。具体地说，总装的内容包括将各零件、部件、整件（如各机电元器件、印制电路板、底座、面板及装在它们上面的元器件），按照设计要求，安装在不同的位置上，组成一个整体，再用导线将元、部件进行电气连接，完成一个具有一定功能的完整的机器。

① 总装的装配方式一般以整机的结构来划分，有整机装配和组合件装配两种。

② 整机的连接方式有两类：一类是可拆卸的连接，即拆散时操作方便，不易损坏任何零件，如螺钉连接、销钉连接、夹紧连接和卡扣连接等；另一类是不可拆卸连接，即拆散时会损坏零部件或材料，如黏接、铆接连接等。

（3）电子产品总装的基本原则。应遵循先轻后重、先小后大、先铆后装、先里后外、先低后高、易碎后装，上道工序不得影响下道工序的安装，下道工序不改变上道工序的装接原则。装配过程中应注意前后工序的衔接，使操作者感到方便、省力和省时。产品总装工艺过程中的先后程序有时可根据物流的经济性等做适当变动，但必须符合两条：一是使上下工序装配顺序合理或更加方便；二是使总装过程中的元器件磨损最小。

（4）电子产品总装的基本要求

① 未经检验合格的装配件（零、部、整件）不得安装。已检验合格的装配件必须保持清洁。

② 要认真阅读安装工艺文件和设计文件，严格遵守工艺规程。总装完成后的整机应符合图样和工艺文件的要求。

③ 严格遵守电子整机总装的基本原则，防止前后顺序颠倒，注意前后工序的衔接。

④ 总装过程中不要损伤元器件和零部件，避免碰伤机壳及元器件和零部件的表面涂覆层，以免损害整机的绝缘性能。

⑤ 应熟练掌握操作技能，保证质量，严格执行“三检”（自检、互检、专职检验）制度。

3）电子产品总装的一般工艺流程

总装的一般工艺流程如图 5-60 所示。

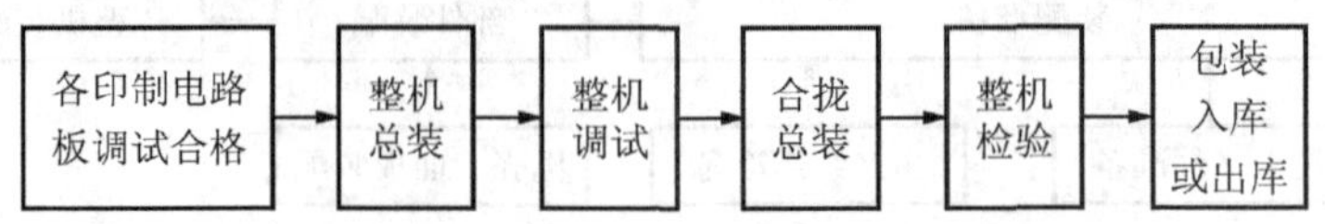

图 5-60　总装一般工艺流程

2. 电子产品调试工艺

调试是用测量仪表和一定的操作方法按照调试工艺规定对单元电路板和整机的各个可调元器件或零部件进行调整与测试，使产品达到技术文件所规定的技术性能指标。

调试的作用：一是实现电子产品功能、保证质量；二是发现产品设计、工艺缺陷和不足；三是不断提高电子产品的性能和品质，积累可靠的技术性能参数。

1）调试工艺方案及调试文件

（1）调试方案的制定。

① 制定调试方案的基本原则如下：

a. 根据产品的规格、等级、使用范围和环境，确定调试的项目及主要性能指标。

b. 在全面理解该产品的工作原理及性能指标的基础上，确定调试的重点、具体方法和步骤。

调试方法要简单、经济、可行和便于操作；调试内容要具体、细致；调试步骤应具有条理性；测试条件要详细清楚；测试数据尽量表格化，以便于察看和综合分析；安全操作规程的内容要具体、明确，从而确保调试工作的准确性和高效率。

c. 尽量采用新技术、新设备，但也要考虑到现有的设备条件，使调试方法、步骤合理可行，操作安全、方便，以提高生产效率及产品质量，降低成本。

总之，调试方案的制定应从技术要求、生产效率要求和经济要求等 3 个方面综合考虑，才能制定出科学合理、行之有效的调试方案。

② 调试方案的基本内容。调试方案是工艺设计人员为某一电子产品的生产而制定的一套调试内容和做法，它是调试人员着手工作的技术依据。它应包括以下基本内容：

a. 测试所需的各种测量仪器、工具、专用测试设备等。

b. 调试工序的安排及所需人数、工时。

c. 调试方法、具体步骤及调试用相关图样。

d. 调试安全操作规程。

e. 测试条件与有关注意事项。

f. 调试所需的数据资料及记录表格。

g. 调试责任者的签署及交接手续。

以上所有内容都应在调试工艺指导卡中反映出来。

（2）调试工艺文件。

调试工艺文件包括调试工艺流程的安排、调试工序之间的衔接、调试手段的选择和

调试工艺指导卡的编制等。

2）调试内容及工艺程序

（1）调试工作内容。有以下几点：

① 正确合理地选择和使用测试仪器仪表。

② 严格按照调试工艺文件的规定，对单元电路板或整机进行调整和测试。调试完毕，可用封蜡、点漆等方法紧固元器件的调整部位。

③ 排除调试中出现的故障，并做好记录。

④ 认真对调试数据进行分析与处理，编写调试工作总结，提出改进措施。

（2）调试的一般工艺程序。调试一般包括调整和测试两部分工作。因电子产品种类繁多，功能各异，电路复杂，各产品单元电路的数量及类型也不相同，所以调试程序也各不相同。一般调试的程序分为通电前的检查和通电调试两大阶段。

① 通电前的检查。首先，应根据图样（电路原理图、整机连线图等），用万用表、自制蜂鸣器或专用设备检查电源的正、负极是否接反，电源线、地线是否接触可靠；元器件安装是否正确，连接导线有无接错、漏接、断线等现象；电路板各焊接点有无漏焊、桥接短路等现象；各种控制开关是否正常，用绝缘电阻表测试绝缘电阻，检查熔体是否符合规定值，整机是否接好负载或假负载。对发现的问题应及时解决，确实无误方可给整机接通电源。

② 通电调试。通电调试包括测试和调整两个方面。较复杂的电路调试通常采用先分块调试，后进行总调试。通电调试一般包括通电观察、静态调试和动态调试。

a. 通电观察。将电源正确地接入被调电路，观察有无异常现象，如机内部有无放电、打火、冒烟现象，有无异常气味，整机上各种仪表指示是否正常。还应检查各种保险开关、控制系统是否起作用；各种风冷及水冷系统能否正常工作；各种继电器能否正常动作；保护电路能否起到保护作用等。

b. 静态调试。通电观察若没发现问题，可进行静态调试。静态调试是指在不加输入信号（或输入信号为零）的情况下，进行电路直流工作状态的测量和调整。通过静态测试，可以及时发现已损坏的元器件，判断电路工作情况并及时调整电路参数，使电路工作状态符合设计要求。

c. 动态调试。静态测试正常后再加输入信号进行动态调试。动态调试就是在电路的输入端接入适当频率和幅度的信号，循着信号的流向逐级检测电路各测试点的信号波形和有关参数，并通过计算测量的结果来估算电路性能指标，必要时进行适当的调整，使指标达到要求。

3）调试工艺流程

（1）小型电子产品或单元电路板的调试工艺流程图如图 5-61 所示。

① 外观直观检查。小型电子产品或单元电路板通电调试之前，应先检查印制电路板上有无明显元器件插错、漏焊、拉丝焊和引脚相碰短路等情况。检查无误后，方可通电。

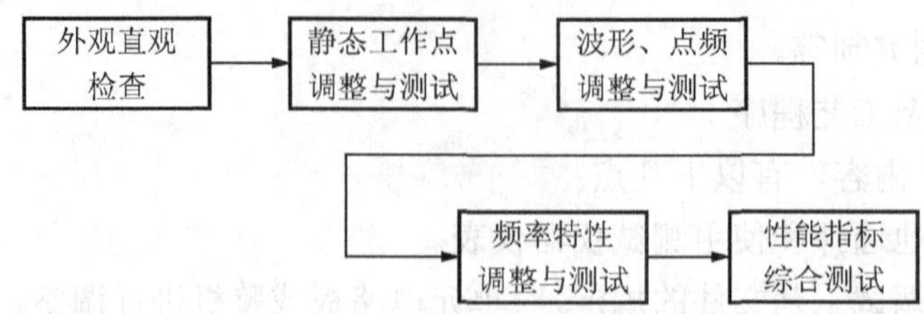

图 5-61　小型电子产品或单元电路板调试的工艺流程图

② 静态工作点的调整与测试。静态工作点是电路正常工作的前提。因此，电路通电后，首先应测试静态工作点。静态工作点的调试就是调整各级电路无输入信号时的工作状态，测量其直流工作电压和电流是否符合设计要求。

③ 波形、点频调整与测试。静态工作点正常以后，便可进行波形、点频（固定频率）的调试。小型电子整机需要进行波形、点频的测试与调整的单元部件较多。

④ 频率特性的调整与测试。频率特性指当输入信号电压幅度恒定时，电路的输出电压随输入信号频率而变化的特性。它是发射机、接收机等电子产品的主要性能指标。

⑤ 性能指标综合测试。单元电路板经静态工作点、波形、点频及频率特性等项目调试后，还应进行性能指标的综合测试。

（2）整机调试。单元部件调试时，往往有一些故障不能完全反映出来。当部件组装成整机后，因各单元电路之间电气性能的相互影响，常会使一些技术指标偏离规定值或者出现一些故障。所以，部件经总装后一定要进行整机调试，确保整机的技术指标完全达到设计要求。

整机调试是指对已定型投入正规生产的产品的调试。这种调试是产品生产过程若干个工序中的一个必不可少的工艺过程，应完全按照产品生产流水线的工艺文件进行，在各调试工序过程中检测出的不合格品，交其他工序处理，如故障检修工序或其他装配工序返工等。调试工序只按工艺要求进行产品的测试与调整。

整机调试的工艺流程应根据整机的功能、组成及结构等情况确定，不同的电子产品有不同的工艺流程。图 5-62 为整机调试的一般工艺流程。

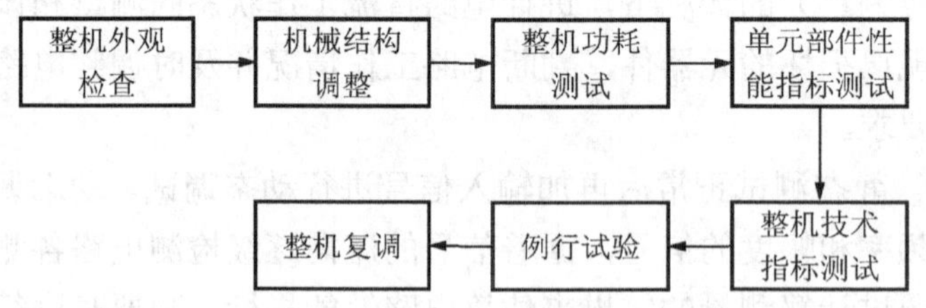

图 5-62　整机调试的一般工艺流程

4）调试过程中故障的查找与排除

（1）调试过程中的故障特点。调试过程中所遇到的故障有其自身的特点：由于故障机是新装配的整机产品，或没有使用过，或是还不成熟的新产品样机等原因，故障以焊接和装配故障为主；一般都是机内故障，基本上不会出现机外及使用不当造成的人为故障，更不会有元器件老化故障。对于新产品样机，则可能存在特有的设计缺陷或元器件

参数不合理的故障。故障的出现有一定的规律性，找出故障出现的规律，便能有效、快捷地检查和排除故障。

（2）调试过程中故障出现的原因主要有以下几种：

① 焊接故障，如漏焊、虚焊、错焊、桥接等。

② 装配故障，如机械安装位置不当、错位、卡死等；电气连线错误、断线、遗漏等；元器件安装错误，如集成块装反，二极管、晶体管的电极装错等。

③ 元器件失效，如集成电路损坏、晶体管击穿或元器件参数达不到要求等。

④ 电路设计不当或元器件参数不合理造成的故障，这是样机特有的故障。这类故障查找出原因后，采用临时应急措施，使产品的各项性能指标达到要求，并将结果写成样机调试报告，供设计、生产部门参考。

（3）整机调试过程中的故障查找与排除。

① 了解故障现象。被调部件、整机出现故障后，首先要进行初检，了解故障现象，故障发生的经过，并做好记录。

② 故障分析。根据产品的工作原理、整机结构及维修经验正确分析故障，查找故障的部位和原因。查找要有一个科学的逻辑程序，按照程序逐次检查。一般程序：先外后内，先粗后细，先易后难，先常见现象后罕见现象。在查找过程中尤其要重视供电电路的检查和静态工作点的测试，因为正常的电压是任何电路工作的基础。

③ 处理故障。对于线头脱落、虚焊等简单故障可直接处理。而对有些需拆卸部件才能修复的故障，必须做好处理前的准备工作。如做好必要的标记或记录，准备好需要的工具和仪器等。避免拆卸后不能恢复或恢复出错，造成新的故障。在故障处理过程中，对于需要更换的元器件，应使用原规格、原型号的元器件或者性能指标优于原损坏的同类型元器件。

④ 部件、整机的复测。修复后的部件、整机应进行重新调试，若修复后影响到前一道工序测试指标，则应将修复件从前道工序起按调试工艺流程重新调试，使其各项技术指标均符合规定要求。

⑤ 修理资料的整理归档。部件、整机修理结束后，应将故障原因、修理措施等做好台账记录，并对修理的台账资料及时进行整理归档，以不断积累经验，提高业务水平。同时，还可为所用元器件的质量分析、装配工艺的改进提供依据。

5）调试的安全措施

调试过程中，为了保护调试人员的人身安全，防止测量仪器设备和被测电路及产品的损坏，除应严格遵守一般安全规程外，还必须注意调试工作中制定的安全措施。

（1）供电安全。

① 调试检测场所应安装漏电保护开关和过载保护装置。测试场地内所有的电源线、插头、插座、熔体、电源开关等都不允许有裸露的带电导体，所用电器材料的工作电压和电流均不超过额定值，必须符合安全用电要求。

② 调试检测场所的总电源开关，应安装在明显且易于操作的位置，并设置有相应的指示灯。

③ 在调试检测场所最好装备隔离变压器，一方面可以保证调试检测人员的人身安全，另一方面可防止检测仪器设备故障与电网之间的相互影响。

在隔离变压器之后，再接入调压器，则无论怎样接线均可保证安全。

（2）仪器设备安全。

① 所有的测试仪器设备要定期检查，仪器外壳及可触及的部分不应带电。

② 各种仪器设备必须使用三芯插头，电源线采用双重绝缘的三芯专用线，长度一般不超过 2m。若是金属外壳，则必须保证外壳良好接地。

③ 更换仪器设备的熔体时，必须完全断开电源线。更换的熔体必须与原熔体同规格，不得更换大容量熔体，更不能直接用导线代替。

④ 带有风扇的仪器设备，如通电后风扇不转或有故障，应停止使用。

⑤ 电源及信号源等输出信号的仪器，在工作时，其输出端不能短路。输出端所接负载不能长时间过载。发生输出电压明显下跌时，应立即断开负载。对于指示类仪器，如示波器、电压表、频率计等输入信号的仪器，其输入端输入信号的幅度不能超过其量限，否则容易损坏仪器。

⑥ 功耗较大（＞500W）的仪器设备在断电后，不得立即再通电，应冷却一段时间（一般 3～10min）后再开机，否则容易烧断熔体或损坏仪器。

（3）操作安全。

① 操作环境要保持整洁，工作台及工作场地应铺绝缘胶垫。调试检测高压电路时，工作人员应做好绝缘安全准备，如穿戴好绝缘工作鞋、绝缘工作手套等。在接线之前，应先切断电源，待连线及其他准备工作完毕后再接通电源进行测试与调整。

② 高压电路或大型电路或产品通电检测时，必须有两人以上才能进行。其他无关人员不得进入工作场所，任何人不得随意拨动总闸、仪器设备的电源开关及各种旋钮，以免造成事故。

③ 几个必须牢记的安全操作观念如下：

a. 断开电源开关不等于断开了电源。只有拔下电源插头才可认为是真正断开电源。

b. 不通电不等于不带电。对大容量高压电容或超高压电容只有进行放电操作后，才可以认为不带电。例如，显像管的高压嘴，由于管锥体内外臂构成的高压电容的存在，即使断电数十天，其高压嘴上仍然会带有很高的电压。

c. 电气设备和材料的安全工作寿命是有限的。也就是说，工作寿命终结的产品，其安全性无法保证。原来应绝缘的部位，也可能因材料老化变质而带电或漏电。所以，应按规定的使用年限，及时停用、报废旧仪器设备。

（4）调试工作结束或离开工作场所前，应关掉调试用仪器设备等电器的电源，并拉开总闸。

5.2.5　电子产品成品检验与包装入库

1. 产品质量与质量保证

1）电子产品质量

电子产品质量主要由以下 3 个方面来体现。

（1）功能。

性能指标：指电子产品实际能够完成的物理性能或化学性能，以及相应的电气参数。

操作功能：指产品在操作时方便程度和使用安全程度。

结构功能：指产品的整体结构的轻巧性，维修、互换的方便性。

外观性能：指整机的外观造型、色泽及外包装等。

经济特性：指产品的工作效率、制作成本、使用费用、原料消耗等特性。

（2）可靠性。

固有可靠性：指由产品设计方案、选用材料及元器件、产品制作工艺过程所决定的可靠性因素，固有可靠性在产品使用之前就已确定了。

使用可靠性：指使用、操作、保养、维护等因素对其寿命的影响。使用可靠性会因使用时间的增加而逐渐下降。

环境适应性：指产品对各种温度、湿度、酸碱度、振动、灰尘等环境因素的适应能力。电子产品的使用环境对产品的可靠性有一定的影响。

（3）有效度。有效度表示电子产品实际工作时间与产品使用寿命（工作和不工作的时间之和）的比值，反映了电子产品有效的工作效率。

2）IPC 标准

IPC 标准属于工艺检验标准。电子制造企业界时下使用最广泛的工艺标准最新的版本为 IPC-A-610C，即 *Acceptable of Electronic Assemblies*（译为《电子组件的可接受条件》），作为生产现场电子组装件外观质量的目视检验规范。针对各级电子产品，IPC-A-610C 规定了“目标条件”、“可接收条件”、“制程警示条件”和“缺陷条件”等验收条件。这些验收条件是企业产品检验的依据，也是员工生产现场的工作标准。只有熟悉电子制造业的工艺标准，清楚“什么是好的”，“什么是可接受的”，“什么是必须避免的”，我们的工作才有目标。

2. 检验

1）检验的基本知识

（1）电子产品检验项目。

① 外观检验。

② 电气性能检验。

③ 安全性能检验。

④ 电磁兼容性检验（干扰特性检验）。

⑤ 例行检验。

⑥ 主观评价检验。

（2）检验的工作内容。

① 熟悉和掌握标准。采用 IEC 标准、ISO 9000 族质量认证标准和国家标准等。

② 测定。采用测试、试验、化验、分析和感官等多种方法实现产品的测定。

③ 比较。将测定结果与质量标准进行对照，明确结果与标准的一致程度。

④ 判断。根据比较的结果，判断产品达到质量要求者为合格，反之为不合格。

⑤ 处理。对被判为不合格的产品，视其性质、状态和严重程度，区分为返修品、次品或废品等。

⑥ 记录。记录测定的结果，填写相应的质量文件，以反馈质量信息，评价产品，推动质量改进。

（3）检验方法：全数检验，抽样检验。

2）产品检验

（1）元器件、零部件、外协件及材料入库前的检验。入库前的检验是保证产品质量可靠性的重要前提。入库前的检验一般采用抽检的检验方式。

（2）生产过程中的逐级检验。检验合格的原材料、元器件、外协件在部件装配过程中，可能因操作人员的技能水平、质量意识及装配工艺、设备、工装等因素，使组装后的部件不完全符合质量要求。因此对生产过程中的各道工序都应进行检验，并采用操作人员自检、生产班组互检和专职人员检验相结合的方式。

生产过程中的检验一般采用全检的检验方式。

（3）整机检验。整机检验是针对整机产品进行的一种检验工作，是检查产品经过总装、总调之后是否达到预定功能要求和技术指标的过程。

整机检验一般入库采取全检，出库多采取抽检的方式。

3）外观检验

一般用目视法对产品的外观、包装、附件等进行检验。

外观：要求外观无损伤、无污染，标志清晰，机械装配符合技术要求。

包装：要求包装完好无损伤、无污染，各标志清晰。

附件：产品所需所有附件、连接件等齐全、完好且符合要求。

4）电气性能检验

按产品技术指标和国家或行业有关标准，选择符合标准要求的仪器、设备，采用符合标准要求的测试方法对整机的各项电气性能参数进行测试，并将测试的结果与规定的参数比较，从而确定被检整机是否合格。

5）例行试验

例行试验包括环境试验和寿命试验。

（1）环境试验。环境试验是评价、分析环境对产品性能影响的试验，它通常是在模

拟产品可能遇到的各种自然条件下进行的。环境试验是一种检验产品适应环境能力的方法，其内容包括如下几方面：

① 机械试验。机械试验的项目主要有振动试验、冲击试验、离心加速度试验。

② 气候试验。气候试验的项目主要有高温试验、低温试验、温度循环试验、潮湿试验、低气压试验。

③ 运输试验。

④ 特殊试验。

（2）寿命试验。寿命试验根据产品不同的试验目的，分为鉴定试验和质量一致性试验，而质量一致性检验分为逐批检验和周期检验两种。

① 逐批检验按有关标准规定其检验的项目和主要内容有开箱检验、安全检验、工艺装配检验、主要性能检验。

逐批检验的流程如图5-63所示。

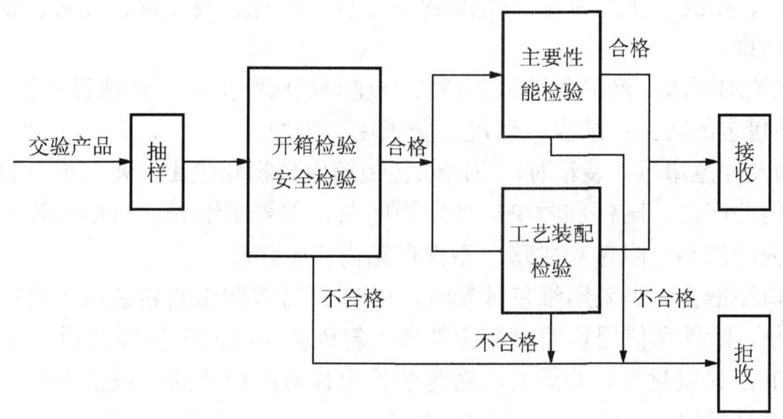

图5-63 逐批检验流程

② 周期检验的项目和程序如图5-64所示。

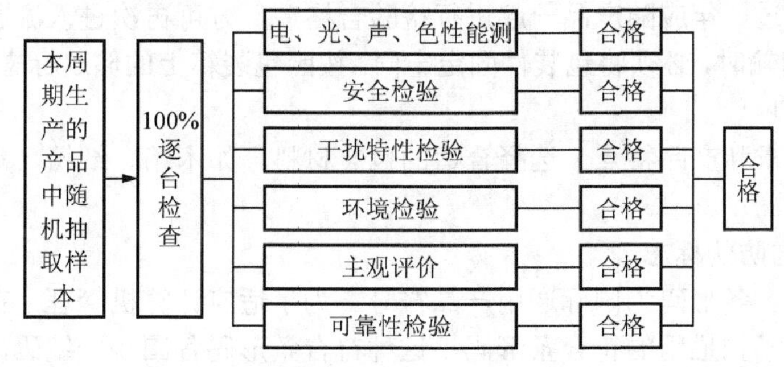

图5-64 周期检验流程

6）其他检验

其他检验包括电磁兼容性检验、安全性能检验、主观评价检验。

3. 包装工艺

无线电整机总装总调结束并经检验合格后，就进入最后一道工序——包装。

1）包装概述

（1）包装分为运输包装、销售包装、中包装。

（2）产品包装原则。

① 产品包装应符合经济原则，以最低的成本为目的。产品是包装的中心，产品的发展和包装的发展是同步的。

② 包装必须标准化。标准化包装可以节约包装费用和运输费用，还可以简化包装容器的生产和包装材料的管理。

③ 产品包装必须根据市场动态和客户的爱好，在变化的环境中不断改进和提高。

（3）包装要求。

① 对产品的要求。在进行包装前，合格的产品应按照有关规定进行外表面处理（消除污垢、油脂、指纹、汗渍等）。在包装过程中保证机壳、荧光屏、旋钮、装饰件等部分不被损伤或污染。

② 对包装的要求：产品包装应能承受合理的堆压和撞击，合理设计包装体积。

③ 产品包装的防护：防尘、防湿、防氧化、缓冲。

④ 装箱及注意事项：装箱时，应清除包装箱内异物和尘土；装入箱内的产品不得倒置；装入箱内的产品、附件和衬垫、使用说明书、装箱明细表、装箱单等内装物必须齐全；装入箱内的产品、附件和衬垫，不得在箱内任意移动。

（4）封口和捆扎。当采用纸包装箱时，用U形钉或胶带将包装箱下封口封合。当确认产品、衬垫、附件和使用说明书等全部装入箱内并在相应位置固定后，用U形钉或胶带将包装箱的上封口封合。必要时，对包装件选择适用规格的打包带进行捆扎。

（5）储存和运输。

① 储存。环境条件：一般储存环境温度为－15～＋45℃，相对湿度不大于 80%，并要求库房周围环境中无酸、碱性或其他腐蚀性气体，还应具备防尘条件。储存期限：一般为一年，超过一年应随产品一起进行检验合格后，方可再次进入流通过程中。

② 运输。运输时，必须将包装件固定牢固。按照包装箱上的储运标志内容进行操作。

2）包装材料

根据包装要求和产品特点，选择合适的包装材料，如木箱、纸箱（盒）、缓冲材料、防尘、防湿材料。

3）条形码与防伪标志

（1）条形码。条形码为国际通用产品符号。为了适应计算机管理，在一些产品销售包装上加印供电子扫描用的符合条形码。这种符合条形码各国统一编码，它可使商店的管理人员随时了解商品的销售动态，简化管理手续，节约管理费用。

（2）防伪标志。许多产品的包装，一旦打开，就再也不能恢复原来的形状，这样可起到防伪的作用。可利用现代高科技手段防伪，激光防伪标志就是其中之一。

4）电子整机包装工艺

以流水作业方式生产 29in 彩色电视机为例，说明包装工艺过程。

（1）电子整机包装工艺流程。由于 29in 彩色电视机以流水作业方式生产，流水节拍为 20s，将一台整机的包装操作分解后，需要安排 8 个工位才能满足生产速度的要求，包装工艺流程如图 5-65 所示。

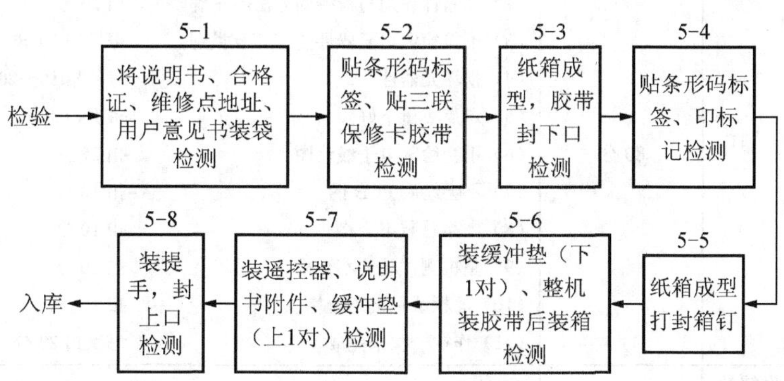

图 5-65 包装工艺流程

（2）各工位操作内容。包装工序由 8 个工位组成，在包装用的纸箱、封箱钉、胶带等准备好后，每个工位的操作内容如下：

① 将产品说明书、三联保修卡、产品合格证、产品维修点地址簿、用户意见书装入胶袋中，用胶纸封口。

② 分别将串号条形码标签贴在随机卡、后壳和保修卡（2 张）上；把贴好串号条形码标签的保修卡，用透明胶纸贴在电视机的后上方；将电源线折弯理好装入胶袋，用透明胶纸封口，摆放在工装板上。

③ 将包装纸箱（下）成型，并用胶纸封贴 4 个接口边，然后放在送箱的拉体上。

④ 取包装纸箱（上），在纸箱指定位置贴上串号条形码标签，用印台打印生产日期，用整机颜色栏把印章打印上。

⑤ 将包装纸箱（上）成型，在上部两边打钉机各打一颗封箱钉，然后放在送箱的拉体上。

⑥ 取缓冲垫（下）放入下纸箱内，将胶袋放入纸箱上，自动吊机，将胶袋打开，整机入箱后，封好胶袋。

⑦ 将缓冲垫（上）按左右方向放在电视机上；将配套遥控器放入缓冲垫指定位置上，并用胶纸贴牢；将附件袋放入电视机下面，并盖好纸板。

⑧ 将上纸箱套入包装整机的下纸箱上，将 4 个提分别装入纸箱两边指定的位置上，将箱体送入自动封胶机上封胶带。

（3）包装工艺指导卡。在包装工序中，每个工位的操作内容、方法、步骤、注意事项、所用辅助材料、工装设备等都做了详细的规定。操作者只需按包装工艺指导卡进行操作即可。最后，将已包装好的电视机产品搬运入库。

项目考核

项目内容	配分	评分标准	
典型电子产品的制作与调试	80分	（1）工具及仪表使用不当	每次扣5分
		（2）元器件识别与检测的方法不正确	扣20分
		（3）不能检测出元器件的好坏及类别	每只扣10分
		（4）损坏元器件	每只扣10～20分
		（5）焊点质量不好	每次扣5分
		（6）不会绘制电子线路图	扣20分
		（7）不会绘制PCB图	扣10分
		（8）产品总装不合格	扣10分
		（9）整机测试功能不合格	扣20分
		（10）面板或包装不合格	扣10分
		（11）作业一次未完成	每次扣20分
学习态度、协作精神和职业道德	20分		
安全文明生产与6S生产管理	违反安全文明操作规程扣10～60分		
定额时间	训练时不允许超时，每超5min（不足5min时以5min计）扣5分		
备注	除额定时间外，各项内容的最高扣分不得超过配分数		
自我总结	（1）请总结在整个任务完成过程中做得好的是什么？有什么不足？有何打算？ （2）在整个任务完成中出现了哪些问题？如何解决的？还有什么问题未解决？		
项目考核与评价	自评＋互评＋教师评价		

思考练习题

1. 手工插件的基本原则是什么？插入作业基本操作方法和要求有哪些？

2. 说明生产线工艺平衡的概念，其有何优点？说明生产平衡率的计算方法，其有哪些提高措施？

3. 试简述拆焊的操作步骤。

4. 简述扫频仪的分类和工作原理。

5. 说明信号发生器的分类和主要的性能指标。

6. 简述低频信号发生器和高频信号发生器组成和工作原理。

7. 说明示波器的分类和主要的性能指标。

8. 电子枪的结构由哪几部分组成？各部分的主要用途是什么？

9. 荧光屏按显示余辉长短可分为哪几种？各用于何种场合？

10. 说明扫描和同步的概念。

11. 通用示波器由哪几部分组成？画出其组成框图，并说明各部分的作用。

12. Y 通道延迟线的作用是什么？内触发信号可否在延迟线后引出，去触发时基电路？为什么？

13. 双踪和双线示波器的区别是什么？

14. 举例说明如何用示波器实现两个正弦波形的电压、周期、频率、相位的测量。

15. 电子产品总装工艺的内容有哪些？电子产品总装的基本原则和基本要求分别是什么？

16. 试举一例实际电子产品来设计它的总装工艺流程，或到生产单位去调查某产品的总装工艺流程，指出其合理与不合理的地方。

17. 试举例说明收音机的调试工艺流程，总结电子产品的调试内容和工艺程序。

18. 电子产品检验项目包括哪些内容？电子产品生产过程中如何进行产品检验？

19. 试说明产品包装的原则和包装要求。

主要参考文献

陈强．2010．电子产品设计与制作[M]．北京：电子工业出版社．
刘晓利．2010．电子产品装接工艺[M]．北京：电子工业出版社．
刘晓书，王毅．2011．电子产品装配与调测[M]．北京：科学出版社．
李光兰，吴君．2010．电子产品组装与调试[M]．天津：天津大学出版社．
王卫平，陈粟宋．2005．电子产品制造工艺[M]．北京：高等教育出版社．
徐洁．2008．电子测量与仪器[M]．北京：机械工业出版社．
叶莎．2011．电子产品生产工艺与管理项目教程[M]．北京：电子工业出版社．